# Laienbrevier

von

Leopold Schefer.

---

Zweites Halbjahr.

# Leopold Schefer's
# ausgewählte Werke.

Zwölfter Theil.

Laienbrevier. Zweites Halbjahr.

Neue Ausgabe.

Berlin.
Verlag von Veit und Comp.
1857.

# Juli.

# I.

Prüfmal der Herzensreife, Himmelsklang
Der reinen Brust — Aufrichtigkeit! wie kommst du
Zu allen Tugenden erst als die letzte
— Wie zu den Blumen allen erst die Rose —
Dem, der nicht wie ein Kind unwandelbar
In steter Unschuld lebte! Und du liebes
Aufrichtiges Gemüth, wie gut du sein mußt,
Wie kinderfromm zu Kinderoffenheit!
Mit holder Anmuth tragen Kinder selber
Ihr irrig Wissen, ihre kleinen Fehler,
Ihr schädlich Wünschen auch, so treu zur Mutter!
Doch du, o Mensch, wie schwer, wie lange schwer
Und herb erwirbst du Offenheit zurück,
Nun daß du deine Fehler einsiehst, schamvoll
Sie dir zuerst gestehst, sie mühvoll abstreifst,
So wie die Schlange ihre Fleckenhaut,
Die langverscheuchten Genien dir neu
Verflechtest mit den guten, die dir blieben;
Bis du die Brust wie eine Glocke dir
Zum heiligen Geläut des Himmels stimmst,
Und deine Zunge zu der Waage Zunge
Des Rechten, Aechten und Gerechten machst.
Die Erd' eröffnet ihren reinen Schooß

Selbst eher nicht, bis sie mit goldnem Köpfchen
Des Krokus, mit den Hyacinthenglocken,
Die ächten Frühlingsduft verläuten — bis sie
Mit reiner Blumen Angesicht und Auge
In's reine heil'ge Licht des Tags hervorkommt!
Voll keuscher Scham selbst vor des Menschen Blick!
Der Gießer kann ja nicht die Glocke zeigen,
Die in der Form noch kocht und dampft und sprüht;
Wer mag den Apfel der Granate schon
Eröffnen, wenn statt purpurreifer Körner
Er nur voll bittrer grüner Milch noch strotzt?
Wer zeigt sein ausgeweintes Aug', als bis er
Vor dir verheimlicht es sich klar getrocknet?
Und erst — wer kann sein Herz dich schauen lassen
Als wenn es rein ist wie der Silberkelch?
O schwere lastende Verschwiegenheit,
O schwere Pein der eitlen falschen Rede!
— Durch reinen Willen kehrt die Kindschaft wieder
Wohl dem, der endlich früh am Morgen aufsteht,
Als trüg' er nicht ein Schloß vor seinem Munde,
Von bösen Geistern aus der alten Nacht;
In dessen Aug' die heitre Sonne glänzt,
Wie in des Mohns neuoffnes lichtes Haus,
Drin über Nacht kein banggefangnes Bienchen
Gestorben, drin kein Stäubchen ruht! Sein Herz
Ist, wie das Rosenherz, erst werth und fähig,
Den Menschen und den Göttern sich zu öffnen.
Aufrichtiger! Dein Werth ist unermeßlich
Für dich und Menschen. Du hast leichtes, sichres

Gefühl der Brust. Wer stets so spricht und lebt,
Wie er im Innern denkt, stimmt mit sich selbst,
Stimmt mit dem Gott, stimmt mit dem All umher
Froh mit dem Guten, gut selbst mit dem Bösen.
Aufrichtiger! Dein Blick ist frei! Dein Druck
Der Hand belebt! Wem du erscheinst, dem ist
Ein wahrer Mensch, ein Götterbild erschienen,
Der ist nicht mehr allein! Dir schließen froh sich
Die schönen Menschenherzen auf. Du hebest
Mit deinem Wort die reichsten Seelenschätze.
Du kannst vertraun! So glücklich bist nur Du!
Nie bist du selbst allein; denn in dir wohnen
Die guten Genien alle, Treu' und Liebe
Und Freud' und Hoffnung, und sie wohnen sicher!

---

## II.

Die Nacht ist himmlisch und ein göttlich Wunder!
Die schönste aber ist, — die man verschläft.

* * *

So fast gering denn achtet die Natur
Ihr Allergrößtes, Allerheiligstes,
Daß sie dem Menschen gütig selbst davor
Die Augen zudrückt, um sein süßes Leben,
Sein Glück, nur seinen Traum hervorzubringen,
Und endlich drückt sie ihm ein sanftes Mal,
Ein letztes Mal die Augen vor sich zu,

Mit ihrem höchsten Opfer — und verleiht
Ihm einen süßern Schlaf, den schönen Tod.

* * *

Die Nacht ist himmlisch und ein göttlich Wunder!
Die schönste aber ist, — die man verschläft.

---

### III.

In tiefer Nacht, in zauberischem Düster,
Wenn wiederum die alte Sternen-Grotte
Eröffnet steht, weit, unabsehlich offen,
Und doch mit ihren Ferne-kleinen Ampeln
Nur spärlich, kümmerlich erleuchtet scheint,
Als hätte sie ein armer Mann erleuchtet,
Kaum hell, als wenn ein Kind zur Dämm'rungsstunde
Sich seine kleine Lichtchen angezündet —
Als ob der Knabe auf die glüh'nde Schaufel
Rings seinen Schwefelstaub gestreut, der nun
Unsäglich schön im Dunkeln funkelnd glimmt —
Und wenn die ganze Grotte todtentief
Und todtenheilig schweigt, da spricht nach langem
Erstaunen leis mein sel'ger Geist zu mir:
Wie viele tausend Namen Ein Gestirn
Umher auf vielen tausend Sternen hat,
Wie Jemand auf dem Stern Zubenhakrabi
Den Bärenstern Kalbeleked benenne?
Und wie Kalbeleked im Benetnasch,

Im Rukkabah, im Ras-Althagne heiße,
Und wie der Kochab sich den Markab nenne,
Mit wie viel tausend Namen, tausend Zungen
Der Sterne Mund rings weit in weiter Grotte
Und all' zugleich den Stern Capella nennt —
(Den Elephanten, der bei Lämmern weidet,
Das Unthier *) aller Sterne auf der Weide) —
Dies Wissen fruchtet dir und Menschen nicht;
Selbst wie ein Engel klar die Rose nennt,
Mit solchem Namen, der, tief aus Natur
Geschöpft, zugleich ihr Wesen offenbart,
Das wäre schön, doch läßt es ohne Kummer.
Doch ach, wie Gott, wie Gott den Menschen nennt,
Das wäre wichtig! dieser Name reizt
Die ganze Seele, die so gern sich frei fühlt,
Groß, dauernd wie das All, urschön, urrein;
Und voller Unruh, voller Sehnsucht rührt
Sie sich, so wie das Kind in seiner Mutter,
Und wie der Wein im Eimer, wenn der Wein blüht.
Auf Zeit der Erde wär' ihr Schicksal herrlich
Entschieden mit dem einen Wort: Ob Gott
Den Menschen Sohn nennt? Oder Kind? Ob er
Zu einem Todten, ob von einem Todten,
Ob von dem Tode zu den Menschen spricht,
Wenn wieder in den Himmel kommt ein Mensch —

---

*) Der Stern Capella hat 600 Millionen Stunden im Umkreis, und unser ganzes Sonnensystem zu den Abständen und Bahnen seiner Gestirne überflüssig Raum in seinem Leibe.

Ihn dort noch Du nennt, oder ob er „Ich“ sagt . . .
Ich war auf Erden! — Und die Hoffnung stirbt
Vor Freude, fällt todt nieder mit dem Spruch:
„Gott war auf Erden!“ ist des Menschen Name.

---

## IV.

Nun tragen sich in ihren kleinen Händchen
Die Kinder mit der rothen würzigen
Erdbeere, ihnen köstlicher als Schätze!
Die Kleidchen duften und die Finger duften
Benetzt vom Rosenblut der reifen Frucht,
Worein des Himmels Säfte sich verwandelt —
Als wär' sie aus der Erd' hervorgeschlichen!
Der Mund der Kinder duftet, und sie preisen
Die Mutter, die sie aus dem Wald gebracht!
O sieh die Freude doch so seicht nicht an,
Nein, fröhlicher und göttlich froher noch!
Der Gang der Mutter kostet eine Reise
Der Erde um die Sonne . . . und der Sonne
Viel tausend Strahlen! . . . die viel tausend Strahlen
Viel blaues Oel dort aus dem blauen Aether!
Und wenn du Eines Sommers Götterarbeit —
Und Götterglück — und Erd- und Himmels-Kosten
Ermessen kannst und still erwogen hast,
So sag' ich dir Erstaunten leis das Wort:
Die Erdbeer kostet, was ein Sommer kostet,
Und was ein Sommer kostet diesem All —

Sie ist ein frohes Werk der schweren Müh!
Die Kinder sind ein schweres Werk der Mutter,
Die Mutter ist ein schweres Werk der Erde,
Die Erde ist ein schweres Werk des Meisters —
Nun freue dich noch einmal! größer! schöner!

---

## V.

Als nun der Herr das Weib geschaffen hatte,
Den Leib vollkommen, ihn mit einer Seele
Von seiner eignen reinen keuschen Seele
Begabt, und harrend seitwärts lächelte,
Was in ihr weiter nun geschehen würde,
Wie eine Rose aufbricht aus der Knospe —
Da glühten ihre Wangen auf; sie weinte
Des wunderbaren Leibes sich bewußt
Im ersten Frischblick — dieses Zauberwerkes
Für seine Zauberwerke; und ihr schien:
Als sei sie nur solch Werk, mit Schein des Lebens,
Mit langem Haar, mit hellem Licht der Augen
Begabt, begabt zu wandeln — hiehin, — dorthin,
Ein klargeahndet Etwas mit den Armen
Hold an die Brust zu drücken, nur zu sein
Was mit ihr, aus ihr Alles werden solle —
Da ward sie selber zur Schamhaftigkeit,
Zur holden Scham, zu ihres Leibes Hülle,
Die wie ein unsichtbares Götterkleid
Und sie unsichtbar machend, himmlisch himmlisch

Zu ihrer Schönheit ward, zu ihrem Wesen!
Und nicht mehr da zu sein, so wähnte sie
Nun selbst, und zaghaft klopfte doch ihr Herz!
Und da sie also nackend vor ihm stand,
Frug sie der Herr, als säh' er selbst sie nicht:
„Wo bist du? Weib?" — Da sank sie ihm zu Füßen
Und lispelte: „Hie bin ich!" — Und Er sprach;
„So bleibe! Seele, die sich selbst vollendet,
„Wie ich ihr zugetraut, da ich sie gab.
„Sei für mein Werk: das größte Wunderwerk;
„Sei für das Aug': die Schönheit; für die Liebe:
„Die Liebe; — doch (da schüttelt' er sein Haupt),
„So bist du mir, so bist du dir noch nichts,
„Und dem, der schaut und denkt wie ich. Mir sei
„Und heiße: „Holde Scham! Schamhaftigkeit!"
„Das soll des Weibes Nam' im Himmel sein;
„Und in der Welt vergiß nicht deinen Namen!
„Nicht um die Welt! . . . sonst weint dein alter Vater!"

* * *

Wer nun des Weibes Gottheit: Holde Scham,
Schamhaftigkeit antastet, gottlos spottend
Belächelt, höhnt, verwünscht, und faunisch meint
Das Weib zu fangen, wenn er sie verscheucht,
Der hat des Weibes Namen frech zerrissen,
Und über den weint still der alte Vater.

## VI.

Das hieß' dem Gott Erinnerung absprechen,
Wenn Gott nicht wüßte — daß der Mensch einst war;
Wenn Gott dereinst nicht wüßte, daß du einst
Ein Mensch gewesen, daß er Du gewesen,
Daß Du noch bist. Vergißt je Gott das Seyn?
Seyn, ist ja auch Gewesenseyn, Seynwerden:
Gott ist das Leben! Alles, was da lebt!
Und was gestorben ist, noch ist er Alles;
Wie könnte Gott vergessen, daß er ist!
Vergiß es du nur auch nicht, liebe Seele!

## VII.

Zartsinnig Mitleid! Beste, Himmlische
Der Himmlischen — mit deinem guten Herzen
Was wärest du dort im vollkommnen Himmel?
Wo du mitfühlend nichts mitleiden könntest,
Nicht eine Thräne trocknen um Gestorb'ne,
Nicht eine Wehmuth lindern um Verlornes,
Nicht den Verlorenen besänftigen,
Nicht einen Bangen trösten, weis' ihm rathen,
Nicht einem Armen Hülfe bringen könntest!
Im Himmel bist du nichts den Seligen,
Auf Erden bist du erst, und ganz die Göttin!
Du bist die Liebe auch, die eignere:

In banger Herzensfluth die Glückliche,
Die glücklich Jeden macht, dem du erscheinst;
Denn wenn du kommst, sieht er den Himmel offen,
Denn du bist da! sieht alle Götter nahen,
Er sieht sie weinen um den Sterblichen!
Und nun ist Alles gut — er ist beklagt!
Du bist von droben — doch hier wohnest du!
Hier ist dir wohl, dem Menschen wohl durch dich!
— Und sollte einst unwandelbares Heil
Dich von dem liebgewordnen Menschen scheiden,
Die Menschen von dir Liebgewordnen scheiden,
Dann reicht der Himmel kaum mit allen Schätzen
Dich Eine, ihre schöne Leidgefährtin
Dich, ihre treuste Freundin zu ersetzen;
Und eine Sehnsucht bliebe — die nach dir!
Du reichst mir deine Hand? — du weinest schon?
Blickst mich mit deinen schönen Augen an,
Und süße Wehmuth schwebt um deine Lippen,
Und bang verbirgst du dich an meiner Brust?
Getrost! — Wir scheiden nicht! Noch nicht! Nicht Wir!

---

## VIII.

Du, Menschenseele, bist die Himmlische!
Und Helfen, Trösten ist ein einzig Glück!
Der Mensch ist reicher als die Götter alle
Um Leid und Klag' um Thränen, um den Tod, —
In, neben langer, voller Seligkeit.

Die Erde ist vollkommen durch die Liebe
Und durch die Liebe ist der Mensch vollkommen.
Das Leben wird nie anders sein als heut,
Sonst wär's nicht so! Sonst schüfe Gott nur Eitles!

---

## IX.

Was du im Menschenkreis auch irgendwo
Und irgendwann erblickst, das alles ist
Nur Wille; nicht versteinter, nein, ins Leben
Und in die Erde eingeführter Wille,
Mit Menschen- und Naturkraft ausgeführt,
Der ganz geheim inwendigstark gegolten,
Gewebt; nun sichtbar, dich erstaunend trifft:
Doch also draußen geltend in Natur
Und als Natur, ist's immer doch nur: Wille!
Sieh dort die Menschenhütten nun im Feld!
Die Mauern und die Zinnen in der Stadt!
Sieh dort die alten Thürme und die Tempel,
Und da, der Wasserleitung graue Bogen,
Sieh auf dem Hügel dort die Windmühlflügel,
Die sich im Abendroth so sanft erheben —
Sie sind nur alter, selber, Menschenwille!
Auch Bräute seh' ich gehn, — und junge Frauen,
Nun blasse, langsam mit beschwertem Tritt, —
Und Mütter schon, — an ihrer Hand die Kinder
Mit Blumenkränzen, die sie Jemand bringen:
An ihnen auch geschah ein Wille nur!

Nun, mein' ich, sähest mit denselben Augen
Du ein klein wenig nur zur Seite hin —
Und zwischen jenen Menschenthürmen hin —
Erkenntest in den hingeworfenen
Jetzt stillen Bergen, auch noch einen Willen!
Und Eines Willen! und dort in dem Wölkchen
Das leise Luft vorüber führt am Himmel,
So schnell - als hab' es heut so spät noch weit,
Gewahrtest du auch noch denselben Willen,
Gewahrtest ihn im Strom, und in der Sonne
Und in den Blumen allen um dich her.
Und wenn du einen Willen in dem allen
Am Himmel, wie auf Erden klar erblickt,
Vielleicht, gewiß — und lieblich wär' es dir, —
Dann fällt der Schleier sanft von deinen Augen,
Du siehst in einem Willen dieser Aller
Und jedes Einen: nur des Einen Willen,
Der in dem All inwendig auch so leis,
So sicher will, wie du in deinem Haupt!
Der Erd' und Himmel leicht so fortbewegt,
Wie leise Luft das leichte Wölkchen dort!

---

## X.

Die Sonn' ist unter! — und mit Zauberkraft
Noch hält sie in der Luft den Regenbogen,
Der ohne Säulen steht als hätt' er tausend,
Und schmückt den Himmel und erfreut die Menschen.

— Wie leuchtet uns die Kraft der alten Tage?
Umspannt den Himmel! und beherrscht die Erde?
Von lange lange schon gesunknen Sonnen
Noch sind wir angeglänzt; von lange schon
Entschwebten Geistern sind wir angerührt;
Und wir auch werden, wenn wir lange schon
Entschwebt, mit Geistermacht die Künftigen
Berühren, und das sein, was „Wir" gewesen!
Das werden, was als Kraft aus uns entstiegen!
Der gute Mensch hat einen langen Arm,
Viel länger als „die Hand der Könige,"
Denn dieses All ist aller Guten Reich.

---

## XI.

Von vielen Dingen und Begebenheiten
Erscheint der Anfang sichtbar — doch er scheint nur,
Er ist's von Keinem! Immer außer uns
Liegt er in tiefer Zeit, in weiter Ferne.
Im All ist Alles stets sich nah und da.
Noch schwebet wirksam hallend jedes Wort,
Noch streckt sich wirksam deutend jede Hand
Der Todten aus der Gruft bis in das Heut,
In's Morgen, in den letzten Tag hinaus.
Vom leichten Wölkchen, selbst vom kurzen Hauch,
Der kräuselnd sich verliert — vom kleinsten Gräschen
Liegt Saamenkorn, Wuchs, Richtung und Gedeihen
Im stillen längst begrabnen heil'gen Grabe

Der Elemente, im kraftgedrängten All,
Für das auch wiederum das Gräschen lebt,
Das Wölkchen zieht, der Hauch sich regt und stirbt.
So wie in längst verrauschten Jahren Stürme
Die Aeste beugten, also stehn sie jetzt
Gleichwie erstarrt von heil'ger Kraft Gefühl,
Vor göttlichem Gehorsam, und so blühn sie!
Der Dinge Fortgang scheint auch frei, bewaltbar,
Aufhebbar stets — und reißt uns streng mit fort!
Wie Andre vorgedacht, gethan, wie sie
Gesinnt gewesen, so geschieht uns heut
Von ihnen, und so setzen wir sie fort
Und mischen unsre Kraft in ihre Kraft.
Es giebt ein unsichtbares aber festes
Geflecht, das rings von Geisterhand gewirkt
Ganz unzerreißbar jedes Haupt umwebt;
Der Mensch ist auch nur eine Frucht der Zeit,
Des großen Lebensbaumes voller Früchte,
Und Keiner schreitet aus dem Geist der Welt —
Voll leiser Wirkung ist das leise All
Und unser eigen ist nur — unser Herz!

---

## XII.

Glaub' ja nicht an Nothwendigkeit und Schicksal,
An Nöthigung vielleicht nur, wenn du schwach bist,
Nicht gut und recht thust, nicht Gesammtkraft ehrst.
Das Schicksal ist die Spinne in dem Netze,

Das freier Wille aller Menschen webte
Und aller Wesen, jeder Eigenkraft:
Sie wird aus diesem Netz, und nicht das Netz
Durch sie. Doch ist das gleich; auch ohne Spinne
Verfallen wir in's Netz und kommen um nun . . .
Und bleiben leben . . . elend — hochbeglückt.
In diesem Netze schwebt ein Jeder stets
Und surrt, und wehrt sich, wer viel Lebenskraft
Und reinen Willen hat, lebt länger drin,
Und selbst der Fromme büßt des Argen Willen,
Zum Zeugniß: Nur die Menschheit ist der Mensch!
Von Freiheit wird der Mensch allein bedrückt!
Von Freiheit aber dich bedrückt zu fühlen,
Schämst du aus Ehrfurcht vor dem Unglück dich,
Indeß, bis Freiheit Aller: Aller Glück ist.

## XIII.

Ob unzerstörbar sei dein goldner Ring,
Das prüfst du weise einzig nur am Golde.
Wie kann ein Ring jemals zu Golde werden!
Drum forsche: Kann das Gold zum Ringe werden?
Und ist der Mensch nicht aus der Luft gegriffen,
So forsche: Kann der Gott zum Menschen werden?
Kann sterblich der Unsterbliche erscheinen?
Und er erscheint — Du bist! der Gott wird Mensch.
Und wie das Gold zum Ringe kann gerinnen —
Das ist des alten Meisters alte Kunst,

Sich selber zu verwandeln, zu verkleinen
In Splitter stiebend wie ein Diamant,
Und großer Diamant aus Splittern werdend,
Sterblich zu scheinen, gleich unsterblich bleibend
Und kann er die Kunst nicht, was kann er sonst?
Was thut er sonst — da er schon Alles ist!

---

## XIV.

Die Erde ist des Menschen Heimath, ist
Ihm seine Urstätt; lebten auch, ihm gleich,
Auf andern Sternen, Wesen ganz wie er.
Der Geist ist nicht der Mensch, der Leib ist nicht
Der Mensch, sie beide machen ihn erst aus;
Denn Geist ist alles Andre auch, was lebt,
Der Geist im Menschenleibe ist der Mensch.
So ist die Erde seine schöne Heimath,
Ist seine Werkstatt für sein eignes Leben.
Der Geist des Himmels lebet auf der Erde,
Der Mensch der Erde lebet noch im Himmel.
Was Eins ist, das ist überall sich gleich,
Und was sich gleich ist, das ist Eins und ganz.
Der Wassertropfen schließt sich an den Wassertropfen
Froh, leicht, so wie an seinen Bruder an;
Zum Meere kommt der Strom, so wie
Zu seiner Mutter; auf zum Aether steigt
Der Thau, so wie zu seinem alten Vater;
Das Eisen hält sich am Magnete fest,

So wie an seinem Retter, und die Schwalbe
Zieht in die Fremde wie in ihre Heimath.
Ja! Sieh' hinaus! Wie fühlt sich Alles freudig
So ganz daheim, herzinnig-wonniglich!
Die grünen Linden, die da säuselnd duften,
Sie sind zu Hause! ... diese Rosenbüsche,
Die sind zu Hause! ... diese jungen Lämmer,
Die sind zu Hause! Nirgend, nirgend sonst wo
Sind sie zu Hause! So wie Kinder laufen
In ihres Vaters Garten; und er ruft
Sie leise, und sie eilen wie die Wölkchen!
— Dort auch das Wölkchen ist nur hier zu Hause —
Es ist ja nur der eine selbe Ruf
Des Vaters! ist der einzige Gehorsam
Der Kinder! ist die eine große Heimath
Des Vaters und der Kinder aller, aller!
Und in der großen Heimath hat ein jedes
Die kleine Heimath, die vertraute:
Das Nest! das Haus! den Hain! den Bach! das Meer,
Den Leib, das Haupt, den Aether, die Gestirne!
Die Muschel hat die schönen goldnen Schalen!
Der süße Nußkern hat die braunen Schalen!
Der schwarze Apfelkern hat seinen Apfel:
Die weiße Welt aus weißem Apfelfleisch ...
Den Purpurhimmel mit den lichten Streifen:
Die würzige, die abendduft'ge Schale,
Und wohnt mit seinen Brüdern in dem Kernhaus
So traulich wie der Mensch in seinem Kernhaus,
Dem Leib, der gleich an Stoff ist mit dem All;

Und Alles lebt im All in seinem Kernhaus:
Dem Geist, der gleich an Sein ist mit dem Geist
Des Alls und jedem Strahl der Geistersonne,
Und Gott ist Gott im Himmel und auf Erden.

---

## XV.

Zur Sonne schau' am Morgen, schau' am Abend!
Die Sonne kennt dich nicht, sie sieht dich nicht,
Und thut dir doch so wohl und will dir wohlthun.
Sie winkt mit ungeheurer Kraft hinaus
Ins Blaue! Thut sie Gutes nur ins Blaue?
Sie trifft! sie wächst in Menschen und in Blumen
Und Blüthen bis in tiefsten Meeresgrund,
Auch nicht ein Strahl geht irgendwo verloren!
Und mußt Du kennen, wem Du wohlthun sollst!
Den Fremden, Fernen weigerst du die Liebe?
Den spätern Menschen und den spätern Blumen?
Und kennst du wirklich auch den Menschen so,
Der vor dir steht? Und wär' er kein Geheimniß,
Er würd' es Dir. Denn bist du ganz erfüllt
Für ihn von Lieb' und Güte, glaube mir,
Dann siehst du ihn nicht, wie die Sonne dich nicht,
Vor himmlischwarmer Gluth und reinem Licht,
Bedarfst du sein nur freudig: daß er sei!
Die Rose ist für ihren Duft schon herrlich
Belohnet durch ihr Duften; und die Sonne
Für ihr Erleuchten durch das Licht! Der Mensch

Ist für das Lieben durch die Liebe reich
Belohnt, der Mensch ist für das Leben voll
Belohnt durch leben. Lerne das am Himmel!
Und lerne das auf Erden, selbst vom Thun!
Drum unterscheide Keinen, der da lebt!
Nicht den, der deinen Feind sich nennt, noch Freund;
Drum unterscheide Nichts, was lebt: die Frucht
Vom Baume, noch den Hirten von der Heerde,
Das Lamm vom Grase nicht, das Gras vom Thau,
Den Thau von seinem Glanz und Schein. Steh' mitten
Im All der Liebe! lebe, liebe nur!
Zur Sonne schau' am Morgen, schau' am Abend!

---

## XVI.

Was nicht verdienet, daß die Sonne scheint,
Daß Gott das Licht erfunden, und das Auge
So zauberisch gebaut; was nicht verdienet,
Daß sich die Erde durch den Himmel rollt,
Daß Gott den Klang erdacht, das Labyrinth
Des Ohrs erkünstelt, daß der kleine Hammer
Es wie mit Geisterschlag der Seele meldet;
Was nicht verdienet, daß das Herz dir schlägt —
Daß du ein Mensch bist, daß ein sittliches
Gefühl die Welt durchbeizt; was nicht verdienet,
Daß Gott ist, daß das Meisterstück des Meisters,
Die Hand nur ist — — dieß Alles, lieber Mensch,
Nun sieh und höre, thu' und denke nicht!

Viel besser ist es, daß die reine Glocke
Der Seel' in Frieden schwebt und schweigt, als daß sie
Sogar schon Erdunwürdiges, anstatt
Dem Gott Erfreuliches, den Himmlischen
Verkünde. Was nun werth ist, daß du Mensch bist —
Daß Gott ist — Solches sieh', thu', hör' und denke!
Und kannst du Aug' und Ohr dir nicht verschließen,
So sieh es mit des Gottes Augen an.
So sieht die Sonne Alles rein und heiter:
Denn Göttliches zu hören und zu schauen,
Ist leicht, das kann und thut und muß ein Kind,
Das Thier des Feldes und der Bösewicht;
Doch göttlich schauen, göttlich hören, das
Ist schwer dem Sterblichen! der da vermeint
Zu sterben — ohne Gott ein Mensch zu sein!
Doch leicht, wie alles Schwere, ist es dem,
Der den als Sich erkannt, der in ihm Mensch ist,
Und nun sich selbst erkennt, und Selber ist.

---

## XVII.

Was ist nun werth, daß Etwas ist? und Alles?
Daß droben alle Stern' am Himmel wandeln,
Daß du hier auf die Erd' hervorgegangen
Aus unbeschreiblich tiefen Wundern, selbst
Voll Wunder als ein Mensch? Was ist es werth? —
Gewiß, unfehlbar das: Daß du ein Mensch bist,
Und auch das Kleinste thust, was menschlich ist;

Daß du die Kinder lehrst und warnest, kleidest;
Daß du die Schritte zu dem Brunnen thust
Nach Wasser; daß du issest, schläfst, arbeitest,
Dich freust und leidest, wie sich Menschen freun
Und leiden. Selbst das Wort in deinem Mund,
Wodurch du einen Bangen liebreich tröstest
Zum Leben, selbst der Stock in deiner Hand,
Womit du deine Kinder züchtigest,
Ist werth, daß ein geheiligtes Gesetz sei,
(Es ist das Menschgewordene Gesetz)
Ist werth, daß Tag und Erd' und Himmel sei,
(Es ist die Lebenwordene, die rechte,
Die ächte Welt), ist werth, daß Freude sei
Im Himmel — ja, ist werth, daß Gott sei, Gott;
Denn alles Guten ist er Herr und Meister,
Des Lebens Vater und das Leben selbst.

---

## XVIII.

Betrachte deine Hand, und sage mir:
Aus waser Macht erhebst du deinen Finger?
Nun wandre in die Wüste, bet' und faste
Und forsche, rathe, meine, prüf', erforsche.
Auf alle Kräfte rath', auf alle Wunder,
Auf Willen, deinen Willen, einen Willen.
Doch eher hast du nicht die heil'ge Macht,
Die Allmacht der Verwandlungen erkannt,
Nicht die Verdoppelung, das Ein' in Zweien,

## Juli.

Das Ein' in Tausend und als Tausend, noch
Die Tausende als Einen, bis du sagst:
„Ich selber hebe meinen Finger auf."
„Ich selbst bin ich." Das Wort erschafft den Menschen,
Erschafft die Welt. Du bist; es ist ein Gott.
Das Wort vertilgt auch die geschaffne Welt
Und spricht vom Sein, von der Natur des Seins,
Vom Dasein als Natur, und von Natur
Als Dasein, Sein und Selbst, als Ich und Du.
Nun hebe deinen Finger auf und deute:
„Der droben hat hier drunten mich gebildet."
Dann falte deine Händ' und bet' und danke!
Wer noch nicht danken kann, fühlt sich noch nicht —
Dank ist die höchste Freude, da zu sein.
Der Bettler dankt — nun ist Er da und Du!
Und Jemand noch, der freut sich eben still
Und fließt als Thräne beiden euch vom Auge;
Nichts als die Liebe glaubet an die Liebe,
Und Liebe ist nur klares Selbstbewußtsein.
Doch dürft' ein Mensch sich unterfangen, Gott
Zu nennen, ach, dann nennt' ich ihn bescheiden:
Urquell jungfräulicher Bescheidenheit!
Und nun bedeck' ich meine Augen beide
Mit beiden Händen und vergeh' vor Scham.

## XIX.

„Bis in der Wunder Tiefe dringt kein Mensch."
Wie aber, wenn die Tief' in ihn gedrungen!
Wenn er, das All, die Offenbarung ist. —
„Und welcher Stern hat einzig ganz die Wahrheit?
„Und welcher Mensch?" — Die Erd' ist nur ein Stern...
Ein Stern ist auch ein Wort der langen Rede,
Die aus dem Mund der Gottheit ausgegangen
Und noch geht. Sieh' nur, höre, wie sie spricht!
Du siehst den Hauch — wie weißen Reif — dort schweben,
— Milchstraße nennen ihn die Sterblichen;
Und jede Blume sagt dasselbe Wort
So fülleschwer, so leise, so verständlich
Dem Sinne, der an Offenbarung glaubt —
Das Kind nur pflückt sie — und das Lamm zerpflückt sie.
Das, was mit allen Dingen übereinstimmt,
Ist wahr; doch Wahrheit ist kein leerer Schein,
Die Wahrheit ist ein Wesen, kein Gedanke;
So ist denn Eine Wahrheit nur: das All!
Der Gott! Gott ist die Wahrheit und ist wahr;
Doch wahr und wahrhaft sei auch du, — sei göttlich;
Unmöglich ist es: Gott zu reden! also
Hat Niemand je „die Wahrheit" noch geredet.
Du stimme mit dem All, dann bist du wahr.
Die Wahrheit thun — das hieße Gott erschaffen.
Die Wahrheit siehe! höre! fühle! liebe!
Erforsche! — Denn nichts andres ist das Leben,

Als Gott erforschen, immer tiefer kennen,
Ihn schauen, hören, lieben und empfinden.
„Ich bin ein Mund der Wahrheit", sage höchstens,
„Ich hab' ein Herz, ich habe Geist und Inbrunst
Und jeden Tropfen Blutes für die Wahrheit."
So sagst du recht. Allein „ich bin die Wahrheit,"
Vor diesem Wort erschräke selber Gott,
Der Urbescheidne, der das All erfüllt —
Und selbst doch nur so still, so leis und heimlich
In eines neugebornen Kindes Brust
Eintritt, wie in das Veilchen: Veilchenduft!
Und dann nur wie aus seinem Kelche duftet!

---

## XX.

Wer ist es, der da kommen soll, um hier
Die volle Sommerherrlichkeit zu schauen?
Gewiß ein Herrscher aus der Sonne drüben,
Ein König vieler Sterne aus dem Himmel,
Ein Gott mit seinem Weib und seinen Kindern
Und kunstverständig göttlichem Gefolge —
Um solch ein Werk zu würdigen, zu ehren!
Wer will, wer soll vielleicht die Erde kaufen,
Daß sie so gar geschmückt vor Prunke starrt!
Denn welcher Todte aus der Riesenzeit
Der Erde, welcher Todte von den Helden

Und Menschen wäre werth, daß ihn die Erde
Entließe aus der Gruft: die Pracht zu schaun? —
Der Beste selbst verdiente keine Stunde
Das süße Leben in der Schönheit Fülle
Als Lohn, als Freude auf die Müh' der Thaten!
Denn wie geschäftig haben Sturm und Winde,
Gleich unermüdlich Brustgewalt'gen Dienern,
Sich athemlos gefegt am grünen Saal
Der Erde, bis ein jedes alte Blatt
Zu Rande war, in Schlüfte, Fluß und See;
Wie haben Wolken Wasser hergeschleppt,
Die tausend Blumen alle groß zu treiben!
Oft zart gesprengt, daß ja kein Stäubchen wehe!
Wie haben Donnerwolken früh und Abends
Und Nachts mit Duft geräuchert im Gefilde!
Wie haben unsichtbarer Geister Hände
So lange Tag für Tag bei Sonnenschein,
Und Nachts sogar bei hellem Mondenschein,
Im Finstern selbst in stillem Nebelschleier
An jedes Baumes jeden kleinen Zweig
Die grünen Blätter alle aufgehangen!
Und jetzt die gelben Früchte in die Blätter!
Die Berge reich geschmückt bis an den Gipfel!
Wie haben sie die Käfer aufgeweckt,
Die muntern Vögel mit den Silberstimmen
Herbeigerufen, ja herbeigejagt
In diese Zaubergärten; haben jetzt
Sogar ein jedes Wölkchen fortgeschickt
Wie Kinder, daß des Himmels weite Halle

Ganz fleckenlos in Azurklarheit glänze —
Und sieh, da glänzt er rein in Azurklarheit!
Rein, wie ein Tropfen Wasser, blinkt die Sonne,
Und Alles steht so fertig lange Tage! —
Und Niemand kommt dort droben hergeschifft —
Auf Flügel-Rossen durch die Luft geritten —
Hier all' die Sommerherrlichkeit zu schauen!
Und wir hier alle bleiben nun allein,
Allein mit uns! — Gewiß! Es kommt mehr Niemand!
Und was dort aufsteigt, ist ein weiß Gewölk, —
Das sich vermummt in eine große Göttin.
Doch Lüfte weh'n ihr jetzt das schöne Haupt
Von ihrer Schulter! — und das Haupt schifft hin! —
Die Göttin hin! und löst sich auf in Flocken!
Und sinnend schlag' ich meine Augen nieder!
Da sagt mein sel'ger Geist mir endlich deutend:
„Erwarte keine Götter mehr von droben!
Erwarte keine andern Gäste mehr!
Längst sind sie alle da! Die Nachtigallen,
Die Rosen und die Lilien, die Nelken,
Die Störche und die Kraniche, die Schwalben,
Die Staare selber und die Sommervögel,
Die Felder all' voll zitternd froher Halme,
Die Lande und die Wälder voll Gethier,
Die Meere voll von stummen Ungethümen,
Und die Verborgnen erst! Die Unzählbaren
In jedem Wassertropfen, jedem Staub!
Der alte Gast — nun fast der Wirth der Erde
Ist da: der Mensch, und immer kommt er wieder

Als Kind — o sieh nur wie sie froh dort spielen,
Wie Alles rasch und wonnevoll sich freut!
Ihr alle seid die wahren Gäste alle!
Des Meisters Werke selbst sind seine Gäste,
Sind seine Schauer, seine Hörer. Sie,
Sie sind es, für und durch die er das alles
Gemacht, so schön gemacht, sie selbst so schön!
Ja sieh' noch mehr! Ja, siehe nur das Eine:
Die Werke machen seine Werke aus,
Und seine Lebenden: sein schönes Leben,
Selbst seine Eigenschaften, seine Seele!
Drum ist das einzige Verdienst: das Dasein;
Die größte Weisheit ist das Leben selbst;
Wer lebt, erfüllt ein göttliches Geschäft,
Ein himmlisches, mit Götterkunst, Verstand
Und Klarheit! und dann recht und ganz erst, wenn er
Es nicht erforschen will, nur rein erfüllt.
Sieh' dort die frohe Schwalbenmutter an:
Heut führt sie ihre Kinder aus. Fünf Kinder
Auf einmal! aus fünf stillen kleinen Eiern,
Die nun beschwingt aus ihrem Neste fliegen,
Der Mutter und dem Vater nach, die Hallen
Sich zu besehn, worin sie aufgewacht.
Nicht leicht-erstaunt, nicht heimlich nur verwundert —
Ermüdet nur schon von dem kurzen Fluge
Nun sitzen sie. Die Sonne scheint sie an,
Die Mutter singt sie an; der Vater bringt
Gefangnes Futter, und er äzet sie,
Und zwitschert. — Sieh! Das sind die Gäste!

Sie quellen aus der Erde, aus dem Aether,
Wie Freudenthränen dir aus deinem Auge!
Denn Freude rührt ein Menschenherz am meisten —
Doch schau' umher — nicht nur des Menschen Herz!"

---

## XXI.

Du hörst in stiller Nacht der Schwalbe zu,
Die leis im Nest zu ihren Jungen spricht.
Von mancher Menschenmutter hast du schon
Verstanden, was die Schwalbenmutter spricht:
„Sei ruhig, liebe Kleine, ich bin bei dir,
Ich schütze dich, ich bringe dir ja Nahrung,
Ich bleibe bei dir, liebes Kind, sei ruhig."
So sprach die Schwalbe schon vor hundert Jahren —
So sprach die Schwalbe schon vor tausend Jahren —
Du hörst nicht in der Schwalbe Brust hinauf —
Du hörest in die Seele der Natur!
Du hörst ein ewig Wort in diesem Liede,
Du hörst ein ewig Weib in dieser Mutter,
Und schaudernd fühlst du dich der Großen nahe!
Sie ist herabgestiegen in die Zeiten!
Und sie umwebt dich, sie umfängt dich herrlich,
Sie zieht dich an die erste Brust empor,
Du lebst in ihrer reinen Seligkeit.
Du bist, o Mensch, nicht eine Inschrift nur

Am Sarkophage der Natur! nicht nur
Ein halbes Bildwerk! Rund, und frei und eigen
Lebst du das Leben der Natur. Du bist sie
Und sie ist du, und dein Wort ist ihr Wort,
Und dein Gefühl ist ihr Gefühl und Sein.
Nichts sprichst du ihr nach, nein, sie selber spricht
In dir, und darfst doch sagen: ich, ich sag' es!
Denn ohne dich wär' selbst die Große nicht,
Wär' nichtig, nichts, und mit ihr bist du alles.

---

## XXII.

Sich selbst vertheilt, sich einzeln ausgelegt —
So wie auf einem großen, schönen Teppich,
Bunt, tausendfach voll Thiere und voll Blumen,
Voll lebender, voll ruhig-reger Werke,
Und durch die feste Werfte doch verbunden, —
Hat sich Natur! und sonnet sich sofort.
Jedwede ihrer Eigenschaften macht
Ein andres Wesen aus; — ein andres Wesen —
Und eine andre Welt scheint da zu leben.
Des Menschen schöne Eigenthümlichkeit
Ist nun das Gutsein. Güte unterscheidet
Ihn von den Bäumen, von den Blumen, selbst
Von allen Thieren, Sonne, Mond und Sternen,
Doch ohne ihn darüber zu erheben,

Daß er ein Beßres sei als nur der Stein.
Denn mehr als göttlich kann nicht Etwas sein;
Und was da ist, ist selber die Natur,
Und als sie selbst vollkommen ist ein Jedes,
Sonst wär' das All ein tausendfacher Frevel.
Nun träume, schau' den Weltgerichtestag —
Ein Maifeld, wo Ein Herr zu Rechte sitzt,
Und höre, was die Wesen taubblind sprechen:
Herr, ich — ich bin ein Dornenstrauch gewesen,
Mir ist es wie dem Dornenstrauch ergangen —
So fordr' ich meinen Lohn mit Recht dafür!
— Und ich, ich bin ein Dromedar gewesen,
Schwer ist mir's, wie dem Dromedar, ergangen:
So fordr' ich meinen Lohn mit Recht dafür!
— Und ich, ich bin ein stummer Hecht gewesen
Und muß fortan mit Engelszungen reden!
— Und ich, ich war gar eine Unke — sieh —
Und muß ein Gott zum wenigsten nun werden!
Und alle rufen wie ein Chor Wahnsinn'ger:
„Denn eben, welcher ein Geringster war,
„Der muß zum Lohn dafür ein höchster werden!" —
Auf solchen Anspruch tritt der Mensch herzu:
— Und ich, ich bin ein Mensch gewesen; habe
Geliebt, gelebt, oft glücklich, meist unglücklich
Vor Liebe und vor Güte; doch, o Herr,
Die Unke fordert schon — ein Gott zu sein!
Ich bin ein Mensch gewesen und ich hab'
Geliebt — o Herr, wie hab' ich dich geliebt!
— Und ernst und mahnend spricht die ew'ge Liebe:

Wahrhaftig, hast du? — bist du? also wirklich!
Und habt ihr Alle? War't ihr Alle? Alle! —
Ich habe — und ich war; — was soll ich werden?
Als bleiben! Sein! — So bleibt und seid in mir.
Dann steht er auf vom goldnen Richterstuhl,
Und alle haben sich an ihm besonnen.

---

## XXIII.

Was soll im Traume dir das Fernrohr helfen,
Um, wie des Meeres tiefe Blumengärten,
Dadurch die Traumgestalten klar zu sehen?
Was soll das Sprachrohr dir in Schlafes-Wahnsinn,
Um bis zu Minos auf den Thron zu rufen?
Das Hör-Rohr um die Sterne zu verstehen?
Zu Nichts! — — auch nicht einmal zu wahrem Traum.
Dasselbe sollen dir im Sonnenschein
Des Tages deine dumpfen Traumgeflechte,
Und jene Wahnsinn-Worte für Lebend'ge!
„Du sollst nicht zaubern!" — also mußt du's können. —
Du sollst nicht zaubern! Denn der große Meister
Hat dich schon so gezaubert, wie du sein sollst!
Dir sind die holden Erderscheinungen,
Dein Weib, dein Kind genug schon klare Wunder;
Du sollst ein Mensch sein in der Sonne Reich,
Im Haus des Lebens, nicht in seiner Werkstatt.
Das ist dir Wahnsinn, Schlaf am hellen Tag,

Und selbst die Sonne lischt indeß dir aus!
Und selbst dein Leib zerfällt indeß zu Staub!
Auch nüchtern kannst du glauben an den Gott!
Und Trunkne glauben nur an ihren Wein.

---

## XXIV.

Nun steigst du in den Kahn der Nacht, und fährst
Aus einem Land, das du nie wieder siehst:
Den sanftverklungnen Tag! Und wunderbar,
Durch einen draufgezognen schwarzen Schleier
Nur, wird er in die leichte Luft begraben;
Und doch ist er so sicher da begraben
So wie der schönste Jüngling in die Erde;
Des Tages bunt Gespinnst ist aufgeweift
Von seiner Mutter Sonne, die ihn spann,
Auf jenes schon so volle, schwellende
Kokon, die Erde. — Du nun schiffest weiter
So sanft, so ruhig leis dahingetragen
Durch eine dämmerlichte blaue Grotte
Voll kleiner Ampeln, deren größte nicht
Das leichtbedeckte Augenlid dir blenden
Mit ihrem Gold, Rubin und blassem Grün!
Wie Thau des Himmels hängen sie da droben
Und spielen sanfte Farben, Glanz und Schein.
Und auf der Fülle all' der schwebenden,
Der regen Tropfen ruht der Lichterzeugte,

Der weiße Regenbogen*) in der Grotte;
Die Tropfen singen nicht — sie leben still,
Sie wimmeln voll von unsichtbaren Wesen,
Und doch so voll wie jeder Tropfen Aether.
Nichts regt sich in der Grotte, kaum ein Flüstern,
Und frisches Hauchen! kaum bisweilen fährt
Ein tiefverschwiegner goldner Strahl dahin
Und streut sein lieblich Feuer ziehend aus.
So schiffst du lang', unwißbar lange Zeiten,
Durch unerforschten weiten, weiten Raum.
Indessen schwimmen, wie von seel'gen Küsten,
Die wunderneuen Blumen dir entgegen,
Des neuen Landes Zeichen, Purpurstreifen
Und braunes Gold in zarten Duft verhüllt,
Und offenbar und offenbarer immer!
Die Grotte selbst entzündet sich gemach,
Vor deinen Augen wundersam verwandelt!
Sie selber wird zum weiten Ausgangsthor!
Sie selber wird zum neuen Lande dir!
Und tiefbeseligt schwebest du der Küste
Entgegen; eh' du's dachtest, liegt sie da:
Klar, mahnend, morgenroth und morgenschön
So wie ein Zaubergarten voller Rosen! —
Es ist des neuen Tages niegeschautes
Unläugbar-gegenwärtiges Gestade!
Nun steigst du aus — ganz wie im eignen Hause —
In himmlisch-neuer himmelweiter Ferne!

* * *

*) Die Milchstraße.

Die Menschen aber sprechen von den Wundern
Der Zauberfahrt durch solche Grotte: „gestern
Ging ich zu Bett, und heute früh erwacht' ich.“ —

---

## XXV.

Das Mittel gegen Unversöhnlichkeit
Ist: Fühle nie im Herzen dich beleidigt!
Das ist so leicht, bist Du ein ächter Mensch,
Ja nur von Frechheit fern und bösem Stolz.
Du sollst auch keinem Menschen je vergeben,
Das Kleinste nicht; am wenigsten das Größte!
Ein stolzer Thor ist, wer vergeben will.
Du scheinst ja kaum das himmlische Gesetz,
Das nur dein Feind, dein Mörder über — sehen.
Und wärst Du dieß Gesetz — es ist die Liebe —
Und bist Du es — wer kränkt je Deine Liebe?
Das Lieben ist ganz unbeleidigbar!
Es naht als Mitleid, Güte, Trost und Hülfe!
So wie du in der Wolke, die den Blitz
Geschleudert, doch die Himmlische erkennst,
Erkenne so den Göttlichen im Menschen,
Des Gottes Sein und Wesen, das ihm inwohnt,'
Das er doch war, und jetzt noch ist, und bleibt.
Sieh klar doch: Wer vergeben will, der muß
Beleidigt sein! Und wer beleidigt ist, Wer muß

Der sein? -- bedauernswerther, als wer fehlt;
Du sei nicht Der! sei nicht der Fehlende;
Sei kein Beleidigter; um Gotteswillen:
Sei kein Vergeber — der vergeben will,
Und der da lebt bei Menschen von dem Wahne,
Daß er vergebe, und Vergebung schaffe
Von irgend Einem — der beleidigt sei!
Ein liebend Herz wird nimmermehr beleidigt,
Durch Andre nicht, die Menschen sind; und durch
Das Alles, was nicht Mensch ist, noch viel minder;
Er lebt mit ihm in einem ew'gen Frieden.
Die klare liebevolle Seele sündigt?
Sie sündigt nicht und nie und nimmermehr!
Nur wo nicht Klarheit ist und reine Liebe,
Da irrt der Mensch im Nebel der Gefühle,
Im Drang, ein flüchtig nichtig Gut zu stehlen;
Und Wem vergiebst Du nun, wenn du vergiebst?
Sieh, du vergiebst nur einer armen Seele:
Dem Teufel, würd' ich sagen, wenn er wäre.
Und Was vergiebst du nun, wenn du vergiebst?
Den Schaden und die Schande einer Seele!
Das sollst du nicht um alles Gut der Welt;
Und wer, wer bist du selbst, wenn du vergiebst?
Der Teufel, würd' ich sagen, wenn du's sein willst:
Nimm nicht Vergebung an — du brauchst sie nicht
Du machst ihm Schande! Und vergieb Du nicht,
Du frevelst, thust die größte aller Sünden:
Die Sünde gegen Lieb' und Seligkeit
In deiner Brust und rings im großen All.

Hört ich von Menschen wo: „sie sind beleidigt" . . .
„Sind unversöhnlich gegen Weib und Sohn" . . .
„Sie haben ihren Feinden nun vergeben" . . .
So spräch ich recht: Sie sind noch keine Menschen.
Hört' ich von einem Gott: „er ist beleidigt . . .
„Ist unversöhnlich gegen Weib und Sohn . . .
„Der Gott hat seinen Feinden nun vergeben
„Und seinen Freunden längst vergab er allen" . . .
So ist er kaum ein Mensch wie Du und ich,
Und wahrlich nimmermehr ein Gott der Menschen:
Die Liebe, die Vernunft und Seligkeit —
Wer würde die sich trüben durch sein Grollen?
Du nicht, und ich nicht, und kein wahrer Mensch.
O welcher Wahn hält noch die Menschen nieder,
Bedrückt ihr Leben und ihr beßres Herz,
Das edel fühlen möchte gleich dem Gott
Und fühlen soll, da Gott in ihnen lebt!
Wer sich beleidigt fühlt, der rächet eher
Beleidigung wohl, als er sie vergiebt,
So wie der Knabe den gefangnen Vogel
Nur schwer und ungern aus den Händen läßt.
Und darum sag' ich dir zu deinem Glück
Und zu der Menschen Glück und Ruh' und Frieden:
„Im Herzen fühle niemals dich beleidigt,
„— Denn deinen Feind, den kannst du nimmer lieben,
„Denn da erkennst Du feindlich einen Feind —
„Doch einen Menschen liebst Du leicht und herzlich,
„Denn in ihm wohnt des Gottes holder Geist,
„Drum siehe, kenne keinen Feind — nur Menschen!

„Und wo dir scheint Beleidigung zu nahen,
„Da ruft es laut nur: Hilf hier einem Menschen
„Zu Duldung, Einsicht, Liebe und Vernunft!
„Und nun ereifre dich — ihm beizustehen!“

---

## XXVI.

Als du dir Kartenhäuser aufgebaut,
Da hast du nicht gehaucht! mit Kinderandacht,
Mit aller deiner Geistesgegenwart
Und müden starren Armen sie vollendet!
Daß dir der Rosenbaum auch sicher anwuchs,
Hast du ihn oft begossen, treu gepflegt.
So Alles, was du rings umher erblickest,
Durch Sorg' und Fleiß, Beharrlichkeit und Ernst
Nur ist ein jedes Einzelne gediehen
Die ihm die rechten Mittel zugewandt. —
Dein Innres aber soll von selbst gedeihen?
Wie eine wilde Pflanze, deine Seele
Und dein Gemüth? Dein Denken und dein Schauen!
Kein Stern, kein Sonnenstäubchen stößt das andre,
Die Berge stehen ruhig bei einander,
Die Bäum' im Walde und im Stall die Lämmer;
Doch eher wohnen alle wilden Thiere,
Die Krokodille, Löwen, Riesenschlangen,
Die Tiger, Luchse, Panther und Hyänen,
In Hungerwuth, einträchtiglich beisammen,
Als die Gedanken dir in deinem Haupt;

Sie zähme! ordne! sie beherrsche machtvoll!
Sei Herr und Meister deiner Brust Gefühle,
Dann bist du Herr erst deiner Leidenschaften,
Dann bist du sicher deines reinen Glückes.
Sieh! in des Menschenvolkes großer Heerde
Ja wohnen eben nicht verschiedne Leiber –
Sie alle wohnen fast in gleichem Leibe:
Zu Meereswogen aber macht die Menschheit
Der eigne Geist, der jeden anders treibt,
Indeß die Wellen selbst Ein Wind beherrscht.
Drum hast du dich zum Menschen ausgebildet,
Dann hast Du mehr als Königreiche dir
Erobert, mit des eignen Geistes Schätzen,
Mit Macht und Herrschaft über alle Welt,
Selbst über Tod und Leben, Sorg' und Schmerz;
Dann hast du mehr gethan als alle Meister
Mit Marmor, Erz, mit Farben und mit Tönen;
Du hast ein göttlich Werk an dir vollendet
Das lebt! das wandelt! göttlich denkt und fühlt!
Du hast das All zum Brunnen dir gemacht
Der Schönheit und der Liebe und der Wahrheit!
Und angefüllt mit seinen reichen Kräften
Gedeihest du zu seinem Sohn — dem Menschen.

## XXVII.

Es donnert, göttlich donnert's; rede mehr!
Es blitzt, entzückend blitzt es; blitze mehr!
Kein andrer Hall erschüttert so die Brust
Als Donnerhall, der Wolken Kindersprache.
O spräche je der Himmel selbst ein Wort!
Und wenn ich lang' auf Erden eingewohnt,
Mich in dem Menschenvolke lang vergessen,
Und wähn': ich leb in einer Stadt mit König
Und Bettlern, mit Gesichtern und mit Sprache,
Die mich in einen kleinen armen Kreis gebannt . . .
Da donnert's wieder, und der alte Hall
Der grauen Vorzeit wirft elektrisch mich
Hin an die Erde, — und ich bin daheim,
Daheim in unsrem alten Götterhaus!
Dann sammeln meine Kinder sich um mich,
Es blitzt, es kracht! Nun beb' ich vor der Wolke,
Die über unsre Häupter schwarz herabhängt —
„Und sich in einer Wolke Macht zu fühlen!
„In Macht von Dünsten, die der Wind verweht,
„Wie elend!" — Elend? Sprachst du selbst das Wort
Verächtlich, und verachtest du auch thöricht
Das ganz anstaunbar Unentschleierte . . .
Den Schleier! — Höre nicht des Thoren Wort,
O Herr! O Herr und Meister, sie verachten
Dein Kleid, dein flammend Kleid verachten sie,
Das selberlebende, weil du's berührst,

Weil's dich berührt, von deiner Kraft geladen!
Das nun verachten sie — die Bilder drauf!
— Göttlich, wie sie sind, alle deine Geister,
So Vieles sie dir je auch nachgeschaffen
Und nachgebildet: Bilder und Gedanken,
Der Mensch den Menschen selbst, und Menschliches
So viel, und ausgeführt, was du entworfen —
So hat doch Keiner, auch der Göttlichste,
Dir nur ein Sandkorn je wo nachgeschaffen!
Nicht Einer wird dir einen Wassertropfen
Nachschaffen, nicht ein wenig leichte Luft
Zu einer Mücke Athemzug, auch das nicht!
Geschweige jene strotzend vollen Adern
Von Blut, drin jeder Tropfen ein Gestirn,
Ein Licht, ein Leuchter ist! geschweige erst
Den Riesenleib, ganz! den Thermitenbau
Des Aethermeers! die goldne Riesenmuschel
Voll wasserheller Perlen! — Ach, dein Haus,
Das Schneckenhaus aus ihrem eignen Saft,
Dein durch dich selber dargestelltes Bildniß,
Dein Eigenthum, ja deine Eigenschaft —
Das nun verachten sie, die Bilder drauf:
Dein Kleid, das unverweslich-unzerstörbar
Dich schön umgiebt, verbirgt, verräth, enthält,
So wie der Menschenleib den Menschen bildet,
Der Mensch nur ist, so lang' er leibt: den Leib hat —
Das Fleisch, die Fleischwerdung der ew'gen Liebe,
Ja das verachten sie, o Herr und Meister!
Und wäre dieses unerforschte Wesen

Dein Leib, ach, hättest du auch einen Leib,
Und wär' er göttlicher noch als dein Geist --
Dann schiede sich ihr kleines Denken rasch
Von dir auf immer, weil sie einen Leib
Am Geiste tragen, der zu Asche fällt!

---

## XXVIII.

Gut-sein ist weiter nichts als bloßes Sein,
Und alles andre Sein ist Werden nur,
Verirren von dem Sein und Untergang.
Nicht stolz sei du, o Guter, denn du bist blos,
Und wie die Rose plötzlich aufblühn kann,
So kann ein jeder Werdende gleich sein.

---

## XXIX.

Wenn du zum bloßen Arzt die Worte wagest:
„Ach, thu' doch ja auch Alles, was du kannst,
„An diesem Leidenden, errette ihn!
„Versäume Nichts! Sei ja nicht träg' zu kommen!
„Des Apothekers Werkstatt ist doch gut?
„Sie hat doch Alles? und nicht trunkne Diener?
„Vergreif' dich nicht wohl gar in deinen Mitteln!
„Die Arzenei, die du verordnest, Bester,
„Die wird ihm doch nicht schaden! Wirklich nicht? —"
Dann wird der Arzt mit Recht dir grob begegnen!

Und willst du Gott mit solchen Worten bitten?
Und thust du's, glaubst du dann an einen Gott?
Wer Gott glaubt, ehrt ihn hoffend, betet — schweigend!
Es ist nur ein Gebet —: ein frommer Sinn.
Und sieh, ein frommer Sinn ist göttlich froh,
Des Gottes froh und seiner Göttlichkeit.
So weis't den Menschen Alles auf die Freude!
Die Freude aber ist das schwerste Werk
Des Menschen, und das ernsteste zugleich.
Du nenne Leichtsinn, Lust, Vergessenheit,
Nicht Freude! Die so laut sind, werden bald
Still weinen. Wahrer Freude Mutter ist
Besonnenheit — das Götteraug' im Menschen —
Die Alles klar schaut, alles Klare liebt.

## XXX.

Du hast mich hier herausgesandt, o Vater,
Und hier nun steh' ich unter deinen Wolken,
Dort deinem schönen Himmel gegenüber,
Mild angeblitzt von deiner großen Sonne,
Recht mitten drin in deinen Wundern allen
Auf deiner feierlich geschmückten Erde!
Jeglich Geheimniß deiner Künstlerseele,
All' die verborgen-offenbare Schönheit
Der großen und der kleinen Götterwerke,
Die du mit Inbrunst, heißer Liebe voll
Gebildet, schließet mir mein Auge auf,

Mein Ohr, mein Geist von deinem hohen Geiste!
Und Seligkeit-berauscht noch fass' ich kaum,
Daß du bist, daß ich bin, und wie beglückt!
Daß ich dich fühle in der warmen Brust.
Daß ich dich liebe in der vollen Seele,
Daß ich ein Mensch bin, noch vor dir, und hier
Wie hochgestellt — rings über deine Kinder,
Die kleinen Blumen mit dem Funken Thau
Im Auge — mehr als Wolken, Fels und Fluß,
Mehr als die Sonne dort im himmlisch Blauen
Durch deine Klarheit in der Menschenstirn,
Durch die Gefühleflammengluth aus deiner,
Durch die Gedankenwonnefluth aus deiner!
Und was hast du mir Alles zugetheilt!
Mir Alles anvertraut, daß leis mir schaudert,
Die Göttergaben in der Menschenhand!
Du hast mir Macht gegeben über Geister,
Die mir zu dienen angewiesen sind —
Gewalt, selbst über deine besten Kinder;
Nicht nur die Rose, die ich brechen kann,
Nicht nur die Blumen, d'rauf ich wandeln mag —
Ich kann den Menschen, wenn ich will und möchte,
Zerstören, fort von dieser Erde schicken!
Ich kann die Seele, die mich liebet, kränken,
Daß sie die schöne himmlische Gestalt
Durch Gram inwendig leis zu Staub verwandelt
Und weinend heim an deine Brust sich rettet;
Selbst ganze Städte kann ich mit der Fackel
Von deines heil'gen Feuers Gluth vertilgen,

Vergiften ihre Kinder aus dem Brunnen,
Und Niemand wehrt mir — Niemand wüßt' es ja
Als ich und du! Ich kann mich selbst mir opfern
Und deine Hallen sprengen vor der Zeit!
Und du, du mußt, ob auch mit Widerwillen,
Du mußt das Grab mir öffnen und die Hallen
Der Todten, aller Seligkeiten voll,
Und noch den Becher der Unsterblichen
Mir reichen — auch mit abgewandtem Antlitz!
Doch ich vergeh', vergeh' vor dem Gedanken,
Daß du dein Antlitz je mir wenden könntest!
O neige dich zu mir! das himmlischschöne,
Das reine Antlitz neige stets zu mir:
Und was auf Erden, was bei Menschen dir
Sich gleicht — vergieb, vergieb das blinde Wort —
Was dir von fern nur ähnelt wie dein Schatten,
Das will ich ehren! lieben so wie dich:
Sei du es in Gestalt der Kinder nun,
Sei du es in Gestalt der schönen Jungfrau,
Sei du es in Gestalt des Silbergreises,
Sei du es in Gestalt des blinden Bettlers,
Ja sei es in Gestalt der Schwalbenmutter,
Die ihre Jungen flügg' im Neste füttert,
Sei du es in Gestalt der Lerche droben,
Der bunten Taube, die mit Aemsigkeit
Sich goldne Körner pickt, selbst nicht mein Schatten
Soll sie von ihrem stillen Werk verscheuchen!
Sei du es in Gestalt der eignen Kinder —
Ich will sie auf den Händen tragen, kostbar

Als hätt' ich dich, so klein, so hold, so eigen!
Sei du es in Gestalt des Regenstromes,
Der aus den Wolken ab zur Erde perlt,
Wenn hoch du donnerst, rosigleuchtend blitzest —
Ich will dem heil'gen Wasser aus den Wolken
Ein Gräbchen schaufeln, daß es munter rinne,
Wo du es hingesandt! — Ja, das auch höre:
Sei du's in meiner eigenen Gestalt,
Sei du's in meinem Geist und meinem Denken —
Ich will mich selber ehren, meinen Leib
So ehren als Gebild von heil'gem Staube,
Von heiligem Gebein aus deinem Urstoff,
Und meinen Geist wie Licht von deinem Urlicht,
Daß dich zu ehren meine Ehre sei,
Daß mich zu freuen deine Freude sei,
Daß dein zu sein mir ewig Leben sei!

---

## XXXI.

„— Wie schwer du mußt dein Herz gebildet haben,
Um Alles gleich und ruhig anzuschauen,
Um mit dem Bettler stets so ehrerbietig
Zu sprechen, als gelassen mit dem Kaiser,
Mit Freuden Jeden, der da kommt, zu grüßen,
Als der gekommen aus dem blauen Himmel,
Von Keinem, wenn er ging, ein Wörtchen Böses
Je nachzusprechen, nicht einmal zu denken,
Nein, gern ihm Segen wünschend im Pallaste

Des großen Gottes, dahinein er schied!
Das Allerschwerste aber scheint mir dieses:
Daß du, so offen wie vor einem Kinde,
So offen wie ein Kind auch vor dir selbst
Jedweden Wunsch und jeglichen Gedanken
Und jedes Werk — entdeckest und vertrauest
Nicht — nein, nur sagst, mittheilest; ohne Schande,
Unrecht, Gefahr, Schamröthe für die Menschen
Noch auch für dich; wohlklingend, wohl auch stimmend
Wie eine Lerchenstimme zu dem Frühling,
Wie eine Glocke in's Geläut des All's.
Und willst du mir nicht dein Geheimniß sagen?
Du siehst den Menschen in dem Menschen, siehest
Den Menschen in dem All, das All im Menschen;
Dir lebt nur die Natur; und kindisches
Geflecht aus alter Zeit des Selbstverkennens,
Gespinnst von Thoren-Ehre — Vorzug — Vorrecht —
Vormacht — Vorwerth und aller Mummenschanz,
Das Alles ist dir nicht da, dir vergram't,
Zerflossen zu Gespenstern, ehrlos dir,
Dies nur zu denken, zürnet deine Stirn;
Du siehst den Menschen nackend, jeden nackend
In seiner ganzen angebornen Schönheit,
In seinem ersten, seinem letzten Werth;
Und Alles, was er könnte, was er sollte
Kraft seines Geistes, seines Herzens sein,
Das legst du ihm, gerecht im Geiste, zu·
Und hat er, ist er all' das Hohe nicht,
Erröthest du vor Schuld der Welt, und Mitleid

Erhöht dir erst zur Gluth die Ehrerbietung.
Wer könnte vor der Sonne — eine Farbe
Verbergen? Wer erst vor dem Denkenden,
Dem Denker in dem Aether und im Menschen
Nur einen Fluggedanken bergen wollen? —"
An Gott gedenken bildet dich zum Menschen.

# August.

## I.

Die Weltgeschichte, dieses All's Geschichte
Schreibt Niemand; der es lebt, der hat nicht Zeit,
Der kommt vor Leben niemals zur Geschichte;
Der fände Keinen auch, dem er sie schriebe,
Der ihn verstünde, seines Werks Anlage,
Ausführung, Führung, herrliches Gelingen;
Und was er selbst gethan hat, weiß er selbst,
Ihm sonnenklar und immergleich vor Augen;
Denn immer, immer thut er nur dasselbe:
Sich selbst! —: die immergleiche höchste Liebe
Mit immergleicher höchster Wonnekraft.
Sich Selbst selbst leben, Niemand kann's als Gott —
Und Gott hat nicht Geschichte, nicht das All;
Und sonderbar erhaben wären Zettel,
Berichte von der großen Sternenflotte:
„Die Sterne wandeln richtig ihre Bahn;
„Da ist nicht einer, der die heil'ge Pflicht
„Nicht freudig, stürmisch liebevoll erfüllte,
„Und auch nicht einer! Von der großen Flotte
„Wankt nicht ein Schiff — kein Wimpel ist verloren,
„Kein Steuer ist gebrochen — Alles dauert,
„Kein Wassertropfen ist uns noch verdorben,
„Kein Stäubchen Erde ist uns noch verweset,
„Noch frisch ist jeder Athemzug des Aethers,

„Die blaue tiefe Fluth ist ohne Fährde,
„Wir alle segeln auf dem stillen Meer'
„In Ruh' und Frieden, freudejauchzend, heimlich,
„Wie in die Stille hier hinaus verzaubert!
„Nur Einigen erscheint das sonderbar;
„Sie rathen, rathen — ohne zu errathen:
„Daß wir ein großes schwarzes Leichentuch
„Auf allen Sternen rings als Flagge führen
„Und sind doch all' gesund!"
„Gesundheit wünschend
„Verbleiben wir bei vorigem Bericht."
„Postscript" —: „Der Wind ist frisch. Die Nacht ist schön,
„Wenn wir uns all' im Breiten schiffen sehn,
„Ein jedes still sein Licht auf seiner Brust!
„Und tausend Lichter spiegelnd in der See!
„Doch fest versiegelt liegen die Befehle,
„Die unsrer Sendung Ziel und Zweck enthalten.
„Geduldig aufmerksam erwarten wir
„Die Zeichen auf der Fahrt: sie zu erbrechen!
„Und Anker auszuwerfen und zu landen!
„Doch immer, immer noch erscheint kein Ufer,
„Kein Vogel zieht — es schwimmt kein grüner Zweig."
So kläng' es Morgens, klänge so am Abend
Von anderen Jahrtausenden — und wieder
Am Morgen von dem schönen Tage langer
Jahrtausende! — Dem Größten fehlt Geschichte;
Das Kleine ist Geschichte — und ist klein!

## II.

Das Testament sagt: — „Jesus sprach: Ihr wisset,
„Die Fürsten, diese weltlichen, sie herrschen,
„Die Oberherren haben nur Gewalt —
„So soll es nicht sein unter euch! Nein, sondern,
„So Jemand unter euch gewaltig sein will,
„Der sei nur euer Diener.“ — Darf ein Mensch
Nun fragen, stark auf solches Wort gestützt:
„Seid ihr noch Heiden? Seid ihr weltlich — heidnisch?
„Gewiß nicht? Seid ihr Christen?“ — Seid es denn!
Das „unter euch“ schreit jeden Menschen an!

* * *

„Wenn Jemand einen Backenstreich dir giebt,
„So halt' ihm auch den andern Backen hin.“
Das Wort ist jeglichem Empfänger wohl
Gesagt; jedoch zur Scham und Besserung
Erst dem recht, der da Backenstreiche giebt!
Des Einen Unthat hebt der Andern Milde
Nicht auf; doch Milde Dieser, Andrer Unthat;
Und sicher: wenn sie selbst die Milden sind.

## III.

Der Koran sagt: „Gott will, daß sein Gesetz
Den Menschen leicht sei, denn der Mensch ist schwach.“
Du aber höre und erkenne wohl:
Ist Gold sich selber schwer? Ist sich die Feder
Vom Falken leicht? Sie ist sich selber blos.
Das göttliche Gesetz ist **dein** Gesetz,
Sonst könnt' es dein Gesetz nicht sein. Sei du!
Empfinde dich als dein Gesetz, so lebst du
Leicht, wie der Adler durch die Lüfte fliegt.

---

## IV.

Du strafst an Kindern Kinderfehler nicht;
Die Hast, das Laufen, Fallen, Lachen, Weinen,
Zerbrechen, Ueberlust an Niegenoß'nem,
Den langen Schlaf, die Unvorsichtigkeit —
Denn solche Fehler bringt die Kindheit mit sich,
Und solche Fehler wachsen Kinder aus;
So Tag für Tag verlieren sie sich leis
Wie Fliegen und wie andres Herbstgewürm
Auf Nimmerwiederkehren. — Auf die Menschheit,
Auf dieses schon Jahrtausende gekränkte,
Das arme kranke Kind nun willst du zürnen,
Weil dieses noch in seinen Leiden allen
Nicht alle seine Fehler abgelegt?
Nur Kinderfehler kann die Menschheit machen,

— Denn immerjung erscheint sie als die Kinder —
Und solche Fehler bringt die Kindheit mit sich,
Und solche Fehler wachsen Kinder aus;
So Tag für Tag verlieren sie sich leis
Wie Fliegen und wie andres Herbstgewürm
Auf Nimmerwiederkehren. — Willst du Strafe
Und Härte, Haß, Mißtrauen, Wuth, ja Rache
Zu deiner eignen Strafe da nun brauchen,
— Die Höllengeister gegen Himmlische
Aufrufen, statt nur Einen guten Engel —
Wo blos Geduld, ein Wink schon, reichlich langt!
Denn besser ist kein Wesen als der Mensch!
Der Menschen bester aber ist der Vater.

---

## V.

Der Gott im Sterblichen, der Gott im Kleinen,
Der Mensch mit Tag und Nacht, mit Herbst und Frühling,
Mit Jugend und mit Alter und mit Tod,
Mit wandelnden Gefühlen und Gedanken,
Der Mensch mit Sittlichkeit nur hat Geschichte,
Er wird Geschichte, wird ein stummes Wort
In des Geschlechtes unverdroßner Rede;
Jedwede schöne That ist aus, vollendet
In sich, und schön vollendet sie den Menschen:
— Der Himmel selbst kann darauf nicht mehr folgen —
Der Mensch vollendet, denn sein Leben endet:
— Der Himmel selbst kann darauf nicht mehr folgen —

Das Leben endet täglich, stündlich, endet
Stets augenblicklich mit dem wechselnden
Gefühl, dem neuen kommenden Gedanken,
Dem klaren Schauen und dem bessern Wissen.
Denn sieh', der Mensch lebt selber nicht Sich Selbst,
Er lebt ein Andres; und ein Andrer lebt
In ihm, aus ihm, durch ihn — wie durch den Schleier
Sich eine Hand zur Erde niederstreckt:
Ihn bringt, ihm bringt; ihm nimmt, ihn nimmt,
Und Alles draußen um ihn nimmt und bringt.
So wird der Mensch den Menschen zur Geschichte,
Die selbst Geschichte werden, weil sie wandelnd
Das Kleine sind, das Kleine stets vollenden,
Und fertig sind, so wie sie nur begonnen —
Die Hand gerührt, die Lippen nur bewegt,
Kindfroh des kleinen Lebens in dem großen.
So hält ein Knabe wohl der Rosse Zügel
Und glaubet seinen Vater stolz zu fahren —
Indem er hinter ihm die Zügel hält,
Dem Kind' unmerklich — daß es fröhlich fahre!

* * *

Die Sonne hat sehr Recht, den Tag zu läugnen!
Jemehr du Tage nennst, jemehr sie läugnet,
Des Leuchtens und des Lichts sich nur bewußt!
Du läugnest Weltgeschichte? — Nicht mit Unrecht;
Denn nur das Menschenherz hat stets gelebt,
Das unverwandelbare, immer gleiche,
Nur kurz bethörte oder irrende;
Nur Thorheit, Irrthum also ist Geschichte!

Denn ist, was je geschah, nun wohl Geschichte
Des Menschenherzens! Jene Frevel alle
Und jenes Morden, jenes grause Wüthen
Der Goldbegehrer und der Landbegehrer,
Sind das die Thaten, die der Mensch gethan?
Unmenschen nur, und einzelne Verbrecher,
Zusammenhanglos stets in Zeit und Raum;
Nur eine Reihe Unsinn heißt Geschichte.
Ganz Andres hat das Menschenherz — das Volk
Gedacht, gethan, gelebt in seiner Fülle,
In aller Stille reich in seinem Kreise. —
Was uns bewahrt und aufgezeichnet ward,
Das wäre eines Rasenden Geschichte!
Ach, nicht Geschichte; denn es ist kein Ganzes,
Ist keine Folge — all der ganze Kram
Ist nur der Auswurf, Spreu der großen Ernte
— Von der die schweren Körner still sich häuften —
Die Ueberbleibsel von dem Göttermahl,
Zerbrochne Scherben, abgerißne Worte
Der Trunknen und der Zornigen Getöse,
Der stete Sieg der immergleichen Guten,
Die, wenn sie litten, wenn sie hülflos starben,
Stets gleich das ewig alte Gute thaten,
Die alle vor und nach der eitlen Störung
Sich ruhig an des Lebens Tisch gesetzt,
Ihr Herz genossen und die gleichen Gaben.

Drum hüte dich, o Mensch, daß du und keiner
Der Deinen je Geschichte wird, ein Wort nur!

Dann wär't ihr glücklich, denn ihr waret Menschen.
„Den Argen mußt du eisern widerstehen;“
Doch macht das glücklich? frage doch die Welt!
Und fragst du: Wann wird Tück' und Grimm verschwinden?
Der Edle mit dem Schlechten, gute Seele.
Nun nenne, was geschieht, denn noch: Geschichte.

---

## VI.

O Morgenröthe! schöne heil'ge Gluth,
Urstille goldne Fluth des Wolkenmeeres,
Die Thal und Berg und Himmel überströmt,
In jede Hütte dringt, sie hell mit Purpur
Umlodert, jeden kleinen Raum der Wohnung
Mit Glanz bis oben an die Decke füllt,
Die leis Erwachenden und jedes Kind
In seiner Wiege lieblich überschwemmt,
Daß sie so zauberisch, so schön geschmückt
In zartem, zartem Himmels-Rosenschleier
Sich göttlich wieder auf den Göttertag
Erscheinen; daß die schwere Axt, das Grabscheit,
Das stumme Werkzeug und des Tags Geräth,
Womit die Menschen sich das Leben fristen,
Neu himmlisch, leicht und freudig ihnen däuchten,
Wenn sie so hold als ihres Lebens Freunde,
Von einem und demselben Himmelsschein
Begossen, wie auf gestern frisch erquickt,
Bescheiden willig in dem Winkel stehn!

O Morgenröthe! Unaussprechlich Kommen
Des Unaussprechlichen: des neuen Tages;
Du bist kein Meteor, das einmal aufblitzt,
Am Himmel hinfährt und vergeht in Donner!
Erscheinung bist du nicht! Du bist unsterblich,
Wie Sonn' und Mond und andre Göttliche!
Obschon an jedem Morgen sterbend, bist du
An jedem Morgen wieder schöner da,
Und schmückst den Himmel wieder anders schön,
Und anders himmlisch — machst das Meer dem Schiffer
Und dem Delphin zu vollem Purpurschwall;
Du machst der Möwe ihre Flügel golden,
Dem Nautilus die kleinen Segel golden,
Der Lerche Flügel in der Luft zu Flammen,
Daß sich die junge Lerche nicht getraut,
In solchen Wolkenbrand hinaufzuschwingen!
Im schönen großen reichen Saal der Erde,
Voll alt' und neuer Wunder aus dem All,
Bleibst du die freundlichste der Kostbarkeiten,
So für und für, so lange Wandrer kommen,
So lang' der Himmel und die Erde bleibt!
Zu feuerspei'nden Bergen reist der Mensch,
Zum Donner und zum Staub des Wasserfalls,
Und wohl belohnt dünkt ihm die kleine Reise.
Die Reise aber in das Morgenroth,
Die Reise auf die Warte dieser Erde,
Wo du aus Feuer: Funken thauen siehst,
Wo dein Gebild zum funkelnden Rubin wird,
Wo weiße Rosen funkelnder Rubin sind,

Worin der Blüthenschnee zu Golde wird,
Zu Gold die Thürme und der Menschen Werke,
Worin die Seele dir zur Hoffnung wird,
Die Hoffnung zum herzinnigsten Entzücken —
Die schöne Wallfahrt, schöne Morgenröthe,
Belohnst du selbst dem fernen Geist des All's,
Der, um dich wenig Morgen anzuschauen,
Sich gern als Kind geboren werden lässet,
Als Greis begraben; ruht er immer wieder
In deinem Purpur doch, in deinem Golde!
Ach Morgenröthe — über Kindergräbern
Und lieben Todten — alten heil'gen Mahlen,
Da bist du erst die Herzerschütternde!
Die Unbegreifliche, ach mir auch, mir.

---

## VII.

Gehorsam sollst du nur dem Gotte sein,
Und dem, der Göttliches von dir verlangt,
Das Rechte und das Gute überall.
Gehorsam sei mit Heiterkeit und Freude!
Dem Leben und dem Tod! dem Glück und Unglück!
Gehorsam soll dich ja nur glücklich machen:
Und durch das Gute, das du dann befolgst,
Thut er es auch! Doch bist du nun gehorsam,
So bist du löblich; aber bist du es
Mit Unzufriedenheit, mit Thränen selbst,
Hast du dir dann des Guten Frucht gepflückt? —

Du bist nur mühsam auf den Baum gestiegen,
Und bist herabgefallen in die Dornen!
Nichts wonniger, dem Stolzesten der Menschen
Selbst, als Gehorsam! ja der blindeste,
Der unbedenklich unbedachteste,
Ausruhende auf fremder Göttlichkeit,
Auf gleichen festen heiligen Gesetzen,
Die unsichtbar gegeben sichtbar walten,
Dem Guten ganz unfehlbar Leben bringen,
Dem Bösen ganz unfehlbar Untergang.
Nun, — Eine Wonne giebt es schon dem Menschen:
Gehorsam gegen die Natur! die stets
Besteht, die selber ihr Gesetz bewahrt
Mit mehr als eiserner Beharrlichkeit,
Mit unverbrüchlich treuem stillem Wesen,
Und selber selig scheint, auf sich beruhend,
Wie eine fromme Hirtin hingestreckt
In grüne Trift, indeß die Heerde weidet,
Von keinem Feind in weitem Kreis bedroht.
So ruhe auch, o Mensch! Ist das so bitter,
Die Zweifel und das Forschen und die Unruh
In göttlich heitres Zutraun aufzulösen!
An diesen ewig heitren Tag zu glauben!
Nicht scheu wo Donner ahnden, nicht sie hören,
Bis wirklich wo ein Wölkchen aufgestiegen.
Doch sieh nur hin — kein Wölkchen wird je kommen!
Zu diesem blauen Himmel wird herein
Kein Riese schreiten! nie mit fremder Stimme
Ein fremd Gesetz ausrufen diesem All!

Und dies sein altes freudiges Gesetz
Vermagst du heut zu glauben, heut zu fassen!
Magst diesen Augenblick dich ihm vermählen
Und überschüttet werden ganz mit Schätzen,
Mit Ruhe, Sicherheit, Genuß und Freude,
Mit Kinderschlaf, mit kinderfrohem Wachen,
Vor Allem doch —: mit Arbeit an dem Werk,
Das ganz unfehlbar himmlischschön gelingt!
Das du erweiterst —: wenn du dich vollendest.
Leicht ist, dem Göttlichen gehorsam sein!
Mit Göttern in die Schlacht, zum Sieg zu eilen,
Rings Götter um und neben sich zu fühlen,
Und wenn du, wenn du fallen solltest, siegen
Noch, und von den Göttern weinend aus dem Kampf
Getragen werden. —
Schwer ist es, den Menschen
Gehorsam sein. Unmöglich ist es, Räubern
Tyrannen, Mördern, Lügnern zu gehorchen;
Nicht wach zu bleiben in der finstern Nacht,
Nicht seine eigne Seele zu befragen,
Sich auf die eigne Kraft mit Macht zu stützen,
Mit Furcht und Zagen, selbst mit bittern Thränen:
Daß sich das Herz allein behalten soll,
Nur Enges, Kleines, für sich selbst verrichten,
Anstatt an eine Heerschaar edler Menschen
Mit Edelmuth und Unschuld angeschlossen,
Die Menschenkraft zum Göttlichen zu treiben,
Und zu erstaunen über all' die Thaten
Und Werke einer bloßen Kinderseele,

Die ungetäuscht, nichts als gehorsam ist!
Gehorsam möglich machen — sei ein Werk
Bei deinen Kindern, bei den Menschenkindern,
Das Jedem klar Natur schon vorgemacht.

## VIII.

Du fürchtest viel von kindischem Vertrauen
Der Menschenkinder auf die Menschenkinder;
O fürchte nichts! Das menschliche Gemüth,
Das menschliche Geschlecht mit dem Gemüth
Steht wie ein Berg, fest, unbeweglich davor,
Wozu es nicht der eigne Glaube treibt:
Das sei ihm gut, wonach es schreiten will.
Viel eher wirst du jeden Berg bewegen,
Zehntausend Schritt zu thun, als einen Menschen
Nur einen Schritt mit Nutzbarkeit zu thun,
Wohin er nicht will, was ihm bös erscheint,
Zu thun, es nur zu wollen, nur zu denken.
So treu verabscheut nur das Menschenherz,
Weil auch das Menschenherz so innig liebt:
Sein Innres, Ungeseh'nes, Künftiges,
Nur daran hält es fest, so wie ein Kranker
Nachts: daß die Morgensonne kommen muß!
Ein Ungehorsamer ist nicht zu regen,
Er ist ein Todter; und ein Todter wird
So schwer wie Blei, wenn noch ein auf den Tod
Verwundeter, geführt, sich selber hilft!

Und Millionen Ungehorsame
Sind Millionen Todte, schwerer als
Das Blei der ganzen Welt. Ein Wort, ein Wort,
Den Glauben an ein einzig Wort nur gilt es,
Und diese Todten alle wandeln, fliegen!
Du glaubst, daß dies Gebein lebendig wird,
Denn nach Gehorsam sehnen alle Engel
Sich, nach Gehorsam sehnt sich selbst der Teufel.

---

## IX.

Nur einen Feind hat noch der Mensch auf Erden,
Den größten — seinen ersten und den letzten!
So furchtbar steht der Mensch da, daß die Taube
Im Hain, die Lerch' im Feld, das Reh im Walde
Längst vor ihm fliehn, die Blumen und die Bäume
Ihn alle fliehen würden, wären sie
Mit ihrem einen Fuß nicht angewachsen!
Bald wird das Krokodill, der Elephant,
Die Riesenschlange, selbst der Wallfisch noch
Ihn fliehen, wie der Blitz an seiner Hütte
Hernieder fährt, sich eiligst zu verbergen.
Den Donner und den Regen und den Sturm,
Die heiße Sonne und den Winterschnee
Verpaßt er mit Behagen wohlgeschirmt;
Auf Erden und im Himmel lebet ihm
Kein Feind mehr, Alles ist ihm gütig
Und segnet ihn, er nahm sich ihren Segen —

So wie dem Tiger sein geflecktes Fell!
Das Haus der Schildkröt' und dem Stier die Hörner,
Das Mark dem Sago und dem Kork den Rock.
Und nun so freigesinnt, so stolz, so mächtig
Fühlt er den Einen nur als höchsten Feind —:
Den Stolzen, Reichen, Mächtigen voll Gnade,
Der durch die Mild' und Güte — erst ihn kränkt,
Und schwerer ihn beleidigt als der Tod!
Die Art zu geben, macht sie zum Verbrechen!
Nicht was, nein! wem man giebt, das ehrt die Gabe.
Und sag' ich erst — es ist des Menschen Bruder —
Den eines Weibes Schooß gebar —: der Mensch.
Und diese Feindschaft löset nur das Wort:
„Ein Jeder ist des Gottes Kind, und Gott
Giebt ihm" — und „giebst du Menschen, giebst du Gott."
Drum heimlich wohlthun! kaum ein Händedruck!
Gott giebt den Menschen also ehrbar, also
Bescheiden, daß er ihn die Ernte schwer
Zum Schein verdienen läßt — die er ihm schenkt!
Wer göttlich ist, empfindet Jeden göttlich.

## X.

Ein Jeder ist sich selbst der größte Feind,
Und lebt erst glücklich, wenn er den versöhnt.
Und ist ein Jeder erst sein eigner Freund,
Erkennt, versteht er recht, der auch zu sein,
Dann kennt er keinen Feind da draußen mehr,

Selbst nicht sein eignes Himmelspiegel-Bild,
Den Menschen — und nun lebt ein Mensch auf Erden —
Und zu dem frohen Menschen kommen einst
Die Vögel aus dem Himmel alle wieder,
Das Reh im Walde kommt mit seinen Kindern,
Die Fische kommen zu ihm um sein Schiff,
Und selbst der Fuchs lernt Treue seiner Treue;
Die Fabeln und die Mährchen werden einst
Erst wahr, so wie sie nimmer wahr gewesen:
Durch Liebe, Sanftmuth, Ehre, Kraft und Freiheit.
So ist das jedem Menschen eingeborne,
Das alte Urwort: Liebe Gott, denn auch
— Vermittelnd durch das Mittel schöner Menschen —
Dem Lamm, dem Reh, dem Roß, dem Ochsen selbst
Gegeben, der schon jetzt am Sabbath ruht —
Und ohne Krieg und ohne Hochgericht:
Dem Eisen und dem Hanfe und den Blumen,
Den Meeren und den Wäldern und den Bergen
Gegeben durch des reinen Menschen Herz,
Daß Frieden — aus dem Born des All's geflossen —
Auf alle Welt durch ihn zurücke fließt.

---

## XI.

„Zuwas der Mensch auf Erden kommt?"
Der Mensch
Kommt nicht auf Erden! Denn hier ist er blos.
„Zuwas der Geist denn Mensch hier wird?" Zu leben!

Gewißlich; zu nichts Einzelnem gewiß,
Des Kindes schöne Welt verschließt sich früh,
Die Jugend flieht und kehret nimmer wieder,
Mit jedem Morgen stirbt der Traum, die Nacht,
Mit jedem Abend wird der Tag begraben;
Die Liebe weiht dem Jüngling nur die Jungfrau,
Das All, und bleibt so schön nicht bei dem Menschen;
Der Beste kann nicht immer Gutes thun,
Gelegenheit zu einer guten That
Zu finden, ist wie einen Schatz entdecken;
Die Freude brennt in Tagessorgen dunkel;
Selbst daß er Aug' und Ohr hat, denkt der Mensch
Nicht immer; wie doch wär' er immer glühend
Sich alles Schönen, das er hat, bewußt!
Drum sprichst du wohl: Der Mensch ist hier, zu leben,
Wahrscheinlich, zu nichts Anderem gewiß:
Das, was das Leben immer Jedem ist.
Bedaure nicht die vorigen Geschlechter,
Als wenn sie Gott-bar sich hierher geschleppt!
Vor zwanzig tausend Jahren schlug der Blitz
Gleich machtvoll ein vom Himmel in das Meer —
Und schlug der Geist gleich machtvoll in die Menschheit;
Die Flammen brannten niemal heller, stets
War auch der kleinste Funke hell und heiß;
Nie schlechter, innen-unglückseliger,
In seinem Heiligthum unwissender,
Nie lieblos war der Geist, der eingeborne;
Was er beleuchtet, das ist hell; beleuchtet
Er sich jetzt, dieses All, das Menschenherz,

Es ist nur Ein Licht! Eine Liebe nur!
Auch wie das Leben, scheinbar, sich erschlossen.
Der Bergmann hat den Tisch gediegnen Goldes,
Und kleingeprägt wird es nicht mehr, nicht goldner.
Vollkommen immer, ganz, und reich: zu leben,
So ist der Geist nicht thöricht, der hierher kommt,
Hier seit Jahrtausenden sich eingewohnt;
So ist der jetzo Arme noch ein Mensch,
Der jetzo Leidende ist noch ein Geist.
Denn Keinem mag das ganze Leben fehlen,
Hab' er von diesem viel, von jenem wenig,
Hab' er von Wenigem des Lebens Freude,
Der volle Schatz im Herzen gnüget Jedem,
Die Menschheit um ihn, und das schöne All.
Drum lebe recht dein Menschenleben aus,
Und steig' als Greis erst in die stille Gruft,
So hast du Geisterwort und Werk erfüllt!

---

## XII.

Und stiegen sieben Engel aus dem Himmel,
Und führen sieben Teufel aus der Erde
Und küßten sich, und küßten dich, und schwüren:
„Ein weites Reich erfordert ein Tyrann",
Glaub' ihnen nicht! Es wär' der Welt unschätzbar,
Wenn du das glauben könntest, denn dann wäre
In weitem Reiche doch nur Ein Tyrann!
Im weiten Reich jedoch ist kein Tyrann;

Es giebt nur Tyrannei der Ehrenden
Und Liebenden. Und kennen Alle Einen?
Kennt Einer Alle? Nur von Wenigen
Wird Jeglicher in seinem Kreis geliebt —
Auf zugeschloss'ne Herzen wirket Keiner.
Auf zutraunvolle Herzen wirkt sich leicht,
Und leicht sehr schwer! zum Weinen! zum Verbluten!
Drum sei in deinem Hause kein Tyrann,
Sei kein Tyrann den Herzen, die dich lieben,
Mehr von dir hoffen als von aller Welt.
Der Friede in dem Herzen und im Hause,
Die Freiheit in dem Hause und im Herzen,
Das sind die Güter, die der Mensch bedarf —
Die er nur fürchterlich allein verletzt,
Vernichtet! Gäb' es nicht im Haus Tyrannen,
In tausend Häusern tausende Tyrannen
Von Millionen liebevollen Herzen,
Dann gäb' es Fried' und Freiheit in der Welt,
Wie irgendwo, und Glück wie nirgendwie;
Dann schadete der Andern Wollen nicht,
Verehrte Jeder frei, sein Herr geworden
Und liebevoll, die liebevollen Götter,
Die auf die Erde zu ihm niederstiegen,
In seinem Haus ein himmlisch Fest zu feiern.

## XIII.

Wenn nun die Leute Böses von dir reden,
Das Harte von dir glauben, spöttisch zweifeln,
Ob du was menschlich — kaum, was recht ist, thust;
Wie regt dir das die Seele stärkend auf!
Wie klar, doch süß, gedenkst du deines Wollens
Aus deiner Kindheit bis in diesen Tag!
Wie heiter fühlst du dich durch manches Wissen,
Durch gute Geister, die dich treu umgeben!
Wie glühst du friedvoll so die Brust in Feuer,
Reich wie die Blume duftet beim Gewitter! —
Weit mehr als recht ist, thun Verläumder wohl!
Drum sorge ja für guten Ruf bei Menschen, —
Daß du dich schämst, bescheiden bleibst und still.

---

## XIV.

Vermeide streng, Unlöbliches zu hören!
Ungöttlich ist's, und darum ist's unmenschlich.
Nichts macht dich feiger, als um Böses wissen,
Erfüllt mit Scham dich, daß du auch ein Mensch bist,
Und schlägt den Muth dir nieder, frei zu streben.
Ein reines Herz, ein rein Bewußtsein, höchlich
Jedoch vor Allem erst ein reines Wissen
— Als sei ein jeglich Wesen so vollkommen,
So rein wie von Krystall, gleich jenem Aether —
Erhält dich in der Götter Region

Klar über Nebeln, Furcht und Ungewittern.
Und sprich nicht, daß du Menschen kennen mußt,
Um selbst ein Mensch zu sein, zu klugem Wirken.
Denn sprich nicht, daß du dann die Menschen kennst,
Wenn du ihr Schlimmes kennst — ihr Selbstbereutes.
Der Mensch — er fehlt nur, doch er ist kein Fehler!
Du kennst den Menschen dann nur, wenn du von ihm
Das Höchste glaubst, das Schwerste von ihm forderst;
Und überall und immer, wo du das
Nicht forderst, wo du ihn für irdisch hältst,
Nur da entspricht er solchem Wahn mit Hohn!
So werden Götter selbst dem Glauben gleich!
Von Mahomet erscheint das rein, daß er
Zum Weltgericht nur Christum senden wollte,
Daß Er zur Straf' um alle Sünden wisse!
Und Gott, um Gott zu sein, verziebt — die Fehler,
Und zieht sein Kind, den Menschen stumm ans Herz. —
Gott ahme nach, o Richter, Arzt und Priester!

---

## XV.

Wird man je so post Christum natum schreiben:
„Eilf Millionen Achtzehnhundert dreißig?"
An solcher Jahrzahl zweifeln Astronomen.
Das, was nicht immer war, ist auch nicht immer;
Dies Wort im Auge sieh die Erde an.
Was nicht gewesen — immer, nährt auch nicht.
Und selbst der Mensch ist nicht gewesen, sagt man.

Nicht Priester gab es einst und Könige,
Nicht Aerzte, Richthaus, Tempel, Schädelstätte,
Sie alle hat die Menschheit mitgebracht.
Das, was nicht immer war, ist auch nicht immer.
Nur einmal gab es einst Aegypt'sche Könige,
Das, was nicht immer war, das währt auch nicht.
Nur einmal gab es einst Hellenische Priester,
Das, was nicht immer war, vergeht auch einst
Bei uns, bei Allen, heut und morgen, immer,
Ja immerfort! Drum achte nicht zu hoch:
Das, was nicht immer war, was jetzt nur ist.
Der heiligen Natur ist wichtiger,
Daß etwa nur ihr Rosenstrauch bestehe,
Daß selber ihr Geschlecht der Fliege bleibe,
Daß nicht der Erdbeerstock der Erde sterbe,
Als daß es Pharaos Aegyptens gebe,
Als daß es Griech'sche Marmorbilder gebe,
Als daß es Italiener Maler gebe,
Die Eines Mythus Bilder ewig malen.
Viel wichtiger, als daß der Rosenstrauch
Bestehe, das Geschlecht der Fliege bleibe
Und nicht der Erdbeerstock der Erde sterbe —
Viel wichtiger noch ist es der Natur,
Daß ihr der Mensch mit allen seinen Träumen
Bestehe, mit den wandelbaren Werken
Des Geistes und der Hand in seinem Leben;
Ein Baum, vergleichbar dem Orangenbaum,
Der Blüthen abwirft, neue Knospen öffnet,
Und immer reife goldne Früchte trägt —

Ihr selber gleich, ja wirklich eine Blüthe
Von ihr! schon eine schwellend grüne Frucht —
Die sie auch abwirft, wann es ihr gefällt!
Das, was nicht immer war, vergeht auch einst.

---

## XVI.

Voll Würd' und Kraft steh fest auf dieser Erde,
Und Schwindel keiner Art ergreife dich!
Dich fasse Schwindel nicht vor heiliger
Vergangenheit, daraus die Tempeltrümmer
Herauf in deine Tage kläglich ragen,
Wie weggespülter Marken Felsgethüme
Noch geisterhaft auftauchen aus dem Meer,
Das Schiff von heut, im heut den Schiffer grüßen —
Die Mitwelt ist der Vorwelt ebenbürtig.
Voll Würd' und Kraft steh fest auf dieser Erde!
Dich fasse Schwindel nicht vor düstrem Abgrund
Der Grotte der Gestirne ohne Schlußwand;
Sieh nicht den Milchweg, nicht den Sonnennebel
Für Schwindelwolken deiner Augen an.
Laß dich der Sonne Glanz nicht niederstrahlen —
Die Erde ist den Sternen ebenbürtig;
Und du, du bist ein Mensch auf dieser Erde.
Vor großen Männern werde dir nicht schwindlig,
Die, wie die Zwerge faseln, Ungeheures
Mit Menschenknochen — Andrer ausgerichtet;
Die mit dem Meißel, mit des Bibers Haar,

Mit Geisterkraft nichts als sich selbst vollbracht.
Sieh klar, was jedes ist. Ein großer Mann
Ist ein Gebinde Kleinigkeiten nur.
Dich fasse Schwindel auch vor Menschen nicht,
Die purpurfarb auf goldnen Stühlen sitzen —
Der Rasen ist der höchste Thron für Menschen
Hoch, göttlich, drauf die Gottheit ihn erhoben
Auf Sternenmeeren und auf Tag-Gebirgen.
Voll Würd' und Kraft steh fest auf dieser Erde,
Und Schwindel keiner Art ergreife dich!
Selbst der nicht, daß du neben Gras — ein Mensch bist!

---

## XVII.

Dich kennt Natur, durchschaut dich, durch und durch,
Und weil sie dich durchschaut, drum liebt sie dich,
Liebt ihre Lieb' — in dir; weil sie dich liebt,
Nun ehrt sie dich und sich in dir. O sieh nur:
Nicht eine Menschenmutter konnte je,
Mit ihrer Menschenarmuth, ihrer Kinder
Nur eins so ehren, also keusch und hehr,
Wie die Natur dich ehrt vom Anbeginn.
Der Sonnenstrahl ist neu und himmlisch-rein,
Der dich als Kind begrüßt; der Göttertrank
Für dich zum Athmen, jeder Mundvoll Luft
Wird frisch für dich in jener großen Werkstatt
Von Geistern dir bereitet, zugesäuselt
Vom neusten Himmel; jeder Becher Wassers
Wird in geheimen Klüften frisch für dich

Bereitet, jeder Tropfen — und die Erdbeer,
Die du als Kind zum kleinen Munde führest,
Die süße Kirsche, keinen dieser Schätze,
Nicht diese hat vor dir ein Mensch gekostet!
Sie sind für dich gewirkt, gemischt, gewoben!
Die kleinen grünen Becher deiner Trauben,
Sie haben nur für dich den Most gefüllt! —
Sie führte dir aus frischer Schöpferhand,
Aus wonnevoller Heimlichkeit, für dich,
Für dich allein gewebt, die Jungfrau zu,
Zum Weibe; — und die Kinder, dir nur eigen,
Die Keinem je auf Erden noch gehört
Und Keinem jemals mehr gehören werden,
So lang der Himmel bleibt! — die Wolke selbst,
Die rasch vorüberschifft, wird Keinen mehr
Beschatten — denn schon dort verregnet sie!
Das Lüftchen wird nicht eine Brust mehr kühlen —
Denn dort verliert sich's schon im Blüthenstrauch!
Den Regenbogen wird kein Mensch mehr sehen,
Denn schon verblassen sanft dir seine Farben!
Die Lerche wird dies Lied mehr Keinem singen —
Denn aus den Wolken fällt sie und verschweigt es!
Ein einzig Lied, du hast es nur gehört.
So ist dir Alles einzig, so wie du: Dir.
Ja, wisse, selbst mit immer neuer Hand
Empfängst du jede Gabe der Natur;
Mit immer andrer, immer neuer Hand
Giebst du dem Bettler seine Gabe, ach
Und seine Hand ist auch schon älter worden!

Nachtnächtlich giebt Natur dir frische Träume,
Tagtäglich neuen Sinn und neuen Willen,
Urneue Kraft, Gedanken, Geist und Leben;
Ureigen, eigenthümlich, einzig, stets
Ursprünglich lebst du aus dem ew'gen Born.
Mit ihm verbunden, treuer als das Kind
Mit seiner Mutter in dem Mutterschooß:
Wie eine große weite Wetterwolke,
Voll Kraft und Herrlichkeit und voller Segen,
Ruht immernah die Gottheit über dir,
Und in dein feingewebtes Zauberbild
— Dem kein Geflecht der Blumen sich vergleicht —
Fließt fort und immerfort die Himmelskraft,
Dich immerschaffend, selig in dich nieder,
Wie Ströme voller Wohlgeruch in Blumen,
Daß sie betäubt stehn, und betäubend duften!
Und so vergiß auch du nicht reich zu duften:
So rein zu denken und so still zu lieben,
Still — wie die Wetterwolke, die dich füllt!

## XVIII.

„Nichachtung und Mißachtung, ja Verachtung,
„Das ist der Mutterstock der Fehler alle,
„Die jeden einzeln und dann Alle quälen.
„Sieh' einmal scharf den Menschen in das Herz
„Und schaue, was dir Keiner jemals zeigt,
„Vernimm, was sie verschweigen in den Häusern:
„Ein jeder achtet kaum sich selbst, und meint,

„Wenn er das Leben auch verfehlt, verfehlt er
„Nicht viel, an ihm, an Allem ist nicht viel
„Verloren — denn nach Aeußrem strebt die Welt,
„Auf Aeußres war er nur gerichtet, ja
„Nur eingelernt, und also hat die tiefe,
„Die stumme Seel' in Jedem traurig Recht;
„Und sie, und Jeder achtet kaum den Nachbar
„Als nützlich noch vielleicht zu diesem, jenem;
„Die Andern, die er kennt, verachtet er —
„Und also thut in weitem Kreis ein Jeder;
„Daß eine traurigkalte Welt entstünde,
„Entstünde die aus solcher Menschen Haupte!
„Und außer Weib und Kindern schätzen sie
„Zwölf Menschen kaum von allen, welche jemals
„Die Erd' in ihrem Lauf hervorgebracht;
„Und diese schweben noch als Schattenbilder
„In guten Stunden ihnen still vorüber,
„Sie nicht erregender als Mond und Sterne! —"
— Nun aber tritt der beßre Sohn der Erde
Nicht aus dem Hause, daß er fühlend, denkend,
Nicht ernst das Gras anschaue und die Blumen,
Die er mit Füßen tritt, daß er den Schatten
Nicht prüfe, und zur Sonne droben blicke,
Die ihn auf grünen Teppich hingetuscht!
— Und bald erkennt er auch des Schattens Herz,
Das ihm in seinem eignen Busen schlägt,
Mit seinem Herzen alle Menschenherzen,
Mit Menschenherzen auch das Götterherz!

## XIX.

Die alte Silbermünze liegt vor dir,
Die Schrift verlöscht, das Bildniß unerkennbar!
Und nur im Allgemeinen rührt dich das.
Doch nun durchglüht der Forscher sie auf Kohlen —
Und aus der unscheinbaren Fläche, siehe,
Nun schwillt und wächst die alte Schrift hervor,
Und sagt dir glühend ihre alten Worte.
Das Götterbild erscheint im Feuer wieder
Erhaben schön; sein Auge sieht dich an,
Die Stirn entglüht, die Lippe brennt zu sprechen,
Und selbst das Haar scheint niedlich aufzulodern. —
So thut der Lobende mit deinem Herzen:
Lob glüht dir alle deine Fehler auf,
Ein jedes Wort spricht deutlich wieder zu dir,
Du hörst sie wie aus einem Schacht herauf!
Was am Gepräge deines Lebens dir
Mißrathen, wo das Silber falsch gewesen,
Wo du mit Leichtsinn Ernst und Fleiß verachtet,
Das fühlst du Alles, glühend von dem Lob;
Und ein Bescheidner sinkt bei Lob in sich,
Versinnt sich in sich selbst — und weint vielleicht!
Und glüht der alten Silbermünze gleich!
Doch auch das Götterbildniß hat er wieder
Gesehn im Feuer in der alten Schönheit;
Sein helles Auge hat ihn angesehn,
Ihm alles Hohe, alles Herrliche
Aufs Neue angedeutet und bedeutet,

Dem je er nachgestrebt mit Werk und Wort
Und bis in seinen Tod nachstreben will —
Und ein Bescheidner sinkt bei Lob in sich,
Versinnt sich in sich selbst — und weint vielleicht!
Und glüht der alten Silbermünze gleich!

## XX.

„Du fluchest? — Weißt du nicht, daß heute Sonntag
Und eben Kirche ist, wo Hundert beten?" —
O wisse lieber heimlich fort in dir,
Als Unterlage alles deines Fühlens
Und als der Grundton deiner Worte tön' es:
Heut, heut und immer ist uns „Tag und Sonne,"
Viel tausend Sonnen und „Ein großer Tag,
„Ein heil'ger Festtag aller Lebenden."
Jetzt werden tausend Geister eingeboren,
Jetzt werden tausend Menschen neben dir
Verklärt — sie stehen auf, dir unsichtbar
In diesem Einen großen Heiligthum,
„Im Haus des Herrn," der Geister wahrer Kirche.
Was nennst du Anstand? — schlecht zu leben anstehn!
Drum Seele, Anstand! Orteswürdig Fühlen
Und Denken: reine Worte, sanftes Sprechen!
Hast du die Kinder nicht gesehn, wie züchtig,
Wie still nnd ehrbar sie bei Todten stehen,
Leis treten um den Sarg, und leise sprechen,
Als läge Gott im Sarge! Läge Gott

Im Sarge, würdest Du nicht zürnen, fluchen,
Dich wild geberden, deinem Bruder drohen!
Nun aber lebt Gott, wandelt, droben, drunten;
Er hört, er sieht, sieht dich und hört dir zu!
Und nicht so ehrbar willst du thun wie Kinder!

---

## XXI.

Mir thut der Eltern Treue oft so leid,
Die bei dem über ihnen offnen Himmel —
Im strahlenden Geleucht der klaren Sonne,
Die über ihre alte Erde hinzieht —
Im Hause walten, nur der Kinder denken,
Ihr Menschendasein eng und süß vergessen.
Die Mutter näht ein Kleidchen für die Kleine;
Der Vater bleichet Leinwand für den Knaben,
Und freut sich des nun schon so großen Kleinen,
Daß er ihm bald nun aus dem Hause geht,
Hin in die Fremde, heut noch in der Schule
Mit seinem Schwesterchen! — Sie sind allein
Und Stille herrscht im Garten und im Hause
Der guten, treuen, lebensfrohen Menschen.
Und alle meine Fassung hab' ich nöthig,
Daß Thränen mir nicht aus den Augen dringen.
Was tröstet dich nun, so begrenztes Leben
Und freudiges mit Freuden anzuschauen? —
In jeglichem Geschlecht lebt die Natur
Im Innern und rings draußen voll und ganz;

Die ew'ge Liebe lebt in jedem Paar;
Sie selber könnte ihre Kinder alle
Gewissenhafter, schöner nicht versorgen,
Als in ein Haus — der Mutter sie zu geben!
So lebt nun hier im kleinen Haus die Liebe,
Umleuchtet sich mit Sonnenglanz vom Himmel,
Macht ihre Tritte weich mit grünem Teppich,
Läßt sich ein Brünnlein rinnen aus den Blumen,
Beschattet sich ihr Fenster hold mit Weinlaub
Und freut sich ihres Lebens, ihres Waltens
In solcher süßverborgnen Heimlichkeit —
Und thut zugleich in den vergänglichen
Gebilden einen Schritt hin in die Halle
Der Zukunft, in der Erde ew'gen Frühling
— —
Nun kommen die Geschwister fröhlich heim.
Die Mutter hält das Kleidchen schon entgegen!
Der Vater aber schüttelt reife Birnen,
Wie Wachs — wie Gold — wie Gottes eigne Arbeit
Für Kinder, und die Kinder lesen deutlich
Wie eine Schrift, für Blinde selbst zu greifen:
In neuster Frucht des Vaters alte Liebe.
Es ist nicht wahr, das Paradies ist nicht
Vergangen — nun erst ist es, nun sind Kinder!
Und auch der Vater wandelt in dem Garten! —

## XXII.

Ein angewöhnter Fehler gleicht der Fliege.
Du jagst sie hundertmal in Zwischenräumen
Hinweg, und dennoch kehrt sie immer wieder
Und plagt dich immer ärger. Willst du sie
Auf immer los sein — wehre hintereinander
Sie eine Weile unermüdlich ab,
Auch wenn sie nicht scheint da zu sein — indeß
Sie wohl verborgen dir im Nacken sitzt;
Auch dort verscheuche sie! So bleibt sie aus.
An dir ist gar kein Haften — denkt sie klug!

---

## XXIII.

Unglück und Glück sind ein Geschehenes,
Sonst ist das Unglück, ist das Glück noch nicht.
Und was geschah, ist unabwehrbar fertig,
Es wird dem Menschen zu Natur-Gebild,
Und nur nach schönem heiligem Gesetz
Begab es sich, und freudig der Natur!
Die Unzufriedenheit mit dem Gescheh'nen
Ist Menschen — Unglück! die Zufriedenheit
Mit dem Geschehenen ist Menschen — Glück!
Was ist nun weise in dem Lauf der Welt?
Sich das Naturgebild zum Besten kehren,
Ein Leben, ja ein Fest daraus sich machen,
Wie Kinder aus dem Schnee, der niederflirrend

All ihre heitern Tage still begräbt.
Und halte nie dein Leben abgeschlossen!
Dann ist das Unglück wie das Glück nicht fertig,
Dann ist das Leben nicht geschehn; es wird noch!
Und Stoff zum Glück und Leben bleibt dem Menschen
Bis in die letzte Stunde, selbst der Tod,
Der nach der Götter Art das alles gut heißt
Und segnet, was geschahe! Wars doch schön,
Wahr, menschlich, himmlisch in der schönen Welt,
Im schönen Herzen aber längst auch schön.

---

## XXIV.

Nicht so verstehe du das Glück des Menschen,
Das wandellose hocherhabne Glück
Nicht: daß er leiblos sei, und wandellos
Auf Erden reine Göttergunst erfahre!
Nein! — daß er dann sein eignes Glück und Leid
— Den Leiden-Auszug und den Glückes-Auszug
Aus allen Leides, allen Glückes Schaar,
Die allen Menschen nur beschieden ward,
Draus jedes Unheil kann Jedweden treffen,
Und jedes Heil auch kann Jedweden treffen,
Doch ein Gemeßnes nur den Einen trifft —
Daß er sein Leiden göttlichschön ertrage,
Sich seines Glückes göttlichschön erfreue,
Zu einem Menschenbilde Alles forme:
Das junge Herz schon und das alte Herz noch,

Die Thränen und das Lächeln und die Sehnsucht,
Die Flucht der Menschen und der Nahen Liebe,
Gedräng der Lebenden, den Tod der Lieben,
Das eigne Alter und den eignen Tod.
Und so verstehe du das Glück des Menschen,
Das wandellose hocherhabne Glück:
Daß er mit seinem Herzen in den Tagen,
In Glück und Leid recht mitteninne wohne,
Und wenn er wieder einmal Athem schöpft
Und sich bedenkt, sein Loos bedenkt, sein Herz,
Die ihm das Leben bildende Gewalt —
Daß er dann klar vor seinem Geiste stehe
Und sehe: Wer da leidet und sich freuet:
Ein Mensch! Und wer den Menschen lebt: ein Gott!
Und sehe: Was er lebet: Göttliches!

## XXV.

Das Leben wird bald Jedem gar so lieb,
Schon aus Gewohnheit unentbehrlich! Dennoch
Ist Jeglichem es nur ein neuer Zustand,
Dem Reh' im Walde und der Bien' in Blumen,
So neu, so unerhört, so niegesehn!
Daß du als Mensch dein Leben hier so liebst,
Ist der Beweis nur, daß ein jedes Dasein,
Ein jeder Zustand — wo es sei im All —
Ganz einzig-werth und gar so köstlich sei!
Sonst liebten Menschen auch dieß Leben nicht;

Das Reh im Walde und die Bien' in Blumen,
Und keines liebte sonst dieß Leben hier.
Ein jedes Hiersein ist so liebenswürdig,
So lebenswerth, ganz wie dem Gott: zu sein;
Und Jeder froh darinnen wie ein Gott. —
Nun, mein' ich: fürchte nicht das Weiterleben!
Das Andersleben, keines ausgenommen!
Die Schwalbe selber flieht mit Schwalbenflügeln,
Ihr süßes Leben zu verlieren — (nicht
Den Tod) — und flieht von der Natur berauscht,
Bethört, und möchte immer Schwalbe sein,
Nicht wissend: Wer jetzt in ihr lebt als Schwalbe.
Und lächelnd sieht der Mensch den Vogel fliehn,
Und lächelt doch nicht über seine Liebe.
— Das ist die gleiche Gluth, Ursprünglichkeit,
Mittheilbarkeit und immer rege Macht
Des leuchtenden Bewußtseins dieses Alls —
So fest und dehnbar wie die Kraft des Goldes:
Selbst auf ein Bild gehaucht, noch Gold zu sein,
Und tausendmal verwandelt, Gold zu bleiben!

---

## XXVI.

Nun spinnen sich die bunten Raupen ein,
Und bei der Abendsonne goldner Ampel
Noch halten sie das letzte Mal am Tische,
Im heil'gen Prachtsaal — und von diesem Grünen
Nun werden sie in dieser ihrer Welt

Nicht wieder essen, von dem Purpurthau
Nicht wieder trinken, bis sie neu es thun
In einer andern — ihrer neuen Welt,
Und doch derselben, wo der Schmetterling
Die Raupe nicht kennt, und die Raupe nicht
Den Schmetterling, das Grün, den Purpurthau,
Die Sonne und den goldnen Tisch der Erde,
Der stehen bleibt, indeß nur sie sich wandeln.
Aus dieser Raupe wird nun eine Puppe —
Und dieses Wesen hält der Mensch für nichts,
Indeß es gleich der göttlichen Natur
Der Mutter Aller ist, der Einzigen,
Die alle Mütter ist, das große Weib —:
Des allerliebsten kleinen Ehemannes,
Des bunten zornentbrannten Colibri's,
Des großen Wallfischs, und des Elephanten,
Des blinden Wurmes in der dunklen Erde
Und noch des Blüthenstaubes in der Luft!
„Nun, aus der Puppe wird ein Schmetterling
„Und wieder Eyer legt der, und die Eyer
„Bald werden Raupen." — Glaubst du so das alles?
Was wär' ein Ey, das solche Macht besäße,
Gewalt, weit über alle Elemente!
Nein! die Natur stürzt sich in dieses Ey
Mit aller Schöpfermacht und Bildungskraft,
Sie schwellt es an mit ihrem göttlichsten
Geheimsten Wesen! Sie verachtet nicht
Und immer noch nicht: „eine Raupe sein!"
„Ein Sommerapfel sein — ein Schwan — ein Wurm!"

Und könntest du den Grashalm nur erforschen,
Du fändest nicht den Grashalm, sondern sie
Mit ihrer ganzen, auf die kurze Zeit
Des Sommers willig leis=gebannten Kraft.
So wird das Schlangen=Ey denn nicht die Schlange;
Das Aster=Ey, das braune stille Korn,
Wird nicht die Aster; nicht das Ey — der Strauß!
Kein Vater, keine Mutter wird ihr Kind.
Noch mit dem ersten tiefen Liebesdrange
Wird die Natur: was wird in ihrem Leben.
Und alles, was sie ist, ist gleich, ist heilig.
Es ist aus ihrem Blut, ihr Blut, ihr Leben;
Es ist aus ihrem Geist, ihr Geist, ihr Lieben.
Und solltest du nun eine Schnecke werden
Mit noch so schönen Streifen, Gold und Purpur —
Und solltest du nun eine Nelke werden
Mit noch so schönen zarten Feuersprenkeln,
Wie würdest du dich schwer und graus entsetzen,
So dumpf, als wenn der Schah von Persien
Zur Rose werden sollte — ja zum Tropfen
Des Rosenöls, zur Nachtigall, zum Strauß —
Und dennoch wird er Staub! wird Element,
Wird Geist, Natur, und bleibt so Geist und Leben,
Was er als Mensch nur auch war, menschlich redend.
Und mehr als die Natur ist Nichts, ist Niemand.
An jedem, was sie schafft, am Grashalm auch
Ist ihre ganze Kunst, in jeglichem,
Was lebt, ist ihre ganze Liebe, sie
Ist eben Alles und so hat sie Alles,

Was ist, und selbst ihr Geist, er ist noch sie,
Sie ist noch er; es giebt kein todtes Sandkorn,
Und wenn es lebte ohne die Natur,
So wär's ihr fürchterlichster Feind, — noch Ein Geist!
Noch Ein Gott! Aber Seele, zage nicht:
Es giebt nur Einen. Aber einen giebt es,
So wahr die Raupe sich hier einpuppt;
Und ist er, und ist ohn' ihn Nichts, erfüllt
Er alles mit der gleichen Kunst und Liebe —
Was gäb' es wohl im weiten Reich des Alls,
Was du nicht werden, sein, ja bleiben möchtest;
Was je dich unterwinden, gleich und niemals
Zu werden, da doch Alles göttlich ist,
Gleich an Gehalt, an Stoff, an Kunst und Liebe.
Bist du nicht jetzt ein Mensch — und bliebst es — gern!
Drum fürchtet nicht ein Wesen in dem All:
Tod: einen — seinen Tod, als nur der Mensch,
Weil Er den Tod zn kennen glaubt — und kaum
Ihn ahnet vor Gefallen an dem Menschen . . .
— Am Schah von Persien, von jeder Hütte —
. . . Dem Götterbild, das einst die Erde nicht
Getragen hat, und wieder einst nicht trägt.

## XXVII.

Die eine Wehmuth überfällt dich noch
Und oft, und immer klarer kehrt sie wieder —
Die eine Wehmuth theilst du mit dem Himmel,
Dem Frühling, ja du theilst sie mit dem Gott,
Auf den sie als den Wiederschein der Welt
Von allem, was da lebt, zurückefällt:
Daß sich die reine frohe Himmelsseele
Hier an die alte Erde knüpfen muß
Und an den alten Tod. Die Seele muß
Den Hauch beweinen, der die Blumen ihr
Verwelken macht: den Staub, der ihr die Augen
Erblinden macht die Lieben nicht zu sehn;
Den Staub, der ihre Lippen dumpf bedeckt!
Das Schöne muß sie an das Dunkle knüpfen,
An das Vergängliche, das doch Bedurfte!
Zum Wirken! Sich und Andern zu erscheinen,
Nun sie, getheilt in tausend Blüthen, lebt.
Der Maler muß die herrlichen Gebilde,
Die aus der reinen Geisterwelt ihm kamen,
Auf leichte bald vergangne Leinwand malen:
Der Sänger muß die rührendschönen Töne
Zum Gleichverwehen in die Luft hin hauchen,
Und haucht mit ihnen selbst die Seele hin,
Die selber dann wie leichte Luft verweht;
Der Gute muß das Gute in ein Brot,
Es in ein Goldstück, in ein Schaaf verbergen,
Das er dem Armen schenkt; der Arme muß

Das Gute in dem Schaaf, dem Brot erkennen
Und also wird das Brot — geweihtes Brot,
Und zum geweihten Schaafe wird das Schaaf,
Die ganze Welt wird zu dem Leib der Liebe,
Und selbst der Staub wird Herold, Himmelsträger
Der Schönheit, wird zum Munde aller Götter —
Doch ach, der Götter Zunge auch ist Staub:
Und augenblicklich nach der schönsten That
Bricht ihnen schon der Arm am Leibe weg,
Und was dem Staub vermählt war, wird zu Staub.
Drum freue dich am Regenbogen! Doch
An diesem nicht! — an allem Schönen freu' dich
Der Sonne wegen, die es hingezaubert,
Die immer wiederkehrt, die immer bleibt:
Die innre Sonne, die die Welt verschönt.
So werden nach und nach die Dinge dir
Durchsichtig, und die Welt dir zu Krystall,
Worinnen Leben still und Schönheit schläft!

## XXVIII.

Das sind die leichten niedren Tugenden,
Die du am argen Menschen üben kannst:
Geduld, Vergebung, Mitleid, Hülfe, Wohlthun,
Aufrichtigkeit, Vertrauen, Milde, Opfer —
Dein Leben selbst, das sie zur Zeit bedürfen.
Sie sind die Armen, und so bleibst du arm
An Kraft und That, bleibst arm an wahrem Leben.

Die Tugenden, die gegen Mangelhafte
Beginnen, gegen gute Menschen aber
Erlöschen, sind die wenigsten und löschen
Allmälig aus und müssen still verschwinden,
Wie sich die Guten und Beglückten mehren.
(Wenn Gott — so Gott will — nicht auf Sünd' und Unglück
Und Thränen diese neue Welt gegründet.)
So lange du den Namen Tugend hörst,
So lange glaube nicht an gute Menschen.
Was thust du mit den guten Menschen nun,
Die dir begegnen, zahllos dich umgeben,
Wie edle Bäume voll von reifen Früchten?
Was thust du mit dir selbst, und aus dir selbst?
Was mit der friedlich-segnenden Natur?
Was mit den Blumen, die dich freundlich nie
Beleidigen? Was thust du mit den Todten,
Die mild vor dir in ihrem Sarge ruhen,
Die dich mit keinem Finger reizen können,
Mit keinem düstern Blick! — Was mit dem Gott? —
Die Tugend muß dir immer leichter werden,
O Freund, o Menschenfreund und Freund des Gottes;
Wem Tugend schwer ist, hat sie nie gekannt!
Dir sei sie Freude, Herzenslust! Und endlich
Sei sie verklärt dir nur ihr einfach Wesen:
Ein rein Gefühl des Daseins und des Liebens!

## XXIX.

Das Denken macht dich groß; das Fühlen reich,
Es füllt die Größe aus. Bedenken aber
Versetzt die Dinge leicht schon in Verwesung;
Vergleichung ist der Dinge Tod, und wer
Vergleicht, stirbt mit. Du hebst sie aus wie Nelken
Aus ihrem Boden in der vollen Blüthe,
Du reißest Blumen ab und pflanzest sie
Im heißen Sonnenstrahl, so wie ein Kind
Hin in sein Gärtchen, wo sie welken, sterben.
Du hebst sie aus der heiligen Verbindung
Des All's und seiner allverschönenden Kraft,
Du nimmst die Wasserlilie aus dem Teiche,
Vom Himmel reißest du die Sonne weg,
Und willst sie aus dem Wassereimer schöpfen.
Dú raubest dem Verglichenen die Macht,
Die heil'ge Selbstmacht, selbst Natur zu sein:
Das Auge an dem Gott, und selber göttlich.
Was dir nicht Selbst ist, ist dir nichts und nichtig;
Doch was dir Selbst ist, ist dir göttlich, alles.
Du aber sollst im Göttlichen bestehn
Und leben. Anschaun mit der Lieb' in Liebe,
In eignem erstem Selig-sein erblicken:
Das ist des Menschen wunderbar Geheimniß
Zum Seligsein, zum Lieben und zum Leben.
Nun willst du lieben, ehren, glücklich sein,
Vergleiche nichts! Nimm alles rein und ganz!

So nimmt der Bettler selbst das Stückchen Brot
Aus deiner Hand als eine ganze Gabe,
Als deine, als des Gottes volle Liebe.
Nimm Alles aus der Hand des Gottes göttlich;
Und willst du eine Rose dir entstellen,
Willst du dir selbst die schönste Braut entzaubern,
Ja willst du deinem Weib die Treue brechen,
Willst du dein Herz von deinen Kindern wenden,
Willst du den besten Mann gemein dir machen,
Willst du dem Künstler seinen Werth dir rauben,
Dem Werk den Glanz, den Sternen ihren Schein —
Vergleiche sie! Dann hast du's leicht vollendet!
Vergleiche Gott — du hast ihn abgesetzt.

---

## XXX.

„Von hundert Städten fand ich nur die Asche,
„Die Steine; wieder Erde war nur alles.“
— Nur wieder Erde? Aber lag die Erde
Nicht da? gesammelt still wie grüne Gräber —
Und brachte dennoch nicht die alten Wunder
Hervor, so frühlingskräftig selbst sie hauchte!
Drum sieh, mein Auge! — Ein gewalt'ger Geist
Ist durch die Welt gesaust! In diesen Moder
War er gefahren, war belebte Götter,
Erhabne Geister, götterschöne Menschen;
Hier liebte er: hier lebt' er; wohnte lange
Und baute Häuser, Gräber und begrub —

Und ist doch nicht begraben, wie ein Sturmwind
Ist er hinweggesaust — und nahm sich selbst mit!
Und was er war, ist hier nicht mehr zu finden
In Ilions Hügeln und in Mumiensärgen!
Aegypten liegt auf Erden nirgend mehr,
Und nirgendwo im Himmel liegt Judäa,
Hinaufgehoben; aufgehoben nicht
Liegt wo Jerusalem, noch wird es je mehr
Wo liegen, als da, wo es liegt als Schutt;
Karthago und Korinth, Athen und Rom,
Sie liegend nirgend mehr — es führt kein Weg
In ihre Thore, die noch heute stehn,
Es trinkt kein Wanderer aus ihren Brunnen,
Die heut noch quellen, und in ihre Häfen
Schifft heut kein Schiff, vor allen Stürmen sicher,
Geführt vom alten grauen Steuermann!
Du schlägst mit deiner Hand an diese Säulen —
Doch du berührst sie nicht! — und die Ruinen
Hier, diese Steine, diese Brocken sind
Nicht Angedenken, Zeugen von der Erde,
Den Felsen, nein, ein jeder dieser Steine
Ist heiliges Gebein vom Geist gewesen
Des All's, der hier gewaltet; ist ein beßrer,
Ein edlerer Gewährsmann als der Mond,
Daß hier der Geist sich eine Welt geschaffen.
Und sieh, ja sieh: Nun kommt derselbe Geist
Als später Wandrer, und bestaunt sich selbst
In seinen Trümmern seiner alten Zeit;
Und in der alten Zeit, die ihm sich aufthut,

Erkennt er nur sein ewiggleiches Wesen:
Im grau'sten Alterthum schon so uralt,
In heil'ger Gegenwart noch so urjung,
Und wähnt im Menschen: seine Augen weinen,
Ach, über die versunkne Götterschöne —
Und weint nur über sein unsterblich Leben,
Das immerschöne, immerrührende!
Und gäb' es graues Haar nicht in der Welt,
Und alt uralte wettergraue Mauern —
An was erkennte denn der Geist sein Alter,
So wie des Baumes Jahr' an seinen Ringen!
Doch wenn die Meerfluth an den Todtenhügeln
Der alten Helden wäscht und spült und fortschwemmt,
Wenn neuster Regen aus den neusten Wolken,
Wenn Sturmesmacht an alten Königsgräbern
Nun leckt und rüttelt, bröckelt und zerstört —
Das ist ja nicht der Tod, der in den Tod reißt!
Das ist der heil'ge Strom des heil'gen Lebens,
Der das, was nicht mehr ist, nicht roh und wild,
Nein mild und gut in seine Wogen zieht!
So schmelzen in das Eis gefrorne Bilder
Von Frühlingswärme wieder in den Teich!
So werfen Fromme in des Meisters Ofen,
Der eine neue große Glocke gießt,
Zu schönem Klang, zu ihrem Angedenken
Den Silberbecher und die goldne Schale
Mit in die Glockenspeise! froh des Opfers,
Des Werks, das mit dem Liebsten sie gefördert!
Und was der Aberglaube kann, soll das

Der Mensch nicht können? Stammt der Aberglaube
Des Becheropferns in der Glocke Guß
Nicht aus des Geistes ruhiggroßem Opfer,
Wenn er Ruinen froh zerschmelzen sieht
In seines Meisters ungeheurer Werkstatt!
Drum sieh die Götterkirchen gern zerfallen;
Denn der sie einschmilzt, ehret dich; und dir
Und sich errichtet er das neue Werk.
Was war, verstehst du nicht, sonst wärst du todt;
Was ist, verstehst du so wie dich, sonst lebtest
Du nicht! Versenke dich in das, was wird,
Dann hast du in dein Leben dich versenkt.

## XXXI.

Wer seinen Werth, sein Werk und seinen Fleiß
Erst nach dem Preise in der Welt, von Menschen
Geschätzt, belohnt soll sehn, und danach erst
Dann seinen Werth, sein Werk und seinen Fleiß,
Sein Leben selbst soll schätzen und die Welt,
Der ist ein Unglückseliger! Der ist
Noch mehr, er ist ein Thor, wenn er es thut!
Was würden Menschen wohl dem Gott gutwillig
An Gelde geben, für das herrliche
Tagtägliche Geleucht der vollen Sonne?
Was wohl an Geld, für einen Gang im Grünen
Zur Blüthenzeit bei Nachtigallenliedern? —
Nur wenig! Denn die Menschen haben nichts
An Golde, als was Kraft und Fleiß erwirbt;

Wer würde viel für einen Grashalm zahlen,
Und für ein Blatt! ein solches Meisterwerk,
Daß wohl ein Menschenkünstler sterben könnte,
Wenn ihm ein Kind für die Kastanienblüthe
Bedenklich den gesparten Kreuzer böte!
Und Michel Angelo erhinge sich,
Wenn nun ein Bauer, an dem schönen Abend,
Den er gemalt — die Ochsen still heimtriebe,
Kaum einmal aufsäh', und auch dann nur spräche:
„Dort nach der Sonn' ist morgen schlechtes Wetter."
Wie will der Mensch für seiner Hände Werk,
Für seiner Tage, seiner Nächte Fleiß
Nun höhern Lohn — als Gott für Götterarbeit?
Will einen höhern Werth im Herzen fühlen,
Als der bescheidne Gott in Götterherzen!
Und siehe, so verkauft das Gärtnermädchen
Die Handvoll Rosen dir um wenig Pfenn'ge!
Und wohl bewundert sie die schönen Blumen,
Und fühlt den eignen Werth der Werke wohl!
Und gönnt ihn dir! Mit deiner Anerkennung
Hast du die Götterrosen erst von ihr
Erworben, die nichts von euch beiden wissen,
An denen nicht ein Schein des Staubes haftet!
Und auch so rein empfindet sie dein Herz.
So sieh': An allen Dingen schätzt der Mensch
Den unaussprechlichen, den Götterwerth
Gar wohl! gar hoch — sogar an seiner Braut,
An seinem Weib, an seiner Kinder Schaar;
Doch dieser Werth, der unbezahlbar hohe

Wird göttlich-still verstanden — still verschwiegen!
Und um so süßer wirkt er, heimlich geltend.
So sei beruhigt über arme Menschen!
Doch hier ist ein ganz andrer Schatz zu heben:
Der Werth, den deiner Hände Fleiß dir hat,
Das wohlgelungne, wenn auch kleine Werk;
Das wohlbestellte Feld, die reine Furche,
Der saubre Baum, der treugepflegte Weinstock
— Der schweigend dir mit hundert Trauben dankt —
Das schön geschmückte Haar der kleinen Töchter,
Der ehrbar hin zur Gruft getragne Greis,
Das wahre Wort, der gut genutzte Tag
Und — als des reingelebten Tages Ernte —
Die sanfte Ruh, der träumelose Schlaf,
Und jedes wohl vollbrachte Menschenwerk!
Und noch ein größrer Schatz ist dir zu heben:
Der stille Menschensinn, der nicht einmal
Bescheiden, nur so still sich selbst genug,
Sich selbst getreu, das Menschliche vollbringt,
Und seinen Tag und seiner Hände Arbeit
Mit einem Licht erleuchtet, das er selbst
Nicht sieht, weil er das Licht ist, aber das
Die Erd' ihm lieb macht und den Himmel hell,
So wie der Sonne, und die Brust ihm froh.
Wer also lebt, der braucht den Spiegel nicht
Des Menschenlobes, und er meidet ihn;
Dem braucht kein Mensch zu sagen, was er werth ist,
Und was das werth ist, was er thut und schafft;
Denn wie er fühlt, kann ihm doch Keiner sagen.

# September.

## I.

Camee, Eine feste Masse nur,
Und doch in so viel Farbenlagen, zeigst
Du mir ein Bild des Menschen: in der grünen
Das Kind! dann in der rosigen, den Jüngling;
Und in der himmelblauen hier den Greis!
Und jedes schön, in seiner eignen Lage
Beschlossen, jedes treu dem andern ähnlich:
Der Greis dem Kinde noch! und schon dem Greise
Das Kind, der Jüngling; wie aus Einem Schlafe
Allmählig auseinander aufgewacht;
Hoch, wie ein Kornhalm aus sich selbst gewachsen —
Und ich verstehe hier am Rand die Aehre!
Noch künstlicher als du ist selbst der Mensch,
Denn: Stein und Kunstwerk hat Ein Gott gemacht.
Und schöner hebt er noch aus unsrer Brust
Ein Bild uns nach dem anderen hervor:
Das Bild der Freude, und das Bild der Liebe,
Das Bild der Weisheit und das Bild des Todes,
Und alles, alles nur aus Einem Boden —
Wie Veilchen, Rosen, Lilien und Astern,
Wohl blau und roth und weiß und tausendfarbig,
Doch alle aus derselben schwarzen Erde!

## II.

Du hast dein Kind verloren, armer Vater!
Und wie im Traume wandelst du umher;
Denn nun der lebenvolle, laute Knabe
Gestorben, still in seinem Sarge liegt,
Nun dünket dir nichts Andres mehr unmöglich!
Selbst wenn die Sonne dort vom Himmel fiele,
Wenn dir der Berg, das Thal, das Haus verschwände,
Wenn sich die Welt verschüttete und dich.
Nur Ein Erstaunen füllt dein Auge ganz:
Des stillen Sarges himmlische Erscheinung!
Die Blumenkränze nnd die Laubgehänge,
Und solch ein junger Todter in den Blumen,
Vom hellen Sonnenglanze stumm erleuchtet!
Du lächelst durch die Thränen, daß ich sage:
„Des stillen Sarges himmlische Erscheinung —?"
Die in den festen Tag hereingebrochen!
Ach, nicht genug, nicht recht hab' ich gesagt!
Erscheinung sprach ich! Ach, Erscheinung nicht:
Ein Wunderwerk des Himmels ist der Sarg —
Die Gottheit selbst hat diesen Sarg gemacht,
Als sie die Welt geordnet und das Leben!
— Der Tischler hat allein ihn ausgeführt.
Das erste Grab hat selbst der Gott gegraben,
Die Todtengräber lernten nur von ihm,
Sonst wär' das Grab nur unverstandne Grube.
Du fasse Muth, und lege deine Hand
In diese Blumen, an den stillen Sarg —

Du rührst des Gottes heil'ge Seele an!
Und wenn der Sarg ein Werk schon Gottes ist,
Nun bitte, nun beschwör' ich deinen Geist,
Erblick' auch in dem schönen todten Kinde
Des Gottes neu uraltes schönes Werk, —
Auch diesen Todten hat der Gott gemacht!
Denn ohne Gott verging' auch nicht ein Blatt,
Wer könnte tödten, thät es nicht der Gott!
Und hat es eigenselbst der Gott gethan,
Ja, ist es eigenselbst der Gott, der groß
Und hehr lebendig in dem Tod erscheinet,
So wein' ihm sel'ge, wein' ihm heil'ge Thränen,
Die göttliches Erscheinen von dir heischt.
Die Mutter hat schon Abschied von dem Kinde
Genommen — lege nun die Rosenkränze
Ihm in den Sarg, und deck' es leise zu,
Denn Göttliches erträgt nicht lang der Mensch,
Wie Blitzeswendung aus den schwarzen Wolken; —
Die müdgeklagte Mutter anzusehn,
Die schweigenden betretenen Geschwister,
Das blasse himmlische Gesicht des Todten —
Ach, unerträglich ist's! Verberg's die Erde,
Die selige! Dann laß uns Menschen sein!
Dem Gotte gegenüber sind wir Träume.

## III.

Verstehst du nicht des Lebens Kleinigkeiten,
Und reihst sie mit Vernunft an eine Kette,
Die leicht, wie in der Luft, sich selber trägt,
Wie eine Bienen-Kette, wenn sie schwärmen,
So wie ein Kranichzug auf Morgenwolken,
Wie auf dem Meer ein voller Blumenkranz —
Wie willst du, gleich dem alten blinden Manne,
Dir, ungeordnet nur ein Bündel Holz,
Geschweige all die tausend kleinen Aeste
Heim aus dem großen Wald des Lebens tragen!
Du mußt so leicht an dir die Dinge fühlen:
Leicht wie die Fichte ihre tausend Nadeln,
Leicht wie die Eiche ihre schweren Aeste.
Leicht wie der Mensch die eignen Arme trägt,
Leicht wie der Rosenstrauch sein Volk von Rosen —
Sie müssen dir aus deinem Sinne wachsen!
Dann trägt sie die Natur, wie ihre Sterne,
Und sie erfreu'n dich dann, wie deine Sterne!

## IV.

Du kannst nach jeder Schuld der reinste Mensch sein,
Wenn du sie alt, dich selber jung empfindest,
Als diesen Guten, der du heut nun bist.
Du bist die frische Kraft, die Kinderreinheit,
Das Götterzürnen eben bist du selbst,

Die das Gethane, die das Abgethane
Mit solcher Himmelskraft aus dir verwerfen!
So tief und schwer du meinest zu bereuen,
So tiefbescheiden ja auch freust du dich.
Daß in dir ein so reines Wollen lebt
Und solche Macht, daß du so wie die Sonne
In jeder Stunde neu und göttlich bist.
Versteh' das Wort nun: „Gott vergiebt die Sünde."

---

V.

Das Denken ist die allergrößte Macht.
Der Geist der Menschen trägt die schwerste Last,
Ganz ungeheure Prachtgebäud' — aus Wolken;
Hauch ist dem Menschen Alles, Hauch erträgt er,
Und Lob und Meinung sind die stärksten Pfeiler
Der Dinge, selbst der Götter und der Menschen.
Und wiederum nicht weggerissen werden
Die Dinge — weggemeint schon, weggetadelt!
Das, was du nicht mehr glaubst, ist nicht mehr da.
Das Denken ist die allergrößte Macht,
Und darum scheint sinnvoll sogar, nicht sinnlos
Das alte Wort: Die Welt ist selbst — erdacht.

---

## VI.

Halt' nicht die Menschen jemals für bethört,
Als schleppten sie auf ihrem sauren Wege
Sich noch mit etwas ganz Unnöthigem,
Nie mehr Bedurftem, aus Gewohnheit fort,
Dieweil ein Starker leichten Kram wohl trägt.
Von Andern gut zu denken, ist ein Wort werth, —
Drum forsche heimlich nach, so wirst du finden:
Nichts in der Welt besteht, und kann bestehen,
Auch keinen Tag mehr, was der Mensch nicht mag.
Drum was du siehst im menschlichen Geschlecht,
So altverwunderlich es dir auch scheine,
Das hängt an einer Ader, einem Haar doch
Mit der Natur zusammen und dem Menschen,
Dem Herzen, seinem Hoffen und Erinnern,
— Auch Launen giebt es — nun mit seiner Laune!
Doch dieses Haar ist dann, auch unsichtbar,
So lang' der Mensch will, so ganz unzerreißlich,
Daß ganze große Tempel daran hängen,
Gewänder, Mützen, Kreuz' und goldne Reifen,
Mit einem Wort: des Menschen ganze Welt,
An einem Haar nur! Doch an einem Haar.

## VII.

Unwichtig ist kein Irrthum; freudig ist
Der reine Blick in Leben und Natur!
— Und meinst du nun als Jüngling dir die Braut,
Das heilige Gebild für Deins auf Erden,
Ganz frei aus allen schönen guten Jungfrau'n
Zu wählen? Sieh, beschränkte Wahl ist keine!
Heerschaaren Frauen sind schon hier erschienen,
Heerschaaren Frauen werden noch erscheinen,
In deinen Tagen leben nur mit dir
Bestimmte, in die Welt gesandte Menschen,
Der langen Wesen Eine Prachtentfaltung;
Du kannst dir keine Frucht vom Baume pflücken
Als derer, die dieß Jahr er blüht' und trug;
Du kannst dir selbst kein Röschen pflücken, als
Das an der Reihe war nun aufzublühen;
Nicht Eine Mutter kann ihr Kind sich wählen,
Nicht Knaben und nicht Mädchen: nur ein Gott
Legt ihr sein Kind als ihr Kind an die Brust,
Als hab' er sie zu seinem Weib gemacht,
Und Göttliches sich hingehalten sehend,
Ergreift sie es mit eigner Götterhast —
Solch Glück hat sie verdient, sie ist ein Weib!
So hast du nur die schöne Braut ergriffen!
Solch Weib hast du verdient — du bist ein Mann,
Nur die Erwählte war dir aufgedrängt
Von tausend Geistern: der uralten Liebe
Und Schönheit, von dem Meister aller Künstler,

Dem jedes Werk als Meisterstück gelingt,
Der ihm in Haupt und Brust und Leib und Seele
Die heil'ge Fülle drängt — so viel sie fassen:
Kraft, Liebe, Schönheit, Güt' und Seeligkeit!
So bist du nicht betrogen, nur beglückt,
Du hast die Gottgeliebte — und die Deine!

---

## VIII.

Frisch glänzt noch heute am uralten Tempel
Der Erde, lieblich, leserlich und rührend
Mit Kinderhärchen hold das Wort verzogen:
„Ein jedes Weib ist gut, sie ist ein Weib,
Ein Kind, die Tochter, die Verwandlung selbst
Von jenem großen Weibe: der Natur!
Von jener großen heil'gen Mutter Aller,
In menschlicher, dir ähnlicher Gestalt,
Die deine Zeit ausdauernd bei dir lebt."
Und selbst ein Blinder würde das noch sagen,
Der nur ein Kind war auf der Mutter Schooß.
Doch — ehren mußt du sie, als solche Tochter
Der solchen Mutter! glauben mußt du ihr,
Daß sie mit bald zerbrochner Menschenhand
Dich so beglücken wolle und so könne
Wie ihre Mutter, die ihr stets getreu,
Ja sichtbar helfend reich zur Seite steht;
Du mußt sie lieben; denn dann glaubt sie erst,
Daß sie dich auch beglücken kann. Denn nur

Den Liebenden ist zu beglücken möglich,
Der Liebende nur ist des Glückes fähig,
Den Liebenden beglückt das Weib erst ganz,
Um selbstbeseligt, glücklich ihn zu schauen.
Und zeigst du also deinem Weibe dich
In wahrem Manneswerth, in Würd' und Weisheit,
Dann weckst du ihr im schönen Herzen alle
Die guten Himmelsgeister auf, nur sie!
Da, wo der Frühling blüht, da starrt kein Winter,
Und wo die Liebe lebt, da naht kein Haß.
Doch wo du irgend siehst ein Weib gequält
Von Geistern, die auch ihm im Busen schliefen —
Da hast du, Mann, sie bös dir aufgeweckt
Durch Zweifel, durch Unehre, da hast du
Sie nicht geliebt, zu ehren nicht verstanden!
Wer nicht das Weib im Weibe lieben kann,
Vermag kein Weib zu lieben, noch zu ehren,
Wenn sie zu ehren ihr noch Leben ist.
Die Schönheit ist des Weibes Kleid, und nicht
Ihr Wesen; Weib sein ist es, Mutter sein,
Des Daseins Bürgschaft, der Verjüngung Quell,
Die mütterliche sorgliche Natur
In schöner, an das Herz zu drückender,
An's Herz dich drückender Urgegenwart. —
Nur seine eignen Fehler büßt der Mensch,
Im Haus, im Herzen, in der Welt der Menschen,
Selbst bei der Schwiegermutter — der Natur!

## IX.

Mit Euch, Vernünft'ge, umzugehn ist leicht;
Die Thoren übertragt ihr, und ertragt ihr.
Der aber hat erst menschliche Vernunft,
Der mit den Unvernünftigen auch weiß
Aecht menschlich umzugehn, naturmild, ihnen
Und noch sich selber nützlich, förbernd, freudig!
Und kannst du das nicht, leidest du von ihnen,
Dann gieb nur dir die Schuld; du bist kein Mensch,
Du bist die Unvernunft! Die leidet billig!
Dir aber geb' ich das zum Zeichen, ob du
Vernunft erworben — Gottes Glück — den Gott —
Wenn du nicht leidest von der Welt, und dir!
Wenn du dich an dem All erfreust, und dir!

---

## X.

„Du sprichst so viel von Pflichten, nein, nicht Pflichten —
„Von Werken, die der Mensch als reines Thun
„Vollbringen soll, und schweigst dafür vom Lohn!
„So groß sie sind, so schwer er sie vollbringt!"
— Ein schönes Leben ist des Guten Preis;
Im Menschenthum ist Menschen-Thun beschlossen.
Denn also weise ist Natur geordnet,
Daß Jedem das sein unverkümmert Glück ist:
Wenn er das ganz ist, wozu sie ihn machte;
Denn Jedes Dasein ist die höchste Pflicht.

Und da beschränkt ein jedes Wesen ist,
Da Schranken eben erst das Wesen bilden,
So übst auch du im Menschenkreis nicht alle
Und jede Pflicht der heiligen Natur,
Du übst nur Menschenpflicht, genießest nur
Jetzt Menschenglück, und das ist Menschen Alles.
So ist die Pflicht der Lohn und Dank! Denn wer,
Von seinem Leben ganz durchdrungen, strebt
Lebendig treu zu thun das, was er ist,
Der hätte nicht die Zeit, nach einem Lohn
Zu fragen, er verstünde selbst ihn nicht,
Er wär' ein neues Dasein ihm. Und das
Empfängt er als den Lohn des Ewigseins,
Den Lohn des Gottes für die ew'ge Liebe.
So hat denn Alles seinen Lohn — mit sich!
Aus sich! Das All, und jedes kleine Leben.

---

## XI.

Aufmerksamkeit! auf droben und auf drunten;
Die Sinne oft rückwärts, voraus, zu Seiten;
Ein fein Gehör in dich hinein, Lebend'ger!
Ein wohlbesorgter Kranker lebt viel länger,
Als tausend unbesorgte Kerngesunde,
Die plötzlich fehlgetreten, diesen Morgen,
Und jenen Abend unter seinen Fenstern
Dahingetragen werden in — den Fußtritt
Des Fehlenden — die namenlose Grube!

Denn „Grab" ist ein beneidenswerther Name,
Von Wenigen in seiner himmlischen
Bedeutung bei den Menschen noch gekannt,
Die ganz unnöthig noch das Grab beweinen,
Bis sanfte Thränen einst den Todten ehren;
Das Grab verdienen ist die höchste Ehre
Des Menschen. Höher bringt es Keiner! Niemand,
Selbst wenn ein Gott die Erde ehren wollte —
So ist sie schon geehrt durch reine Asche!
Das Grab ist das Ziel, das, dem Herzen gleich,
Zur rechten Stunde muß getroffen werden —
Nach aller Menschen-Zeit, wenn alle Sonnen,
Wenn alles Erdenglück ihm abgelaufen.

---

## XII.

So heilsam wirken Mäßigung und Ordnung,
Daß unter ihrer Leitung auch der Arge
Noch lang besteht, durch schlaue Selbstbeherrschung,
Eintheilung seiner Lüste, Zwischenzeit
Der Fehler und den Wahn: Er thue recht.
Wie göttlich ist die Form der Tugend noch!
Wie wirkt noch Abschein des Verstandes göttlich,
Und präget noch Halbmenschen, Halbbeglückte!

---

## XIII.

Wozu der Schlaf ist den Lebendigen,
Der heilige? Die Todten schlafen nicht
Und ruhen nicht. „— Der Schlaf, der heilige? —
Der sondernde, der für sich geltende!
Wozu der Mensch ist? Der gesonderte,
Der heilige — die Erdennacht des Menschen,
Die Nacht voll Sterne, Thau und junger Kraft —
Die Blumen schlafen auch, die Blüthen schlafen.
Und fragst du nicht: Wozu doch ist das Alter,
Das heilige, das abgesonderte,
Der Sinne halber Schlaf, der ganze Winter
Ermildeter Gefühle! Sieh, der Alte
Ist wie ein Schlafender; ein Schlafender
Ist wie ein Eimer aufgesparten Weines,
Den Jemand hinlegt in der Stille, rings
Mit Eis umgiebt — zum Frieren. Und was immer
Der Mensch enthält, im Leben aufgefüllt,
Das Schlechte alles frieret aus zu Eis:
Alltägliches, Gemeines, Herbes, Fremdes —
Und in der Mitte sammelt sich die Kraft
Des Tages — und des Lebens, wenig wohl:
Ein Becher voll, doch Feuer, rein und mild.
Den Becher trinkt der Früherwachende,
Den Becher trinkt der Alternde zur Labung,
Den Becher trinkt der Neugeborene,
Den Becher kostet einst der Todtenrichter —
Des Menschen und des Alls urreines Ich."

## XIV.

Erst Ruh' und Würde macht das Dasein schön!
Kurz ist des Menschen Leben im Vergleich
Des Lebens der Natur, des Morgensterns,
Der Erde, nur des Raben und des Oelbaums.
Noch kürzer als des Menschen ist das Leben
Des treuen Hundes und der treuen Schwalbe,
Des Seidenwurms, der Spinne und der Biene;
Und Jedem langt sein Leib zu seinem Leben
Bis auf den Athemzug; genug gelebt
Hat Jedes, was sein Dasein ganz erfüllt.
So langt, ein Mensch zu sein, auch Menschenleben.
Drum übereile unanständig nicht
Das kleinste Werk, den kurzen Wintertag!
Nimm dir die Zeit, Begegnende zu grüßen,
Ein freundlich Wort den Kommenden zu sagen,
Dich heiter auszubreiten in den Stunden, —
Erst Ruh' und Würde macht das Leben schön.
Die Freude halte aus wie einen Ton
Der Flöte; wandle langsam durch den Garten
Des Frühlings; schaue, höre Alles recht an,
Die Nachtigall, gleichwie ein flehend Kind;
Dem Bettler laß zu seinem Vaterunser
Und dir zu deinem milden Worte Zeit;
Ja selbst dem Leide laß zu seiner Geltung
Den menschlichen natürlichen Verlauf:
Erstiche nicht den Schmerz, noch dehn' ihn aus.
Nur also wird der Aermste selber reich,

Daß er das grobe weiße Tuch so freundlich
Gelassen über seinen Tisch hin breitet,
Sich Zeit zum trocknen Brote nimmt, und Zeit
Den durst'gen Kindern läßt zum Wasserkrug.
Die letzte Lerche singt ihr letztes Lied
Am letzten schönen Herbsttag, wie ihr erstes,
Noch wohlgehalten ganz gemach zu Ende,
Und läßt sich ganz allmählig auf die Erde;
Die Kraniche, die früh am Purpurhimmel
Fernhin zur warmen Sonne ziehn, sie tanzen
Sogar im Kreise hoch am blauen Himmel
Dahin, wie frohe Gäste von dem Fest;
Die wilden Gänse gehen auf der Reise
Sogar zum Bad im wonnevollen See.
Drum siehe freundlich, wie Natur verfährt,
Daß sie durch lauter ganz zufriedne Gäste
In ihrem Haus auch selbst zufrieden sei!
Sie lockt das Veilchen kaum durch warme Lüfte,
Doch will es kommen, nun so sei es da:
Sie unterbricht durch frühlingskühle Nächte
Der Hyacinthe rasche Blüthentage,
Sie stürmt die Glocken ihr nicht gleich vom Stengel,
Auch wenn sie nicht mehr schön sind und vertrocknen!
Sie reißt nicht gleich das leere Saamenhaupt
Der goldnen Butterblume roh vom Rumpf:
Sie jagt die Schwalbe nicht des Nachts nach Letten,
Sie läßt sie mit der Schwalbe lang sich freuen
Im halbgebauten Nest, und lang noch sitzen
Die jungen Schwalben Nachts bei ihren Aeltern.

Sie läßt dem Kinde jahrelange Zeit,
Vielmal ein jedes Kinderspiel zu spielen;
Sie läßt den Greis noch ruhig müßig sitzen,
Wenn längst er kein Geschäft mehr hat; sie stürzt
Die ersten Regenwolken nicht ins Jahr,
Und jagt die letzten, so wie alte Diener,
Nicht aus dem Jahr; läßt jedem Tropfen Zeit
Zum Fallen, und im Falle noch zu wachsen,
Und drunten: zum Erquicken im Verdunsten,
Im Demant-Tod: zu buntem Strahlensprühen!
Und wenn die Sonne schon hinabgegangen,
Läßt sie noch lang den Regenbogen stehen
Den Kindern, läßt die alten Säulen selbst
Von heil'gen Tempeln ihrer frühern Kinder
In schonender, in wehmuthstiller Ruhe,
Wenn sie schon alle längst dahingegangen.
So lebt sie würdig im Zerstören, selbst
Im Tode. — Lerne von Natur dein Leben,
Die Haltung, die sie allem Geltenden
Gewährt, und ihr gilt Alles, und auch du!
So breite reich dein Menschenleben aus!
Erst Ruh' und Würde macht das Dasein schön.

## XV.

Unsterblich sein und sterben, ist das Leben
Des Alls, des Menschen, und was irgendwo
Mit Seele lebt, und was nur Kraft erfüllt.
Der Regentropfen stirbt auch, in dem Meer:
Der Funken in dem Regentropfen stirbt;
Das Reis im Feuer, und die Rose stirbt
Im Aether; alle werden sie verwandelt,
Im Allgefühl nur leise mit empfunden,
Im großen Meer der Kräfte: was sie waren,
An großer Wesenkette: was sie werden,
Selbst ungekränkt durch solcherlei Verwandlung,
Im ew'gen Leben seiend, götterhaft.
Nur einen kenn' ich, der da sterben kann:
Den Menschen! Ihn, das feinste Werk, das fähig
Auf Erden war: ihr Geist, ihr Herz zu sein,
Zu fühlen, was er sei, und was das All,
Was leben sei: unsterblich sein und sterben;
Und darum sieh': Nicht Alle können sterben:
Nicht Alle sterben gleich — nur die sich gleichen;
Je weiser Einer war, je kundiger,
Je guter, und je reicher er an Liebe
Und Schönheit war, dieß Leben zu empfinden,
Die Seinen einzig hoch und werth zu halten —
Je göttlicher vermag der Mensch zu sterben!
So groß der Unterschied des Lebens ist,
So groß ist auch der Unterschied des Todes —
Des Herzenprüfers und des Weltenrichters,

Der alle Tage Millionen Engel,
Mit Bechern angefüllt mit heil'ger Wonne,
Um diese alte Erde schweben läßt,
Um jene Sonn' und der Gestirne Sonnen,
Um Jeglichen zu laben, der da stirbt,
Und in dem Kreis der Seinen jenes Fest,
Das Fest der Reife und der Ernte feiert,
Zu welchem, wie am heiligem Altar
Im Allerheiligsten des stillen Alls
Die Sonnen leuchten, und der Aether schimmert!
Denn aller Dinge Ende ist ihr Höchstes;
Schön ist das Leben, schön der Weg — das Blühen;
Doch die erfüllte Wurzel ist — die Blume,
Die abfällt und den Saamen reich verstreut.

---

## XVI.

Nur einen Wunsch, nur ein Verlangen hätt' ich,
Den frömmsten aller höchsten Menschenwünsche,
Den zu erfüllen Jeglicher sich abmüht,
Den zu gewähren Erd' und Himmel glühen:
O möchte doch die ganze Menschheit sterben,
O möchte nur Ein Mensch erst sterben können!
So viel Geschlechter, jedes gleich dem Mohnhaupt
Voll ungezählter Körner, sind gekommen,
Sind hingefahren — umgekommen alle!
Kaum Einer, Ein Mensch ist bis heut gestorben,
Der Heiligsten kaum Einer konnt' erst ahnen,

Was sterben sei nnd Tod. Sie Alle, Alle,
In grausen Kriegen, und in grausem Frieden,
Im Schlachtgetös des Lebens weggerafft,
Sind schrecklich hingefahren in die Grube!
Und noch erschallt das Mordgeheul der Glocken
Von früh bis Nacht, rings auf der weiten Erde.
O wären alle Glocken doch verzaubert,
Schneeglöckchen, stumm mit festgewachs'nem Klöpfel!
Denn in der Angst, dem Schmerz vergeh ich fast;
Nein! Götterstimme wünsch.' ich allen Glocken,
Die laut es riefen in das Ohr der Menschen
Von früh bis Nacht, rings auf der weiten Erde:
„O Scham, o Scham, o Scham, ihr Sterblichen,
„Kennt ihr den heil'gen Namen: „„Sterbliche!““ —
„Nur wer wahrhaftig lebte, der kann sterben!
„Nichts schöner, nichts vollkommner als der Tod,
„Nichts himmlischer, sogar dem All erwünschter
„Ist, als ein schöner Tod dem schönen Menschen!
„Und einst, nur einst wird Tod und Sterben sein:
„Wenn Einer wahrhaft menschlich je gelebt
„Nicht nur gelehrt, geahnet und gewirkt —
„Und Einer nicht kann wahrhaft-menschlich leben,
„Bis Alle menschenwürdig sterben können
„Nach ganz vollendet schönem, süßem Leben.
„Drum als des Todes Ziel — erkennt das Leben!
„Und darum ist der Tod Euch aufgehoben
„Als letzter, schwer zu hebender, als größter
„Und unaussprechlich schöner Schatz der Menschen —
„Und nicht als letzte Qual, als letzter Teufel.“

## XVII.

Geh' immer mit der einen großen Heerde,
Die wie ein heil'ger Wasserstrom die Lande
In stiller Macht volldrängend überschwemmt,
Die keinen Hirten hat, weil sie zu groß ist,
Als daß sie einen drunten haben kann;
Die keinen Hirten braucht, weil überall
Ihr drunten Trift, genährt aus Wolken, blüht,
Ihr droben überall — der Himmel leuchtet!
Geh' ihr nicht vor! denn nutzlos wär' es dir,
Daß du allein dich aller Dinge sättigst,
Wenn noch die Heerde darbt und Eins entbehrt;
Das wäre dir die allergrößte Schande!
Was Alle haben, kann erst dich erfreuen.
Bleib nicht zurück! kannst du im Ernste meinen,
Daß nicht in Allen alles Herrliche
Für alle Zeit bereit schon köstlich wachse?
Wer sich für weiser, oder — sinnlos — gar
Für besser hält, als der Geringsten Einen,
Selbst besser an Gemüth und ganzem Wesen,
Als, vor und nach, den Mörder auch, der hat
Noch nicht den eingebornen Schatz erkannt,
Den jeder — als sich selbst durch's Leben trägt.
Geh' nicht zur Seite! stolz und schambedrückt,
So wie der Reiche neben einem Bettler,
Daß du nicht in die Grube fällst, dich Wölfe
Zerreißen, doch angrinsen. „Hüte dich!"

„Bewahre dich!“ das ist das eine Wort
Der ganzen Heerde. Jeder üb' es aus,
So ist die ganze Heerde wohl gehütet,
Sie, unantastbar heilig, wie das Meer!
Und fragt dich ein Begegnender, und schüttelt
Sein Haupt und spricht: Wie ist die Heerde schlecht!
So sieh' ihm klar in's Aug', und biete ihm
Die Tageszeit; und wie der Tag nun ist,
Sprich: „Ja, es regnet heut.“ — „Die Wölfe heulten
Die letzte Nacht.“ — „Heut war ein Lamm verirrt,
Die Hunde sind uns schlecht, sie jagen seitwärts.“ —
Heut fiel ein Nebel.“ — „Heut erhitzt die Sonne.“
„Sie zieht dort Wasser — bald wird Frühling sein!
Denn sieh, die Vögel kommen schon mit Macht!“ —
So sprich nur. Steht er noch — so sag' ihm lächelnd:
„Wir wandeln sicher wie die Stern' am Himmel!
Ihr unsichtbarer Hirt ist unser Hirt!
Und unser Himmel heißt hier drunten: Erde.“

---

## XVIII.

O Pracht! — „Die Stadt der Götter“ möcht' ich sehen!
Die wirklich steht; nur heimlich wie ein Traum!
Denn sieh, mit jedem kleinen Kinderhaupt
Wird ein Pallast gebaut, ein göttlicher,
Wird eine neue, eigne Welt geschaffen,
So eine, wie noch Keinem je gehört,

So eine, wie noch Keiner je gesehen.
Des Kindes Auge kostet an dem All.
Und was es reizt und was ihm da gefällt,
Das zieht es in den unsichtbaren Bau;
Wie Bienen fliegen ihm Gedanken aus
Und sammeln ihm, und bringen schwer ihm heim;
Sie sammeln selbst Gedanken, die sie lösen
Von Sternen und von Wolken und von Blumen.
Und wie der blaue Himmel groß und leuchtend,
Bald wölbt es sich die eigne Götterwohnung,
Und seine eigne Sonne hängt's hinein
Und seinen eignen Mond; und Tage, Nächte
Und Frühling-, Sommer-, Herbst- und Winter-Pracht,
Sie wandeln eigen ihm da drinnen lieblich,
Wahrhaftig, sonstwo nirgend ihm geschehend.
Auch eine Göttin zieht der Herr hinein
Und sendet Götterkinder vor die Thür!
Von denen jedes kleine Kinderhaupt
Ein neuer, eigner, herrlicher Pallast,
Ein neuer Himmel ist, mit eigner Sonne,
Mit allen Schätzen, allem Glück und Segen.
Und also giebt es Millionen Häuser
Voll Sonnen, Monde, voll von allen Schönen.
So giebt es eine ganze Geisterstadt! —
Das klingt wie Mährchen! Aber, liebe Seele,
— Du kannst nicht groß genug, nicht wunderbar
Genug vom „Dasein" denken — von dem Meister,
Der diese volle Götterstadt gegründet!
Was wär' erhab'ner, ungemeiner, sel'ger

Als Aller Menschen allgemeines Leben!
Was wäre schöner, als ein Mensch zu sein!
Und was ist heiliger als Lehr' und Bildung,
Als dumpfem Sinn sein Götterhaus zu öffnen!

---

## XIX.

Der Wind zerknickt dir deine schöne Rose —
Und alle Knospen läßt dich das vergessen;
Da fährt der Sturm her, bricht dir deinen Kirschbaum —
Und hin ist dein Bedauern nur der Rose!
Da rauschet weiß Gewölk heran mit Schlossen,
Zerschlägt, zerschmettert dir dein Weizenfeld —
Und Ros' und Kirschbaum beide sind vergessen,
So schnell wie dich die Wolken überschatten.
Da zuckt ein Blitz aus schwarzem Wettermantel,
Und eh' du dich besonnen von des Donners
Gekrach, schon raucht, schon steht dein Haus in Flammen.
Nun schnell ist wiederum das Weizenfeld
Vergessen, wie die Rose und der Kirschbaum
In neuer Gluth der neubetroffnen Seele.
Da trägt die Mutter wen dir aus dem Hause,
Wen trägt sie todt hervor — sieh . . . deinen Knaben,
Den ihr und dir der Blitz erschlagen hat,
Selbst ihr verstummter Mund, ach, ruft es laut,
Des Knaben Blässe, sein gebrochnes Auge,
Wie er im Regengusse vor dir liegt
Und Himmelswasser seine Locken netzt,

Die leichtversengten schwarzen goldnen Locken!
Und nun ist wieder schnell das Haus vergessen,
So wie das Weizenfeld zuvor den Kirschbaum —
Der Kirschbaum dir die Rose ausgelöscht;
Du siehst, du fühlst nichts anders als den Knaben.
Da trifft ein Blitzstrahl rasch dich selbst vom Himmel —
Der Himmel ist dir plötzlich aufgethan,
Du bist gestorben — und du stehst vor Gott,
Du stehst vor Gott in göttlichem Erstaunen,
Und in dem Anschau'n ist dein schöner Knabe
Nun auch vergessen — und die ganze Welt! —
— Und sollte ein Gedanke an den Gott
Dich, o Lebendiger, nicht doch vermögen,
Geringer Leid zwar ganz nicht zu vergessen,
Doch ruhig, menschlich, göttlich anzuschauen,
Wie Leid und Freude dich zu ihm erhebt?

## XX.

Worauf man dir erst Gift und Galle streut,
Gleich nimm das lieber nicht — das lehne ab!
Und wohler wirst du, edler dich befinden
Nach kurzem Augenblick des düstern Muthes.
Das ist die Keuschheit, die dem Manne ziemt,
Die Keuschheit der Gedanken, des Empfindens.
Hast du Gerechtes nicht begehrt — geh' in dich!
Hast du Gerechtes nur begehrt — erwarte
Wach deine Zeit; der mildgewordne Sinn

Wird mild und menschlich dir es selber bringen!
Und mild und menschlich sollst du nur empfangen!
Sei das nun Amt, Lohn, Gut und Freiheit, Liebe,
Ja sei es Glück des Lebens, selbst das Leben —
Und könnt' ein Gott dich in das Leben stoßen,
Daß unanständig du darin erschienest,
Dann ziemte dir selbst gegen ihn — ein Blick!
Die Keuschheit der Gedanken, des Empfangens
Bewahre hoch! sie heißt bei Menschen — Stolz;
Und jedem Menschen ziemt der Menschheit Stolz.

---

## XXI.

— 1 Buch d. Könige 12, 6—16.

Hoch auf dem Regenbogen steht ein Geist
Und ruft mit Wolkenstimme laut: Ihr Menschen!
Ihr Menschen alle! Hört und seht: „es regnet!" —
Und wenn ihr's faßt, lacht ihr den Narren aus:
Denn eine Wahrheit sagt er, die ihr habt.
Doch aber wenn in stillem Abenddunkel
Ein Armer dir mit bangverzagter Stimme
Kaum hörbar sagt: „O hilf! — ich bin ein Mensch —"
Den lache nicht aus! denn du bist ein Mensch,
Und eine Wahrheit sagt er, die du sollst:
Und wenn er dir's am Tage sagt, getrost
Und sicher, heiter, voll von schönem Zutraun —
Und wenn es dir nun alle Menschen sagen:
„Mensch, steh' uns bei!" Gilt das nun weniger?

Sie lache nicht aus! sie sind alle Menschen;
Und Tag und Nacht, bei Menschen und bei Gott
Gedenke ihrer treu mit Hand und Mund,
Mit Rath und That, ja träumend noch und schlafend;
Denn was die Seele mit sich in den Schlaf nimmt,
Das ist ihr Liebstes! Das soll bei ihr sein!

---

## XXII.

Des Menschen Hauptwerk ist das Dasein ganz,
Und alles Einzelne ist Nebenwerk,
Das Beste, Schönste selbst, und daur' es auch
Sein halbes Leben. Mit dem ganzen Leben
Gab ihm der Gott das heiligste Geschäft,
Dem keine That, kein Werk des Menschen gleichkommt.
Denn sieh! ein Ungeheures, Schönstes ist es,
Als Mensch geboren sein! ein schweres Amt,
Des Menschen Thränen alle durchzuweinen!
Des Menschen Freuden alle durchzufühlen —
Ein unaussprechlich Amt auch ist's zu sterben.
Das ganze Leben ist erst Eine That,
Wie es nur ein Gedanke war des Meisters.
Dem Weber ist das Weben — Nebenwerk;
Dem Fischer ist das Fischen — Nebenwerk,
Dem Arzt das Heilen, selbst dem Vater ist
Das Kindergroßziehn Nebenwerk; der Mutter
Sie ihm zu tragen, und dem König ist
Das Königsein doch Nebenwerk; wenn auch,

Wie Jedem Jegliches, ein ernst Geschäft.
Drum was du Hauptwerk klein und irrig nanntest,
Nun heiß' es Nebenwerk! und Nebenwerk
Nun nenne Hauptwerk, — Arbeit, stille Treue,
Und treues Lieben, Weisesein und Freude.
So giebt es wenige verfehlte Menschen,
Es giebt nur wenig Unglückselige,
Und auch noch diese wenig unglückselig!
So goldenfest und treu hat allen Wesen
Der Gott die eignen Güter zugetheilt,
Wie angeschmiedet an den goldnen Born!
Der flügellahme Storch nun wandert zwar
Nicht fort, er kehrt nicht wieder; doch er wohnt
In seinem Elemente, baut sein Nest,
Und auch sein Weib bleibt bei ihm mit den Kindern;
Die kranke Muschel bildet noch die Perle;
Der blinde Bär noch findet seinen Honig.
Und auch der Mensch kann nie und ganz auf immer
Sich aus dem Menschenkreis verirren, kann
Unmenschliches nie fehlen, also daß er
Der Frucht des Lebens ganz verloren ginge;
Und Niemand kann so Hohes je verrichten,
Daß er noch mehr werth wäre, als ein Kind, —
Des Menschen reines, allgemeines Loos!

## XXIII.

Ein großes Wort tönt durch die Himmelshallen
Und Tag' und Werke, Sonne, Mond und Erde,
Sie sprechen aus das lebensfrohe Wort:
„Das Schaffen hat nur Werth, nicht das Geschaffne;
„Was wird, das lebt! Gewordenes ist todt."
So glaubt der Mensch: Das All ist nicht geschaffen,
Sonst wär' es todt. Es lebt und wirkt und währt;
So ist denn keine Schöpfung: Ein Erschaffen,
Ein unaufhörlich Schöpfen ohn' Erschöpfen
Nur ist: es giebt nur eine große Werkstatt,
Drin alle Hämmer leben, alle Zangen,
Die Blasebälge, Feuer, Wasser, Amboss',
Und mit dem einen großen Meister leben
Die kleinen Künstler; aber ihre Werke
Vollenden sie, und fertig sind sie todt.
Sie werden Staub — und mit der Welt vergessen.
Der große Meister aber endet nie,
Und Alles, was er macht, wird nimmer fertig.
Schon Millionen Jahre schafft er — und
Noch keine Blume hat er fertig! nicht
Das Veilchen, nicht die Rose, nicht den Klee,
Die Palme, nicht den kleinen Gundermann!
Den Mond, das Gras, nicht das Johanneswürmchen!
In jedem Jahre schafft er eifrig dran.
So schafft er eifrig auch am Menschen fort;
Und da er götterhaft zu seinen Werken
Geworden, sie mit seinem Geist beseelt,

Sich in die Heil'gen heilig sich verwandelt,
Um Alles selbst zu sein, und selbst zu kennen,
So helfen alle Werke hold ihm schaffen,
Ein jedes Veilchen hilft am Veilchen schaffen,
Ein jeder Oelbaum hilft am Oelbaum schaffen,
Die Nelken helfen an der Nelke schaffen,
Die Menschen helfen an dem Menschen schaffen,
Jedwedes hilft an seinem eignen Werden,
Die Muschel und die Bäume — und das Meer!
Denn auch die Werkstatt hilft die Werkstatt selbst
Erschaffen, neu ihm machen, blank erhalten,
Als wär' sie erst heut Morgen aufgethan.
So hilft das Eine treu das Andre schaffen!
Das Meer die Wolken; und der Wind den Regen,
Der Regen Gras, das Gras die Lämmer — und
So wird er selbst nicht fertig, selbst die Werkstatt
Wird nimmer fertig, nicht die schöne Aster,
Die Abendröthe nicht, und nicht der Herbst,
Die Traube! nicht der Mensch und seine Freude,
Und in dem ew'gen Werden wird er ewig,
Und ruhig und verständig spricht er selbst:
„Das Schaffen hat nur Werth, nicht das Geschaffne;
„Was wird, das lebt; Gewordenes ist todt. —
„Das große Wort tönt durch des Himmels Hallen."

## XXIV.

Holdselig hält das Kind die ganze Welt
Für sich, für Eins; und ungeschieden groß
Ruht Alles ihm im Chaos stiller Liebe:
Die Sonne und die Aeltern und die Blumen;
Und zauberhaft, verkleinert nur, und klein,
Erscheint es wesentlich ein Gott an Kraft,
An Seligkeit: das All als Eins zu fühlen;
Und Alles, was es hat, das nennt es: dein,
Weil ihm die Mutter sagte: „Das ist dein!“ —
Der Knabe glaubt: Er — sei es ganz allein;
Und wie im Mutterschooße, trinkt er, hüpfend,
Aus tausend Adern sich das Blut der Welt,
Er selbst zu werden in der Sonne Reich. —
Der Jüngling bricht dann wunderbar in Zwei,
Wenn er die schöne Jungfrau vor sich sieht;
Er fühlt, was ihm zum Mann, zum Menschen fehlt:
Das ist das Weib — und führt sie jubelnd heim.
Und in dem Haus und in der Kinder Schaar
Erlischt allmählig ihm das Doppelbild —
Er ist zu ihr, sie ist zu ihm geworden,
Und — Einen Menschen stellt das Paar nun vor.
Und seltsam, doch natürlich nur betroffen
Fühlt sich der Mann nun wieder ganz allein —
Doch ist er ganz! Das giebt ihm Ruh' und Würde.
Denn alle Tausend sind nicht mehr als Er!
Nur Mehrere. Und Er ist wie der Wirth
Der Erde in dem frohbelebten Hause,

Und seine Gäste dünken ihm nun selbst
Die Wolken! und die Sonne! und die Sterne,
Die Kinder — Bäume — Blumen — selbst sein Hund!
Denn er ist auch ein Vater, eine Welt
Mit seinem Weibe! und nun, wie dem Kinde,
Ruht Beiden Alles in geordneter,
In lauter Liebe, laut wie ihre Kinder!
Und sichtbar, gegenwärtig, wie die Sonne.

---

## XXV.

Wie viel sind Elemente? — „Ueber Hundert!" —
Zu wenig! Sind nicht Geister-Elemente?
Die einzigen vielleicht, und davon schweigt es!
Gestalten-, Bilder-, Masken-Elemente?
Willst du den Menschen auch dazu nicht rechnen?
Die Schnecke? Ja ihr Haus! und jeden Ziegel
Auf ihrem kleinen Haus! Der Elephant
Ist noch so unauflöslich — wie die Rose,
Und lange, lang noch wird der Kolibri,
Die Biene und der Honig, und das Auge
Der Flieg', und Sonne unauflöslich sein,
Bis einst nur lauter — Elemente sind,
Nicht Element, nur Zahlen, und nicht Zahl.
Das Mohnhaupt sind — die Millionen Körner.
Und ist das Lug, dann ist der Mensch verloren!
Der Mensch — der selber glaubt der Mensch zu sein.

---

## XXVI.

Der Knabe hat sich in die Hand geschnitten,
Und voller Blut, tritt er den Vater an:
„Ach! — Vater! — ist denn Blut in meinem Leibe?
„Und bin ich nicht — nur so, wie soll ich's sagen,
„Und leb' ich nicht — ich weiß es nicht zu sagen —
„O Vater! sag' es deinem lieben Kinde!
„Denn ich vergeh' vor Angst — aus rinnt das Blut!
„Muß ich nun sterben? ach, kommt nun der Tod?"
Und lächelnd spricht der Vater zu dem Knaben:
Du junger „alter Geist" soll ich dir's sagen, —
Du lebest nicht „nur so" als nichts, und nirgend
So ohne Hand und Leib und Welt und Blut:
Du lebst in Blut! Doch rein, unangefochten,
Von diesem rothen Saft der Elemente!
Du hast von unsrem Gott gehört: Er selber,
Er selber lebt in diesem Leib der Welt
Als klarer Geist, lautredend holder Liebe
Zu seinen Kindern, so wie ich zu dir,
Lebt er im Blut, so rein, unangefochten
Von diesem rothen Saft der Elemente!
Und daß es dir aus deiner Hand hier rinnet —
Gedenke sein! Gedenke deines Lebens —
Gedenke so der Welt, gedenke Gottes,
Der in dir lebt — so wie in seinem Blute!
Und du in seinem Herzen, lieber Knabe!

Nun ehre mir das abgestreifte Blut,
Begrab' es unter deinen Rosenstrauch:
Es ist der Leib des Gottes und der Liebe,
Und Rosen wirst du sehn aus ihm entblühn!

---

## XXVII.

Ein jeder Mensch muß in des Lebens Wüste
Das Brot der Menschen und der Erde Gaben,
Lang darbend, bang nur wie im Traum genießend,
Sein eignes Herz, die großen Flügel lösend,
Dem jungen stillerstaunten Adler gleich;
Ein Jeder muß auch auf des Tempels Zinnen,
Die Herrlichkeiten aller Welt zu prüfen,
Und seinen Geist sich keusch zurückzunehmen;
Selbst zu den Todten mußt du niederfahren
Lebendig, und zum Himmel wieder auf.
Erst wenn du oft und viel gezweifelt hast,
Wenn du verzweifelt bist, wenn du die Welt
Der Welt gelassen, dir gelassen bist,
Was ist, und was geschieht, gelassen schauest,
Du dich an Tod und Leben hingegeben —
Als wäre dir das theure Herz gestorben —
Und dir in blassen Farben, leise, leis,
Gleichgültig, neu der alte Lenz hervortritt,
Mit eigner Macht aus seinem Erdengrabe —
Erst dann, dann bist du! Dann erwacht das All dir,
Dann fängst du an zu leben, und lebst herrlich

Und göttlich in der Geister altem Kernhaus —
Dir fällt vielleicht aus grauer Urzeit ein:
Das Werk, das dich so tief und ernst erschüttert,
Das du so menschenkindisch angeschaut,
Es soll ein heitres Werk, ein schönes Werk
Sein! heiter dir, und schön und leicht und freudig,
Wie deine alte frohe Göttersee le.
Denn nichts ist ernsthaft, was vergänglich ist,
Am wenigsten der Tod, und Todtengrüfte:
Es sollte nur dem Geist etwas bedeuten,
Dem felsenfesten in dem Meer der Zeit,
Der auf den eignen Ankern ruhet, leicht,
So wie ein Schiff auf sonnenhellem Spiegel
Des tiefen, schauervollen Meeresschwalls.
Wer nicht sein Herr ist, und ein Herr des Lebens,
Der kann nicht leben, und der lebt noch nicht!
Der schwirrt noch unter blauem Himmelsdome,
Wie Fledermäuse in der Pyramide —
Du hast sie schwirren hören, selbst geschwirrt.

---

## XXVIII.

Soll erst ein Donnerschlag am heil'gen Morgen
Aus ihrer Gruft die Schläfer, rollend, wecken?
Soll sich die Sonn' erst schwarz zu Mittag machen,
Spricht nicht das leise Sonnenlicht schon tönend:
„Ist das nicht auch noch alles menschlich, alles,
Was du mit deinem Herzen und Gedanken

Ergreifst, das Göttliche, Unsterbliche
Und Gute? Wird es menschlich nicht in dir?
Nimmst du dir nicht dein Eigenthum nur heim,
Wie sich das Kind des Hauses Blumen pflückt?
Hör' auf von Uebermenschlichem zu reden;
Dem Menschen ist nichts übermenschlich, nichts,
Denn menschlich ist auch Hoffen, Ahnen, Glauben,
Ja Träumen, Schlafen, Sterben. Sag', wie könnte
Ein Mensch nur sterben, wäre nicht der Tod
Auch menschlich, Mencheneigenthum! — Du bist Geist,
Sei Geist! Und was der Geist ist: habe Alles."

---

## XXIX.

Komm mit mir in's Gedankenreich und träume:
„Dich führt ein Gott in dieses Leben ein,"
Er läßt zuvor die Welt dich überschauen,
Zeigt dir zuerst die Millionen Gräber
Der aller vor dir Hingegangenen!
Er läßt dich ihre Schmerzen alle hören
Im Wind — dich alle ihre Thränen sehen
Als Meer, dich ihre Werke schaun — als Staub,
Daß dir die Seele bebt, das Haar sich sträubt —
Und du, du schlägst vor Zorn ihm in's Gesicht! —
Er sagt dir: Untergehn dort muß die Sonne!
Aus Tag und Nacht besteht der Menschen Leben! —
Er sagt dir: Dort die Blumen müssen sterben,
Du selbst, du mußt einst an dem Stabe gehn

Mit grauem Haar, und in die Gruft versinken —
Und du, du schlägst vor Zorn ihm in's Gesicht! —
Er sagt dir: Während du das Leben lebst,
Wird Kält' und Hitze, Schmerz und Noth dich drücken,
Zum bittern Feinde wird der Freund dir werden,
Die Wahrheit reden wird dein Glück dir kosten;
Wenn deine Kinder groß sind, werden sie
Von dir hinweggehn in die weite Welt,
Dein schönes Weib wird alt und häßlich werden;
Zu Tausend werden sich die Menschen würgen,
Die höchste Schmach thut Mensch dem Menschen an —
Und du, du schlägst vor Zorn ihm in's Gesicht,
Als sag' er Lügen dir, ja Schreckenwahres! —
Und thust du im Voraus so ungestüm,
Dann wirst du nicht hinein in's Leben wollen.
Und lebst du mitten in dem schönen All,
Und denkst so eigenmächtig, wie du dachtest,
Dann wirst du frevelnd aus dem Leben wollen;
Du wirst das Menschliche mit Haß erdulden,
Du wirst nicht leben, nein, du wirst dich quälen!
Der Unzufriedne schlägt den Gott in's Antlitz.
Darum: mit dem zufrieden sein, aus dem
Durch eigne Kraft ein frohes Glück sich schaffen,
Woraus das Leben einzig dir besteht —
Das ist die Macht, nicht fern der Allmacht gleich,
Die, was der Mensch ist, weiß, und will und thut.
Und also thut das große Volk der Menschen,
Das mehr um Brot sich kümmert, als um Tod.

## XXX.

Was sollst du, Mensch, nun mit dem Volk des Menschen?
Du Einer, mit den tausend Ebenbildern?
Was kann der eine Tropfen mit dem Meere,
Was soll das Sandkorn mit Gebirgesketten!
Denn daß so viele Tausend Legionen
Rings Menschen sind und sich der Sonne freuen,
Der Erde freuen und des schönen Lebens,
Das, ach! empört dein Herz dir mit Entzücken,
Und willenlos erhebst du deine Arme,
Als sollt' ein Freund an deinen Busen fliegen,
Als solltest du der Braut an's Herz dich stürzen,
Und aufgeregt schon thust du irre Schritte!
Nein! Bleibe, bleib' auf deiner Stelle ruhig,
Du kannst doch nicht zu allen Hütten hin,
Hin über alle Meer', in alle Inseln!
Die Sonne selber kann zu allen nicht
Herab, zu jedem Tisch der Menschen steigen —
Bescheint sie nur, wirft eines Jeden Schatten,
Geht Jedem auf und bringt ihm seinen Tag,
Geht Jedem unter, gönnt ihm seinen Schlaf.
Und willst du mehr vermögen als die Sonne,
Die auch so eng beschränkte, die am Himmel
Mit ihrem hellen Auge selbst doch blind,
Nur scheint, nicht schaut! Du aber hast ein Herz!
Dein Aug' ist wach, wach über all' den Lieben,

Und deine Liebe brütet wie die Glucke
Warm über ihnen — mit so engen Flügeln!
Und Nichts vermagst du in die Fernen hin,
Zu sein, zu thun, ja nur ein Wort zu rufen!
Sie leben ungekannt dir schweigend Alle!
Du lebest ungekannt und schweigend Allen!
Sie Alle kommen nimmermehr zu dir,
So wie das Meer zum Wassertropfen nicht.
Doch einer und der andre Mensch des Meeres
Von Menschen kommt an's Ufer mit der Fluth,
Als Welle wohl zu dir, am Strande wohnend,
Und du empfang' ihn wie den Abgesandten
Des Volks! Er sei dein Gast im frohen Hause!
Und was der Keller, was der Schrein verwahrt,
Das spare, schone nicht auf größern Tag!
Der größte Tag ist, wo ein Mensch dir naht.
Und kommt er von dem weiten Meere krank
Und abgerissen, pfleg' ihn, kleid' ihn neu,
Bericht' ihm ehrlich, wie's im Lande steht,
Und gieb ihm deinen Pfennig auf die Reise,
Der Liebe Pfennig, und des Segens Wunsch.
Bei jeder Morgenröthe tritt auf deinen Berg
Und bitt' um einen guten Tag der Menschheit;
Bei jeder Abendröthe tritt auf deinen Berg
Und bitt' um eine gute Nacht der Menschheit.
Und — was du Allen, Allen, alles wünschest,
Verweigre nicht den Deinen! nicht dir selbst!
Nein, mit gesammelt mächtig reger Kraft
Besorg' es dir, besorg' es deinen Lieben!

Denn: „Ich bin auch ein Mensch!“ so sagt das All;
Ihm sag' es du nach: „Ich bin auch ein Mensch.“
So sage Jeglicher! Auf daß es wahr sei,
Was Gute fern den fernen Lieben wünschen!

---

# October.

## I.

Du helles Purpurdach der bunten Erde,
Das heiligschweigend ihren Herbst bedeckt,
Die junge rothgespitzte Saat, die Augen
Der Bäume, die sie in dem neuen Frühling
Aufschlagen werden — schönes Himmelsschild,
Wie rührst du mich! Wie gleichet doch das Große,
Das Göttliche, dem Kleinen, Irdischen!
Und ach, wie gleicht das Kleine, Lebende
Doch treu dem Großen, dem Unsterblichen!
Und so vergleich' ich dich, du Purpurdach,
Der Mutter hier der seidnen Purpurwürmchen!*)
Nach der Begattung starb ihr Mann alsbald.
Sie aber lebte wohl noch einen Mond.
Auf Einer Stelle bleibt sie ruhig sitzen,
Bis sie die Kinder all' hervorgebracht.
Je mehr sie an das Licht geboren hat,
Je dünner wird die arme Mutter selbst,
Und trocknet endlich ein zu einer Kruste;
Und unter dieser wohnt ihr kleines Volk
Noch eine Zeit lang, sicher und gedeihend,

*) Der Cochenillenwürmchen.

Wie unter einem schönen, heil'gen Schild,
Der wie zum Haus erstarrten Mutterliebe! —
So bist du, purpurrother Abendhimmel,
Der heiligschweigend jetzt den Herbst bedeckt:
Die wie zum Haus erstarrte Mutterliebe,
Worunter wir noch eine Weile wohnen,
Die junge rothgespitzte Saat, die Augen
Der Bäume, die sie in dem neuen Frühling
Aufschlagen werden — aber du bist hin.

---

II.

Wenn nun im Herbst die Bäume laublos stehn,
Die Sonne auf die braune Erde scheint,
Die nicht zu Untergang, Unfruchtbarkeit
Bestimmte Erde — und nun durch den Fall
Des Laubes lieblich-heimlich an den Zweigen
Die neuen kleinen schon bereiten Knospen
Sich zeigen, ganz unläugbar unabweislich
Nach alle dem verklungnen fernen Leben
Nun da sind, mit dem heil'gen ew'gen Anspruch
An Leben, Erde, Sonn' und Menschenherz —
Ach, dann durchblitzt der kalten Sonne Licht
Der neue Frühling, und das Menschenherz
Lebt in der Zukunft! lebt mit dir, Natur,
Und fühlt unsterblich-jung von deinem Hauch
Sich schon, von deiner Ahnung, ew'ge Mutter!
Nichts steht allein. Nichts kann allein bestehen.

Was ist, bedarf des Anderen zu sein;
Was lebt, bedarf des Anderen zu leben;
Die Sonne geht nicht ohne Sternenuhr,
Und ohne Aether-Oel-Meer brennt sie nicht.
Die Erde zeigt auf ihrem Zifferblatt
Kein Gänseblümchen ohne Sternenuhr.
So werden hier die dürren Rosensträucher
Nicht wieder Blätter bringen — nicht ein Grashalm
Wird wieder aufstehn ohne allen Beistand
Des ganzen All's, ohn alle Zaubermacht
Bis aus der tiefsten Ferne, die bis hieher
Zur Erde ruft mit ungehörter Kraft!
Und du, o Mensch, willst nur auf dir beruhen?
Durch dich bestehen, ohne Einen Menschen
Und ohne Alle? ohne alle Welt?
Hier beuge dich! Bekenne laut und froh:
Ja, ich bedarf dein, schönes reiches All!
Ja, ich bedarf den Thau, der Nachts sich senkt,
Das Wolkenziehen, und das Lüftewehen,
Zu jedem frischen Athemzug; nur um
Die Hand zu sehn, geschweige, daß die Mutter
Ihr Kleines auf dem Arm durch Blumen trage;
Ja, ich bedarf die Menschen, und den Bettler,
Selbst jedes Kind, das irgend mir begegnet,
Den Vogel selbst, der schnell vorüber fliegt!
Das Wetterrauschen und den stillen Blitz,
(Denn dieses All braucht unersetzbar seiner)
Ja, ich bedarf den Tod, bedarf das Grab
Zum Leben! zum Gedeihen! zur Erfüllung! —

Mehr, wie der dürre Apfelbaum zum Blühen
Die feinen kunstbegabten seh'nden Hände
Der stillen Geister, die den Frühling bilden —
Denn ich bedarf die Geister, als ein Geist!
Und ich bedarf das Lieben, als die Liebe!
Und das Geliebtsein, als den Lohn des Lebens.
Geliebtsein ist selbst nur des Gottes Lohn.
Wer sagt: „Du bist!" der sagt: „Ich liebe dich!"
Wer sagt: „Ich liebe dich!" sagt nur: „Du bist,
Bist mir!" Drum lerne tausendfache Liebe
Durch tiefes Schau'n: „Was du nicht bist — ist Alles!"

---

## III.

„Nun sterben alle Blumen! Alles geht
Mit stiller Eil dahin zurück, woher
Es jüngst gekommen, und viel schärfer, banger
— Als erst der Frühling mit den Blüthenzweigen —
Zeigt jetzt der Herbst mit seinen tausend öden
Verdorrten Blumenstengeln nach dem Himmel:
Dem Aether, aller Dinge Born und Gruft;
Und dieses Schweigen bricht mir fast das Herz,
Des blauen Grabes übermenschlich Schweigen,
Und dieser dürren Blumenhäupter Schweigen,
Die duldend sterben, wie sie duldend lebten.
O wahrlich! Wir sind besser als die Blumen,
Doch glücklicher sind Blumen als die Menschen;

Ja selbst das Laub, das uns zu Füßen raschelt,
Nicht sich erschreckt, nein, nur der Menschen Herz."

So lieblich ist das Bild schon der Geduld,
Daß du die Blumen preisest — die nur dulden.
Nicht „Dulden" ist Geduld! Mit reinem Herzen,
Mit Himmelsseele Erdgeschicke tragen,
Sich selber fühlend, über ihnen lebend,
Wie über Wolken klar die Sonne scheint —
Das ist Geduld! Mit schuldbewußtem Herzen
Geduldig scheinen, ist nur Strafe tragen.
Das Unverstandne froh und leicht, wie Schlangen
Statt Fische, tragen — das ist Unverstand.
Geduld ist nur der besten Menschen Schmuck,
Mondbregenbogenschön, so schön nnd selten.

---

## IV.

Das Böse kennst du nicht. Es ist unmöglich
In dieser Welt — der ausgesprochnen Liebe.
Nur das Bedauernswürdige, das kennst
Du wohl, recht wohl, des Sonnenlichts Verblendung,
Des Eilens hastiges Verirren. Ja,
Ich kenne auch das Jenseit jedes Herzens,
— Der Andern eignen Heerd erkenn' ich an —
Das, was für dich und andre Menschen Haß
Und Raub und Schandthat, Mord und Frevel scheint,
Auf dieser Seite scheint, — auf jener Seite

Des Lebenden und Liebenden ja auch
Nur Gabe, Ehre, Treu' und Liebe ist, —
Auf ihre Weise, auf des Menschen Stufe,
Wie, oft verdunkelt, er die Welt begreift,
Den eignen Heerd, das eigne Herz versteht,
Vertheidigt, und sein Gutes lechzt zu thun.
Und willst du das Nothwend'ge Böses nennen?
Die Werke — ohne welche sich die Spinne,
Die Wespe und das Crocodil, der Tiger,
Selbst die Hyäne nicht das Leben fristet —
Die Werke, ohne die sie nicht das Wesen
— Das plagend und geplagt dir scheinende —
Nicht wären, so wie du der Mensch nicht wärst,
Wenn du das Menschliche nicht ihnen thätest.
Und wenn, den Tiger zu verschlingen, wohl
Ein wenig Zorn der Riesenschlange kostet,
Vergieb es ihr — auch du bist oft so hungrig,
Und Lust bedarf's, den Pelz auch mit zu essen!
Doch all das tausendfache, tausendjähr'ge
Gewürge in dem Wasser-Meer, dem Luft-Meer,
Auf allen Sternen rings, in Wald, auf Erden,
Es ist dem klaren Menschensinn nicht mehr,
Als wenn ein Veilchen einen Tropfen Thau schlürft,
Als wenn ein Mensch zu seinem Tische tritt
Und betet: Herr, dein Knecht will essen — leben!
Denn nach dem erstenmal Geborensein
Ist essen: Aller tägliche Geburt,
Und ohne Essen ist — nach aufwärts hin
Betrachtet — keine Schöpfung, ist kein Leben,

Und ohne Lieb' und Schöpfung ist kein Gott.
Und Essen ist die große Noth der Welt
Die große Nöthigung, der heil'ge Zwang:
Und ganze Ströme Lebenstrank verschlingen
Die Sonnen und Gestirne immerfort,
In jedem Tropfen Fülle von Geschöpfen,
Selbst Geister sollen sie auch zu sich nehmen.
Nun sieh', an meiner Fensterscheibe hält
Die Wespe die Schönfliege fest; sie zehrt
Die Lebende allmählig auf: sie höhlt
Sie aus — und könnte selbst die schöne Fliege
Das Miserere singen, und die Psalmen
Des König David beten, schreien, wimmern,
Sie würde nicht — sie fühlt nicht Menschenschmerz,
Des feingewirkten Menschen Angst und Gram,
— Sie saugt mir Honig, sterbend, von der Hand,
Sie ahnet nicht den Tod — sie ist nur Brot;
Dem Crocodil ist selbst der Mensch nur Brot;
Und wie dem Menschen hunderttausend Thiere
Nur Brot gewesen, so nun ist er Brot
Einmal dem Thier; wie Er der Tod gewesen,
So ist ihm die Natur nun in dem Löwen
Der Tod. Nichts Andres. Und ist Unglück hier,
Ist Schmerz — Kein Böses ist hier nicht!
Und wenn dich das beruhigt, guter Mensch,
Daß nicht ein Böses sei in diesem All,
Dem Werke der vollkommnen reinen Liebe,
In jedem kleinen Werk — dann lebe ruhig,
Erlöst vom Wahn der Schrecken um dich her!

Denn äße eine Wespe nur aus Bosheit
Je eine Fliege, dann verschüttete
Mit Recht der Himmel sich auf immerdar!
Der Gott ist nicht: Ur-Crocodil, Ur-Tiger,
Wie du die Schrecklichen dir eingebildet —
Das Crocodil sogar ist kindisch noch,
Ein Kind der Hecht im See, der, seine Beute
In Zähnen, tagelang mit ihr dahinschwimmt!
Und sei erst sie — dann sprich dem Gott das Urtheil
Und nenn' ihn Ahriman und nenn' ihn Teufel.

---

## V.

Ein guter Tisch ist eine süße Folter,
Dem Thoren hold durch Wein und leckre Speisen
Auch sein geheimes Denken abzulocken,
Ja selbst von sich und Anderen zu lügen.
Wer da verschweigen kann — ist weiter her!
Ein Zugereister, der nur hört und lernt.
Den Menschen allen eben ist die Erde
Ein guter Tisch und eine süße Folter;
Der Wirth sogar hat sich zurückgezogen;
Nun müssen sie, was irgend sie bezaubert,
Was irgend sie bedrückt, in Worte fassen
Was sie gesehn, gehört, gelernt, verrichtet,
Breit und gefällig austhun. Wäre Einer
Noch schüchtern, löset ihm ein schönes Weib
Das äußerste Geheimniß noch vom Herzen.

Und endlich steht er leer auf, wie die Flaschen
Umher, doch froh: daß er sich ausgeredet!
Die viel dazuerfunden, das sind Dichter,
Die für die Dumpferen das Wort genommen,
Wie ältere Geschwister für die Kinder.
Wer da verschweigen kann, ist weiter her!
Ein Zugereister, der nur hört und lernt.

---

## VI.

Das ist die große Lüge dieser Welt:
„Der Tod ist wie ein Schlaf und wie ein Traum."
Wie lang ist Jemand todt? — bis Morgen auch?
Gleicht Weiterleben nur von fern dem Traume,
So ist dir besser, weiter nicht zu leben,
Als aufgelöst, befreit von jeder Tugend
Und Sitte, Abscheuwerthes wollend thun
Und leiden, wie ein Träumender es muß,
In seiner eignen Seele Traumgebilden
Selbst elend, schlecht und Schlechten unterthan,
Der, wachend, frei und edel that und dachte!
O glaube froh! Der Geist ist Wille! glaube:
Der wahre Wille ist „Das Reinste" wollen.
Drum ist kein Schlaf, kein Traum: der Tod; und darum
Ist auch der Tod kein Traum, kein Schlaf — er ist
In diesem schönen All viel eher Nichts
Für Geister, als in Element versinken!
Der wahre Mensch ist wahrer Geist. Dem Geiste,

Dem einen, einz'gen Hauptwort in der Welt,
Ist jedes andre Wort doch nur ein Beiwort!
Ein Beiwort: Unglück; Glück; Geburt und Tod;
Und, sei's gesagt: auch Liebe ist sein Beiwort.

---

## VII.

O sieh, der Nelkenflor ist auch dahin,
Und diese Nelken werden nie mehr duften,
So lang der Himmel bleibt. Du dachtest wohl:
Sie werden einen Tag und alle Tage
So fort dir blühen, als du sie erstaunt
Entdeckest, aufgeblüht in solcher Pracht!
Und dann versäumtest du sie . . . einen Tag
Und alle Tage — bis sie nun dahin sind,
Und du erschrickst! Erschrick nicht so im Leben
Der Menschen je! O siehe doch die Augen
Der Freunde und der Lieben alle dir
So schön, so hold auch blühen! Denke, sie
Auch blühen dir nach ihrer eignen Zeit,
Auch sie vergehn nach ihrer eignen Zeit
Und sind dahin — du hast sie nur besucht,
Du hast sie nur versäumt. Versäumt, die Holden?
Ach, jegliche Gestalt ist einzig; jedes
Gebild, das aus der heiligen Natur
Hervorgegangen! — — — weil so Viele kommen,
Heran sich drängen, täglich, viele Tausend,
So täuscht dich das mit Schein des festen Lebens

Der Einzelnen, mit dir zugleich die Erde
Betretenden, die Sonne Schauenden.
Der Sonne leises Licht — nein: Euer Licht
Verduftet leise — ungemerkt — und Du,
Du wirst dem Freund kein Wörtchen sagen können!
Ein Wort, ein Händedruck, ein Blick von ihm
Wird theurer sein als eine ganze Sonne!
Unmöglicher als Flamme aus der Asche!
So fordr' ich nicht von dir, ich bitte nur:
Erkenne klar die Gegenwart! die Deine,
Die Einzige und schätze sie so einzig!
Und was du hast, steh' immer dir vor Augen,
Und gebe dir zum Herzen — wie dein Blut!

---

## VIII.

Anstaunenswürdig ist des Menschen Seele,
Die stets so rein sein will als blanker Stahl,
Durchsichtig wie Krystall — nur gern durchschaut:
Und jeder kleinste Makel drückt sie schwer —
Sie ist nicht rein! und tief durchbeizt sie Demuth
Und Scham nicht nur vor jener Sonne Auge,
Nein, vor dem Kind' erst, vor den Blumen recht!
Das war ihr nöthig, um die göttliche
Zu sein, zu bleiben, immer neu zu werden.
Die Jungfrau — andern Fehls sich nicht bewußt —
Sie weint nun um drei Sommersprossen auch,
So wie im Kerker jetzt der Nüchterne,

Der einen Zänker, schwerberäuscht, erschlug.
Und wieviel Göttersinn und Himmelsfeuer
Auf Erden rings im Busen aller Menschen
Als Angst, als Gram, gleichsam verraucht, verschwält,
Das macht das Angedenken an die Menschheit,
Die gute, gar so schön und werth dem Guten.
Und wer auch kein Geschäft auf Erden hätte,
Dem strahlte eine Welt noch aus zu denken,
Dem blühte eine Welt noch aus zu fühlen.
Das sag' ich Dir, du Leidender, du Kranker,
Du Alter, du Gefangner! — Schlage diesen
Gedanken wie ein Licht dir an im Kerker,
Und himmlisch-helle wird er sein und heiter.

---

## IX.

O scheue, scheue die Lebendigen,
Und presse keinem Kinde Thränen aus!
Sie können einst, und bald, vor deinen Augen
Zu Todten werden, und was du verblendet
Vom Tag je ihnen Leides angethan —
Das hast du armen, armen, armen Todten,
Nun — oder hast du hohen, hohen Geistern,
Nun — oder gar dem Gott, dem Gott gethan!
Unfehlbar aber dir, dir, immer dir,
Und in dich selber stürzt die That zurück,
Blickt dich mit ihrem offnen Auge nun

Die Erde — mit dem Grabe — dafür an,
Blickt dich der Sonne Auge dafür an,
Ja, hält der Todte dir sein Aug' geschlossen,
Still wie ein Kind hin, das du küssen willst —
Des Todten Anblick trifft erst herzzerreißend!
Der Schlag, den du dem kranken Hunde gabst,
Wird dich gereu'n — wenn er gestorben ist,
Wird dich gereu'n — wenn Du gestorben bist.
O presse keinem Kinde Thränen aus!
Und scheue, scheue die Lebendigen!

---

## X.

Warum wohl decken Ziegel selbst so sicher
Ein Dach ein? nicht, weil jeder sich so nah,
So ruhig an den nächsten Nachbar fügt,
Und Regenströme ab am Schilde gleiten?
Doch rückt ein Mensch nur wenig von dem andern,
Wie soll die ganze Menschheit sicher wohnen?
Sie ist ihr Schild, sie selber ist ihr Haus,
Ihr Wirth, ihr Gast, ihr Eins in Allen selbst.

---

## XI.

Das Kleid des Menschen wird ihm bald zu Haut,
Und seine Farbe beizt sich — in die Seele,
Sei es nun schwarz, sei purpurn oder blutroth.
Und was er Tags in seinen Händen führt,
Sei das nun Schwert, sei Scepter oder Elle,
Davon dann träumt ihm Nachts, so wie dem Bettler
Von seinem Krummstab. Endlich auch am Tage
Geht laut der Mensch in seinen Träumen um,
Und höret auf allein ein Mensch zu sein,
Wenn ihm nicht immer auch — vom Menschen träumt.
Drum denke, wer da eine Würde hat,
Dem fehlt gewöhnlich seine erste Würde,
Die die Natur ihm gab als nacktem Knäbchen.
Und darum denk an sie, und leg' ihm das
Treu zu, deß er sich selbst als Thor begab;
Denn wärst du unter heißer Sonne auch
Geboren, färbte deine Haut sich auch.

---

## XII.

„Was ist „das Göttliche“ denn gar so viel,
Daß du daraus, darein, dich und den Menschen spinnest,
Durch dessen — Makroscop du erst es schauest!“ —
Ich weiß es nicht. Doch ist es ganz gewiß;
Und hat vielleicht wohl große Lieb' und Qual

Und Leib und Lust und Arbeit mit sich selbst,
Wenn nicht im Schwung der Kraft ihm Alles leicht ist;
Sogar das Unmaaß Seligkeit noch leicht.
Das Göttliche ist — alles Mögliche,
Ist Eines, darum immer eins mit sich,
Und bleibend, fester als ein jeder Anker,
Um alle Sterne sicher dran zu legen,
Und darum, mein' ich, auch den kleinen Menschen!
Und wär' er auch nur Eisen, nicht Magnet,
Auch dann gehört er — zum Magnetgebirge!
Das zög' ihn an — wie es ihn abgestoßen,
In dieses Leben — gewaffnet als ein Engel!

## XIII.

Der Morgen scheint viel schöner als der Tag,
Und ist doch nur sein heiligstilles Bringen!
Das neugeborne Kind erscheinet heil'ger
Als dann das großgenährte Kind, das Mensch heißt,
Mit Waffen klirrt, heirathet, baut — und alt ist!
Die Jugend scheint viel froher als das Leben,
Und ist doch nur sein innerliches Werden,
Sein Innewerden, Lernen und Bereiten,
Sich, wie der Koch zum vollen Mahl, verhaltend,
Und wie das Brautbett zur vollkommnen Braut.
Und darum, wenn du rings die Dinge alle
Betrachtest und beurtheilst, dann vergiß

Nicht ihren Ursprung, ihren Gang und Ausgang.
Die Eichel ist nicht schlechter als die Eiche,
Denn wieder siehst du's, wenn sie Eicheln streut,
Und als ihr Bestes, nichts als Eicheln trug!
Nur das, was nachbleibt von den Dingen allen,
Das ist ihr Prüfmal, Zeichen und Gehalt;
— Ihr Werth ist abgenutzt so wie ein Mühlstein.
Das Ende schließt sich wieder an den Anfang,
Das Alter schließt sich wieder an die Kindheit,
Der Mensch beginnt, und schließt mit Schlaf — und Schlaf
Kommt aus dem Wachen, und vergeht in Wachen.
Und nichts am Himmel gleicht der Morgenröthe
So auf ein Flämmchen — als die Abendröthe,
Die ruhevoll den Morgen erst beschließt;
Und alles schließet wieder, wie's begonnen.

---

## XIV.

Zum Würdig-leben thu' den Himmel auf!
Thu' Gottes Herz auf, und dann leb' in ihm.
Du lebst in deinem Hause, und dein Haus
Nun wieder liegt im Lande, und das Land liegt
Auf Erden, und die Erde liegt im Himmel,
Sie schwimmt in ihm, sie ruht in Gottes Welt —
Und Gottes Welt ruht tief in seinem Herzen.
Mensch, lebe würdig, sieh, du lebst in Gott,
Gott lebt in dir, er lebt in allen Himmeln,

Er lebt auf Erden, lebt in deinem Lande,
Er lebt in deinem Hause, lebt in dir!
Zum Würdig-leben thu' den Himmel auf!
Thu' Gottes Herz auf, und so leb' in ihm!

## XV.

Wer ist wohl, der auf nächtlich nöth'ger Reise,
Den Führer in die Grube wirft, die Fackel
Auslöscht, und besser so den schönen Weg
Nun wandeln und die Heimath treffen will? —
Das ist der Mensch, der Erderfahrung schmäht,
Und der Vernunft, des Lebens Licht, nicht folgt.
Wer bei Vernunft nicht sieht, dem fehlt Vernunft.
Sie lehrt den Weg, sie treibt ihn auch zu wandeln;
Vernunft ist selbst des Lebens Weg; — wie Platon
Die Fremden, welche mit dem Unerkannten
Gereiset, um den Platon in Athen
Zu sehen, freundlich — zu sich selber führte!
Thu' Alles, was zum Menschsein nöthig ist;
Doch das ist wenig! denn der Mensch ist einfach;
Doch das ist herrlich! denn der Mensch ist viel,
Er ist schon viel, er ist das Meiste längst;
Das Einfache ist groß — auch das Gemüth!
Und einfach ist es schön, und eins mit sich:
Rasch thätig, auch in all' der kleinen Unruh,
Die ihm das Wenige noch mit sich bringt,
Das nur der einfach-ganze klare Mensch

Zu denken und zu wissen und zu schauen,
Zu sagen und zu thun auf Erden hat.
Nie eher wirst du glücklich sein, o Mensch,
Bis du dich nie muthwillig mehr zerstreuest,
Bis du die Kraft der Seele und des Leibes
Dir sammelst! bis du eins und einfach wirst,
Und einfach denkst und lebst und fühlst und liebst:
Das Einfache mit ganzem einem Herzen.
Vereinigung, Vereinfachung, Verschmelzung
Der Güter, die kaum einzeln Güter sind,
Das steht der Menschheit, und der Menschen jedem
Bevor, Ablegen deß, was sie zerstückt,
Und Ganzsein: Eine ungeheure Macht
In Jedem! und in Allen! welche Macht
Und Größe! Innigkeit und Ruhe! Ruhe!
Wer ruhig ist, thut alles Nöthige
Erst recht! das Rechte! Nur der Ruhige
Hat wenig Arbeit — aber viel Vernunft.
So ist der Weg zur Ruhe denn: Vernunft!

---

## XVI.

Gieb keinen „guten Rath!" Nimm guten Rath
Von keinem an! Er legt dir seine Seele —
Du ihm dein Wünschen unter; ihr beschränkt euch,
Statt frei zu machen. Frei geschieht das Gute.
Kein Mensch kann eines Andern Treppe brauchen:
So viele Häuser, so viel andre Treppen.

Wer Rath giebt, zwingt dir seine Treppe auf,
Ja Schlimmeres: sein Leben, seine Weisheit!
Gieb Rath zum Guten! Rath zum Guten höre!
Das Wort ist Grund-Quell: Laß dir Gutes rathen.
Gieb Stimmung, und nimm Stimmung an vom Klange
Des Himmels, diese Glocke schlage an.
In ihm entwickelt sich die eigne Seele,
Wie eine Rose unter Himmelsthau,
Und aus der eignen Fülle so dir eigen
Und schön: die freie That aus freier Brust.
Nur Rath zum Guten irrt nie, schafft nie Reue;
Willst du der Rose rathen aufzublühen —
So wüßtest du, so wüßte selbst ein Gott
In dieser äußersten Verlegenheit
Nicht bessern Rath und noch mehr sichre Weise,
Als daß du ihr das Licht der Sonne gönnst,
Ihr Wasser giebst, und ihr die Raupe fern hältst.
Den Menschen aber — wie den Marmorblock
Willst du ihn achten: ihn zur Stelle wälzend,
Die schicklich für den Marmorblock dir schiene.
Nicht undurchsicht'ger ist der Marmor selbst,
Als eines Menschen Brust und ihm die deine.

## XVII.

Wenn du dereinst gestorben bist, und fort
Aus deinem Haus, aus deinem Leibe fort,
Fort aus der Menschen freundlichem Gewühl,
Und — und du kennest doch noch auf der Erde
Der Deinen Schicksal — kennest du dann nicht
Die Erde? — kennst du dann nicht einen Stern?
Kannst jeden Stern mit deiner Kraft erkennen?
Kennst du dann nicht die Menschheit, ihr Geschick?
Und wer dann mußt du sein, Gestorbener?

## XVIII.

Gedenke deiner Fehler nicht mit Leid,
Mit Rache gegen dich; du strafst sonst jemand,
Der damals noch nicht war, den Besseren!
Du willst dich strafen, also bist du besser;
Heut lebst Du, sie sind nicht mehr deine Fehler.
Gedenke deiner Fehler nicht mit Freude —
Dann sind sie, dann begingst du sie noch heut.
Ungöttlich ist die Reue, die versteinert!
Die dich zu alten Höllengeistern stößt!
Denn in dir, tiefgeheim und seligrein,
Lebt immerfort ein heiligstiller Geist,
Viel edler, reiner als ein Wille je.
Der Geist ist Mensch. Als dieser Geist soll sich

Der Mensch empfinden! Dieser immer sein!
Du sollst ein Mensch sein, immer, immer wieder,
Nach jeder Nacht, so wie nach jedem Fehl,
Nach jedem Tag, so wie nach jedem Guten.
Daß du gefehlt hast, lehre dich das Eine:
Du kannst auch heut in andern Dingen fehlen.
Nun denke nicht: Wie wirst du Morgen fühlen?
Was Morgen Gutes thun? Was Schlimmes fehlen?
Die Stunde bringt dem Menschen seine That;
Es bringt der Feind dem Tapfern seine Kraft;
Den nächsten Schritt allein thu' immer richtig!
Die nächste That allein thu' immer gut!
Das Gute nur zu thun gedenke immer,
So meidest du auf Götterart das Böse.

---

## XIX.

Du gute Seele, die am bangsten weint,
Daß sie ein Böses von dem Heißgeliebten
Betroffen, sei du ruhig! sei du froh
Für dich, ach, wenn auch für den Lieben nicht —
Es hat dich Unglück nur betroffen! Unglück
Des Andern! Seine Blindheit nur! sein Wahn!
Und nun ist dir dein tiefster Schmerz benommen,
Er wird zu Muth, zu froher That dir rasch,
Nicht dich zu heilen — nein, den Leidenden,
Der dir solch tiefes Leid ach zugefügt,
Und wie erst leiden würde, wenn er's wüßte!

Und nun verschweigst du edel deinen Schmerz,
— Den leichten irdischen, den leichtbesiegten —
Du thust ihm wohl, nnd sieh! Nun weint er bang! —
Ist dieß das Böse auf der Welt, o Mensch,
Dann wünsch' ich mir ein beßres Gute nie!

---

## XX.

Verlangest du für gute Werke Lohn,
Dann sinkest du zum Diener. Sei der Herr,
Belohne Gutes, erkenn' es an, und schweige.
„Wer redlich dient und schweigt, der fordert viel."
Doch der belohnt am edelsten, wer Gutes
Verschweigt. Darum belohne du dich nicht —
Sag', daß du gern vielleicht wohl Einem dienest.
Es frommt dem Nachbar, frommt dem Armen sehr,
Zu wissen: wo er Hülfe trifft in Noth.
Verschuldet dir ein Mensch nicht Dank für Gutes?
Nicht du ihm, daß du's ihm erzeigen konntest?
Sag', ist die Saat ein Schuldner an die Wolken,
Die über sie geregnet? ist der Schuldner
Der Ackerherr? und wie soll er bezahlen?
Die Saat bedarf des Regens; und des Brotes
Bedarf der Ackerherr zu seinem Leben;
Verlangt das Dank, daß jemand nur nicht umkommt?
Und daß ihm wohl sei, und dem Geber wohl?
„Im Himmel und auf Erden ist kein Schuldbuch,
„Worinnen aufgezeichnet wird, was Jedes

„Im All dem All und Einem schuldig ist:
„Nicht, was die Lilie an den Thau verschulde,
„Nicht, was die Biene schuldig ist dem Klee,
„Nicht, was der Klee verschuldet an den Säemann,
„Nicht, was die Traube schuldig ist der Rebe,
„Nicht, was der Winzer schuldig ist dem Weinstock,
„Nicht, was der Storch der Frau für seine Kinder,
„Verschuldet, und die Frau ihm für die Kinder,
„Nicht, was der Mensch an Menschen wo verschuldet!“
Der blinde Mensch nur möchte solch ein Buch
Zur Rechnung aufthun mit den eig'nen Brüdern,
Mit seinen Kindern, ja mit seinem Vater!
Sieh', für das eigne Walten fordert keines
Der Wesen einen Lohn; die Spinne nicht
Für spinnen, und die Lerche nicht für singen.
So wie dem Baum das Blühen, und dem Thau
Das Thauen, also sei das Gute-Thun
Dir, lieber Mensch! Denn willst du schlechter sein
Als hier der Acker, der für seinen Weizen
Nichts anderes begehrt, als — neue Saat?
Und als die Sonne, die für ihren Tag
Nichts mehr begehrt, als — wieder aufzugehn,
Und wieder aufgeht — ohne es zu wissen?
O welcher heil'ge reine Edelmuth
In der Natur! welch' wahrhaft sel'ges Thun
Ohn' Ende, ohn' Ermüden rings im All —
Wo Eins dem Andern und wo Alles Allen
Mitwirkung, Hülfe, alle seine Kraft
Und Liebe, selbst sein eignes schönes Dasein

Herzinnigtreu mit stiller Freudigkeit
Auf eine alte ungeheure Schuld
Dahingiebt, ohne je daran zu denken,
Ob auch ein Stäubchen nur dadurch bezahlt sei —
Daß deine Seele tief davor sich schämt!
O schäme dich nicht! — Thue du desgleichen!
Mensch, wisse selbst nicht, daß du Gutes thüst;
Denn eher thue Böses wissentlich!
Das zeigt dich edler! Denn wer weiß und denkt:
„Ich thue Gutes!“ der weiß nichts von Gott
Und göttlich-reinem Wesen in dem All;
Du wisse still: Gott lebt in dir. Sei gut!
Dann thue nur, was dir natürlich ist,
So wie der Wolke Regen auszustreuen,
Und wie der Sonne warm herabzuscheinen;
Des Guten Thun ist lauter Gutesthun.
So thut der Schlaf das Gute an dem Müden;
Und sieh, der Schläfer weiß es nicht! — und nicht
Der Schlaf! — dem Schlafe gleiche du, o Mensch!

---

## XXI.

Du Guter, kannst du nicht unschuldig leiden,
Dann kannst du gar nichts! kannst sogar nicht athmen,
Jung, alt und grau sein. — „Doch wie lern' ich das?“
Erst denke zehn Jahr lang: Ich habe Unrecht:
Dann wirst du sehn, wie oft du's wirklich hast!
Gestehe Jedem gern sein eig'nes Sein zu,

Dem ganzen All, bis in die Fingerspitzen
Von jedem Kind! bis in die Blätterspitzen,
Geschweige bis in jedes Menschen Seele;
Dann thust du ihm sein Recht an, dir dein Recht
Durch Rechtthun, und hast Ruh' vor dir und Allen:
Nicht daß du Leid und jedes Ungemach
Gelassen trägst und sanft, ist dir ein Glück!
Nicht weil du tragen kannst, schon bist du glücklich;
Das Tragen und das Dulden macht nicht gut,
Nein, wahrhaft bist du glücklich, weil ein Leid
Und jedes Ungemach ein Theil des Lebens
Für dich ist, und an sich ein großes Gut:
Es ist dir reiner, reicher, edler Stoff,
Nicht nur wie durch Krystall die schöne Welt
Dadurch zu schauen, und sie zu beweinen
Und dich; nein, schaue sie darin! Dieß Leid
Ist selbst, wie eine Rose, Gottes Werk,
Hervorgegangen als ein Meisterstück
Des Alls, voll Schönheit und voll Duft für dich.
Ich wüßte für den Menschen nicht ein Leid,
Ein Ungemach, das keine Freude wäre,
Kein Leben wäre, ja das süßeste, —
Wenn ihn durchleuchtet, daß der Gott ihn lebt
Und er den Gott; daß Gottes Geist ja Alles
Froh, göttlich schaut und lebt, ja göttlich machte,
Daß Alles göttlich-gleich ist, was aus Gott kommt.
Nichts hindert dich, ja Alles mahnt dich in dir
Und um Dich her, dem Gotte gleich zu sein,
An gutem Willen und an reinem Anschaun.

Er selber mahnt in dir sich, Ihn zu kennen!
Langt seine Kraft in seinem großen Hause,
Langt deine nur in deinem Haus, so ist ja
Das ein Verhältniß nur, kein Unterschied;
Nicht unterschieden ist der Gott vom Menschen,
Sie sind verbunden, sie sind beide Eins,
Sind gleich, wie tausend Augen und wie eins,
Wie deiner kleinen Lampe Licht hier vor dir,
Und draußen dort des fernsten Sternes Licht!
Du kannst so ruhig leben wie der Gott,
Der still dir zuschaut, und es leise thut,
Du kannst so ruhig sterben wie der Gott,
Der still dabei ist, und es leise leidet.

---

## XXII.

Wenn du im Garten wandelst, willst du nicht,
Daß dir der Mandelbaum zum Kirschbaum werde,
Die Rose zum Jasmin, der Wein zu Ephen,
Das Gras Reseda, und Reseda Gras;
Du bist bescheiden, weil du mußt; enthältst
Des Zauberns dich, weil du nicht zaubern kannst;
Du bist begnügt mit jedem, was es ist,
Du pflegst sie alle, wie es jedem zukommt,
Und seine Blüthe hoffst du, seine Frucht
Erwartest du, und du genießest sie,
Und jede labt dich auch nach ihrer Art.
Im Walde willst du nicht den Leu verwandeln,

Und Wolf soll Fuchs nicht, Hirsch nicht Hase sein;
Im Meer der schöne Karpfen nicht ein Aal,
Denn dieser ist auch da, wenn du ihn willst.
Du bist bescheiden, weil du mußt, enthältst
Des Zauberns dich, weil du nicht zaubern kannst.
Nur um dich her im menschlichen Geschlecht,
Da willst du Wunder thun, und Menschen erst
Verwandeln, um mit ihnen umzugehen;
Mit ihnen umgehn, weiter kannst du nichts!
Denn sie umgehn, das wär' Verlust und Schmach!
Die Kunst des Umgangs ist nicht die, die Andern
Nach deinem Sinn, nach deinen Wünschen, oft
Nach deinen Grillen nur, dir umzuschaffen.
Das wird der Kunstfreund nie und nimmer wollen,
Auch wenn er könnte; denn ihn freut es erst,
Im Leben seinen Künstlersinn und Kunst,
Verstand — die Liebe — liebend zu beweisen;
So wie an Marmorbildern und Gemälden
Er klug zu seinem Vortheil selbst vermeidet,
Sie anders aufzustellen als ihr Meister.
Und „Gott ist auch ein Meister" denke still.
Drum lasse Alle gelten, wie sie sind,
Sonst hast du Feind' an ihnen statt Gehülfen;
Erfreue dich an ihrem Guten; halte
Dieß Gute oben auf dem Strom des Tages
Und aller Tage; richte ihre Worte,
So wie ein Freund des Trunknen Worte aus:
Leg' ihren Werken edlen Willen unter;
Geh' mit dem altbekannten Freunde um,

Als wäre St. Johannes auf ein Weilchen
Zu dir gekommen; mit dem Wandrer sprich,
Als schied' ein alter Freund von dir auf immer —
So, mein' ich, fliehst du Schläge wohl und Scheltwort!
Doch achtest du nicht Haß und Trotz der Menschen,
Und hältst du diese Kunst wohl für gering? —
Die Kunst des Lebens ist die höchste Kunst;
Du lebst nicht, kannst du nicht mit andern leben;
Du lebst nicht, können sie es nicht mit dir;
Ihr lebt nicht, wenn nicht mit Vernunft und Liebe.
Und ohne diese Kunst ist keine Freundschaft;
Gemeinschaft keine, keine Ehe selbst,
Kein Vaterhaus, kein Vaterland, kein Frieden,
Nur Trug und halber Krieg — wie zwischen Thieren
Der Erd' und ihrem Schutzpatron — dem Menschen!

---

### XXIII.

Das sage: dient der Mensch für Augenblicke?
Wohl schöne, süße, frohe? Dient der Mensch
Nur um ein prächtig Feuerwerk des Lebens,
Das flüchtig aufraucht, und in Nacht ihn läßt,
In Qual des Darbens und in Pein des Schmerzes?
Ja, dient er nur, um recht und gut zu thun?
Die meisten streben nur die Jugend lang
Nach lautem hellauflodernden Entzücken
Durch Menschen und durch Dinge. Sieh' sie leiden
Und meiden und bereun und traurig sein!

Ein wirklich Gut muß lebenslang dir dauern,
Dasselbe bleiben und dasselbe scheinen,
Betracht' es Abends, Morgens, spät im Alter,
Betracht' es in der Freude und im Leid.
Und soll ich dir die wahren Güter nennen?
So höre: Jedes ist es! Keines nehm' ich aus:
Zu seiner Zeit erworben und genossen
Mit Richtung, Absicht auf das ganze Leben;
Nicht eins, was auch der Mensch zu thun vermag,
Ist Sünde, kann er's an die Zukunft knüpfen;
Und knüpft er's redlich an die Zukunft auch,
Und fühlt er sich verschmolzen seinem Werke,
Und seiner That, lebt froh damit und sicher.
Recht thut, wer sich des Lebens Güter sammelt,
Wer dadurch Er wird, Er, ein rechter Mensch.
Schmach übt, wer an die Güter sich zerstreut,
Weh ihm! er wird sich nie mehr wiederfinden,
Und jene Güter nicht, noch sich besitzen.
Denn nur wer recht erworben, der besitzt.

## XXIV.

Wenn du als Kind die Augen dir geblendet,
Da hast du schon der Freude dich beraubt,
Dein Weib zu sehn, die Kinder und die Enkel.
Wenn du die Jungfrau, diese hier geliebt,
Mit ihr wie mit dem Weibe umgegangen,
Und eine Andre dann zur Frau genommen,
Da hast du im Voraus die Ehe schon

Gebrochen, hast dich um das eine, reine,
So reinliche Gefühl des Menschendaseins,
Dir selber treulos, im Voraus gebracht!
Um Freude: an der Mutter und den Kindern
Mit ganzer voller Seele dich zu freuen,
Nie je gestört von altem falschem Denken,
Das in des Lebens heil'gem Fest dich oft
Dann plötzlich mahnt, so wie ein alter Schuldner,
Der unbezahlt und nunmehr unbezahlbar,
Dich dennoch quält und nimmer von dir läßt.
Drum schlage nicht die Knospen von dem Baume
Des Lebens, als ein eitler wilder Knabe,
Du schlägst die Blüthen und die Früchte ab;
Nie sündige du im Voraus, o Mensch,
Nicht an dem Kinde, nicht am Saamenkorn;
Du trittst die Ernte, einen Menschen nieder!
Begehe nicht das Lockende, das Schöne
Sogar und Liebe — thu' das Rechte selbst
Zur falschen Stunde nicht, da du es thust,
Was dir dann Frevel an der Zukunft ist;
Denn sonst verpfändest, ja verkaufst du dir
Den Himmel selbst um wenig taube Nüsse.
Das wahre Rechte ist nur Saat der Zukunft,
Und für den Kranz des Lebens eine Blume,
Die eine reine Seele stets entzückt
In jeder spätern Gegenwart ergriffe,
Um sie als Schmuck an ihren Ort zu winden.
Stiellose Blumen aber — das sind Sünden —
Die schüttet Jeder fort, auch wer sie pflückte.

## XXV.

Wenn alle Fische stumm sind, willst du zürnen?
Und was sie auch verschweigen, kränkt dich nicht!
Wenn alle Frauen reden — ist's Natur auch,
Und was sie auch verkünden, hör' es gern.
Fürwahr, die Frau'n verkünden: all' ihr Wesen,
Es ist der Menschheit Weltverkündigung.
Nicht: wo sie alles dulden, was an ihnen
Gescheh'n soll, nein, was Gutes rings geschehn soll.
Die Weltgeschichte schweigt, — die Frauen halten
Das Weltgericht, tagtäglich, mündliches,
Vor Gott gesagt, in Haus und Hof und Land;
Das Recht ist, ausgesprochen, schon das Recht,
Erkannt: erfüllt! Recht ist das Herz der Geister.
Die Frauen drum, auf Alles wißbegierig
Und Alles aus besondrem Amt erkundend
— Weil sie bedrängt zum Leben es bedürfen —
Und Alles wissend, fördern aus der Tiefe
Geheimer Menschenbrust an's Licht des Tages:
Gerechtes, Ungerechtes, Gutes, Böses;
Und unerbittlich richten sie die Menschen,
Die Männer, Könige und Königinnen,
Gesetze, selbst die Ernte und das Jahr.
Ein jedes Lamm, im Herbst, ein jeder Apfel,
Und Huhn und Ei und Feder wird gerichtet,
Ein jedes neugeborne Kind, der Sarg
Des Todten, und der Todte, und der Tod,
Die Erde und das Leben. Unerbittlich

Auch richten sie sich selbst — doch nur einander; —
Daß Jede gut sei. Denn erst von den Frauen
Hängt Glück und Heil des Menschenvolkes ab.
Und selbst dem Gott nutzt, daß sie weise sind.
Doch wo die Frau *schweigt*, hat sie schweres Unrecht.
Auch richtet Niemand besser als das Weib,
Das zartestfühlende, deß feine Waage
Ein Stäubchen schon bewegt; das immer=furchtsam
Und wunden Herzens leichte Thaten auch
Schon schwer empfindet, und mit Muttersinn
Der göttlichen Natur sie ahnt und schlichtet.
Denn Frauen sind die Töchter der Natur,
Der Mutter, welche sie an ihrer Statt
Zu walten in der Menschen Haus gesandt:
Niemand hat mehr Grund, als das Weib, zu richten,
Zu lösen, zu verdammen. Denn was Helden
Auf Schlachtgefilden thun, was Herrscher wo
Im Frieden lassen, was die Männer alle
Im Rath, in Stadt und Land und Felde säen,
Was selbst das kleine Knäbchen nur versieht,
Das müssen an des Hauses stillem Heerd
Die Weiber büßen, wenn es böse war,
Verzehren mit dem Geist, so wie die Flamme
Das Wachs, daraus die Kerze ward gerollt.
So brennen sie, vom Wachs des Lebens leuchtend;
Und eines Weibes heiteres Gesicht
Bedeutet dir im Lande gute Zeit!
Im Hause, guten Mann und gute Kinder;
Im Felde, Segen; Hoffnung guter Jahre

Und Arbeit! Keinen Kranken wo im Umkreis!
Kein nacktes Kind! und keinen Armen hungrig!
Nur heitre Stunden zeigt die Sonnenuhr,
Des Weibes Antlitz aber zeigt die ganze
Gestirnung, nicht des äußern Himmels nur,
Nein, auch den Stand, den Gang, den Flug der Geister,
Die inn're — ihre Welt — die sittliche.

Drum hätt' ich Einen Wunsch, der Wünsche Krone:
„Ein jedes Frauenantlitz auf der Erde
„Bis zu der letzten Hütte — sei es heiter:
„Zu Allem flüstre ihre Lippe: Ja!"
Dann ist die goldne Zeit! Das nimm zum Zeichen.

---

## XXVI.

Die höchsten Güter mußt du dir — gewähren,
Tagtäglich, augenblicklich aus dir zeugen,
Sie müssen von dir ausgehn als dem Vater,
Die Liebe, Güte, Freude und Gesundheit;
Ja von der Schönheit gilt das Wort noch voll
Und von der Freiheit, aller Güter Grundstein.
Was du nicht selber bist, das giebt dir Niemand!
Und was du Alles bist, das hast du Alles,
Das wird, das kann dir Niemand rauben, Niemand!
So hörst du Menschen thöricht viel verlangen —
Wenn längst das einzig starke Wort sie lehrt:
„Thu' recht, und scheue Niemand;" das ist Freiheit.

Nun aber frag' dich schwere, schwere Fragen:
Bist du denn so gesund an Leib und Seele?
Bist du so voller Liebe? bist so gut?
Bist du so schön, und bist du auch so frei,
Daß deine Güter mehr als Wunsch und Gram sind,
Nur Furcht vor Andern, und die höchste Furcht,
Die Furcht vor dir! Furcht vor dem Gott in dir:
Laut, herrlich alles Herrliche zu sein!
Und kraftvoll menschlich durch und durch zu leben!
Die Qual noch scheuen tagbeglückte Herzen;
Die Menschen reden groß und leben klein,
Und sind mit wenigem begnügt — wie Kinder,
Die ihren Puppen hohe Namen geben,
Sich selber aber gern die allerhöchsten,
Und wahres Leben in die Ferne schieben.
O Herr, wenn du gebeutst, so steht es da:
Der Lenz, der Mensch, und durch ihn alle Güter!
Und, wer sich nicht gebieten läßt — ist Sclave,
Wer sich von sich gebieten läßt, ist frei.

## XXVII.

Die Erde zwingt zum Geben uns, zur Großmuth!
Unwiederbringlich hohe Schätze müssen
Wir leichtgesinnt verschwenden, hinsein lassen,
Als fielen Härchen von des Kindes Haupt,
Als wehte Staub von eines Wandrers Mantel;
Und lachend schilt ein Mensch den andern thöricht,

Wenn er um Jahre, Tage, Stunden klagt,
Um Jugend, Frühling, um die Blumen nicht,
Nein, um die dürren Blätter nur im Herbst.
Denn da voll Großmuth soll er sich bezeigen,
Dieweil er weiter herfei! Mehr besitze!
Doch nun auf Alles, was die Erde ihm
Nicht nimmt, wovon sie einst ihn selbst hinwegnimmt,
Auf seine Scholle Erde, drauf er wohnt,
Auf Bäume, die um seinen Garten stehen,
Auf Gold in seiner Hand, das Brot sogar
Auf seinem Tische, auf das alte Grabscheit —
Darauf ist er erpicht! Das stets bewacht er
Mit strengen Augen, damit ist er geizig,
Weil er vermeint: Das hat mir nicht die Erde
Gegeben, nein! Ich mir! das gilt mir Haut
Und Haar und Hand und Kraft und Mond und Sonne,
Das kostet mir mein Denken und mein Herz —
Das ist die kleine Frucht des großen Plunders!
So spricht er recht — so muß der Geizhals reden;
So sprichst du falsch — der soll der Mensch nicht sein,
Die Erde lehrt uns stille Großmuth üben.

---

## XXVIII.

Wer über seinen Kampf um Lebens-Glück
Sich nur ein Haar versehrt, nur Einzelnes
Im Auge, Nächstes im Gefühl, wohl gar
Gesundheit sich verscheucht — die Schöpferin

Der Freude aus dem langen Lebensstrome,
Der gleicht dem Kinde, das den Korb voll Perlen
Durch einen Wald voll Räuber, Sturm und Blitze
Auf hohlem Boden sicher hingetragen —
Und nun, beim Blumenpflücken, sie verliert;
Der gleicht dem Manne, der ein Schiff Kleinode
Soll über Meer zum fernen Hafen steuern,
Und — alle Tage in des Schiffes Boden
Zum Spiel ein Loch bohrt, und bei Sonnenschein
Mit Schiff und Schatz betroffen untersinkt.

---

## XXIX.

Zwar lebst du wach im Geist, mit klarem Auge
Stets über all' die großen ewigen
Gewalten, Werke und Verhältnisse,
Die dich als Element so leis umstellen,
Und dir das Leben bilden wie ein Thal,
Das alte Felsen ruhig eingeschränkt;
Und wie auf Wolkenzüge giebst du Acht,
Was dir herauf aus ihrem Schooße steigt;
Du hörst den Geist in deinem Busen an,
Du hörst ihm zu, du thust das, was er flüstert
— Denn leise sprechen nur die Göttlichen —
Du trittst nicht achtlos fehl; denn eben da,
Wo du der Vorsicht, menschlich schwach bedarfst,
Da fliegen dir die wachen Genien zu
Und leuchten einen Augenblick dir hell

Auf deine Bahn. So wandelst du vorüber.
Kaum tritt dich ein Unvorbedachtes an;
Dem Uebel, das dir erst von Ferne naht,
Vielleicht vorüberzieht, dem sinnst du schon
Auf Hülf' und Abwehr, auf die Heilung selbst;
Ereilt' es dich, so wird die Sorge — Muth.
Auch in das Leben, unter Menschen blickend,
Befremdet irgend Menschliches dich nicht,
Und Scheiden, Krankheit, Tod entsetzt dich nicht;
Du siehst gelassen, wie die Götter walten!
Ja, spaltete vor deinem Fuß die Erde
Und quölle Rauch auf, Feuer, Blitz und Donner,
Schnell wär' auch dir das starke Wort bereit:
„Auch das schon haben Menschen einst gelitten
Und überstanden — lange ruhn sie schon,
Und ihre Stätte hast du selbst gesehn."
Erwerben, Finden, Wiedersehn, Besitzen
Erfreut dich am Gewühl der Sterblichen.
Erwerben, finden sie nun Göttliches:
Hier Dieser sich die Braut! Dort jene Mutter
Ein Kind! Ein Sohn, ein Wandrer kehrt nach Hause
Zum alten Vater! — Sei es Menschliches:
Das Brot der Hausfrau ist ihr wohlgerathen!
Der Lein gedeiht! — Der alte Obstbaum wird
Noch einmal ganze Körbe Früchte tragen! —
Die Kinder sind zum Winter warm bekleidet,
Das erste Zähnchen glänzt im Mund des Kleinen!
Auch solche Freude rings verstehst du innig,
Und trittst wohl heimlich in den düstern Winkel,

Und weinst schnell ein Gesetzlein, trocknen Auges.
So lebst du froh vor dir, und froh vor Menschen.
Und doch, und doch, und doch bist du noch thöricht,
Unbillig, unweis', ungerecht und hart:
Du schiltst voll Ungeduld —: die Ungeduld
Der Menschen, und des Weibes und der Kinder!
Du strafst mit Zorn den Zorn! Du willst den Frieden
Durch Krieg, Gewalt! anstatt durch sichre Sanftmuth.
Drum geh', und lern' das Leben noch einmal!
Du hast nicht wohlgelernt! Vergebens! Schmählich!
Du bist noch nicht dem blinden Hunde gleich,
Der dann erst bellt — wenn er mit Ernst gehorcht,
Und schweigt, wenn er des Hauses Freund erkannt,
Die Kinder, und mit blinden Augen funkelt:
Sie auch zu sehn, wie er sie nur gehört!

---

## XXX.

Die Redlichkeit besteht nur durch das Reden,
Und davon trägt sie ihren Menschennamen.
Geh nicht wie stumm am Hunde selbst vorbei,
Das Lamm auch freut sich, wenn du es begrüßest,
Und selbst der Vogel fliegt vom Baum, berauscht
Vom Menschengruß, ganz irr', wie ihm geschehen!
Sprichst du zum Irrenden nicht, bist du redlich?
Sagst du dem Leidenden nichts, bist du redlich?
Warnst du den Thörichten nicht, bist du redlich?
Lehrst du die Kinder, im Vorübergehn,

Das falschgespielte Spiel nicht, bist du redlich?,
Du scheinst ein Stummer, und du bist ein Dummer,
Bist ein Barbar, den Hochmuth selbst verdammt
Die Qual des Schlosses vor dem Mund zu tragen,
Als ob nichts mehr beleidigt denn die Zunge;
Lieblosigkeit beleidigt, nicht die Rede,
Ein treugemeintes Wort hört auch der Greis,
Der Vielerfahrene noch gütig an!
Und weißt du wenig, weißt du doch, was dir
Geschehn! Ein jegliches Geschick ist göttlich!
Das Menschenwort deckt einen Himmel auf,
Wovon die Erd' und Sonne selbst nichts weiß!
Und in der eignen Sache spricht ein Jeder
Aus klarer Herzensfluth unübertrefflich,
Sein eignes Wort sagt Jeglicher vollkommen;
Selbst wo er stockt und wo es ihn verwirrt,
Da nimmst du erst die Angst des Herzens ab!
Drum rede! Sei so offen — wie ein Born,
Daran, nach Lust, die Vögel trinken kommen!
Ein jeglicher sei ein bescheidner Priester
Und Lehrer, Freund, Verwandter schöner Menschheit.
Verwirrender, ja frevelhafter, schlimmer
Ist Nichts, nicht Eins rings im Geschlecht der Menschen,
Als Eil und Uebereilung ihres Lebens —
Als sei das Leben nicht ein höchstes Fest —
Als sei nicht jeder Tag ein einzig Fest —
Und jede Stunde grad' des Festes Glanzpunkt:
Der Haltung werth, der Würde und des Anstands,
— Die Nichtiges zum Wichtigen selbst wandeln —

Und hier bedarf's Verwandlung nicht, nur Sinn.
Du aber fertige die heil'gen Stunden
Nicht trocken ab! Du fertige die Menschen
Nicht spottdürr' ab! Ergebe dich mit Jedem
Selbst auf den ihm gegönnten Augenblick
Auch, überlasse dich ihm ganz und völlig,
Verbirg, verhalt' ihm nichts — er ist ein Mensch,
Hör' ihn mit Lernbegier — du bist ein Mensch —
Du sollst sein Freund nicht sein, er nicht dein Freund —
Du sollst ihm Mensch nur sein, er soll dir Mensch sein,
So wird dir jede Stunde zum Genuß
Des Lebens, zu der schönsten Wiederholung,
Zu Neu-Begründung und zu beßrem Rath.
Erkenne Jeden, laß dich ihn erkennen —
Und dazu — rede! Reden schmilzt die Brust,
Begeistert, und Begeist'rung wirkt die Liebe —
Drum rede! So nur übst du Redlichkeit!

---

## XXXI.

Die Sonne scheint so lieblich in das Thal,
Das in des Herbstes stillem Frieden ruht,
Die Bäume stehen ohne Laub so ruhig,
Die Wolken stehn so ruhig. Kinder spielen,
Mit Körben gehn die Weiber in den Wald,
Und so bekannt-alltäglich scheint die Welt,
Ein ganz Gewohntes — wie die Hand am Leibe,
Wie Leib und Auge, Wolk' und blauer Himmel —

Da summen Glocken leise in der Luft!
Da tragen Männer einen Todten her —
Erdgeister rufen schreckend aus Posaunen
Und reißen grell das traute Bild entzwei —
Gesang befällt das Thal wie dumpfer Nebel!
Wie Nacht! so wie Kometenschein die Nacht.
Das ist die vorige gewohnte Erde
Nicht mehr, sind Menschen nicht mehr wie zuvor,
Die singen! Das sind keine Wolken mehr —
Das ist des Todes offnes Zauberhaus
Voll nackter Wunder, die die Lebenden
Mit Schauder sehn! Das ist die offne Weltuhr,
Daraus die Wesen als die Stunden schlagen!
Das ist der bloßgelegte Leib des Gottes
Mit seiner immer offnen Todeswunde! . . .
Und nahe an das offne Grab gezogen,
Worein die vor'ge Sonne hell noch scheint,
— Als wenn du aus dem Brautgemach die Lampe
In eine schwarze Höhle hingehangen —
Nun sagt mir eine Stimme bang in's Ohr:
„Den Todten möcht' ich doch noch einmal sehen!"
Und von dem Wort getroffen, frag' ich wieder:
Du liebe Seele, welchen Todten denn?
Den Todten, der hier in dem Sarge liegt?
So laß den Deckel von dem Sarge thun
Und sieh dir den Gestorbenen dann an!
„Nein. Diesen nicht. Ich hab' ihn selbst verdeckt."
Willst du den müden, blinden, schwachen Menschen,
Den Greis in seinen letzten Jahren sehen?

„Auch den nicht! denn ich wartet' ihn ja aus!"
So willst du wohl den Todten sehn als Mann,
Als Vater, bei den Kindern froh im Hause?
„Auch den nicht; denn ich selber bin sein Sohn,
„Sein freundlich Bild steht klar mir vor den Augen."
So willst du wohl ihn sehn als Bräutigam?
Als Jüngling in der Fremde — und als Kind?
„Das Alles hat er liebend uns erzählt,
„Und ich, ich soll ihm täuschend ähnlich sehen,
„Und hier mein Knab', ihm, wie er war als Kind!"
Nun sage, wie willst du ihn wiedersehn?
Ihn ganz; das Alles, was er war und that —
Du willst; er soll noch einmal leben — oder
Er soll nur leben, wenn auch ohne dich,
Wenn er nur glücklich ist! So liebst du ihn.
Ich sage dir: Ich bin ein Zauberer,
Und wenn du mir bestimmte Ford'rung thust,
Wie du den Todten wiedersehen willst,
Dann will ich mich bereiten; komm zu mir,
Und fest gelob' ich dir, sie zu erfüllen.
Indessen war der Todte still begraben,
Und Jener schied „auf richtiges Bedenken," —
Wenn er den Schmerz in seiner Brust bezwungen.

Seitdem nun ist ein heilig Jahr vergangen,
Und lächelnd harr' ich seiner Wiederkehr!

# November.

## I.

Wem Menschen, Schicksal, oder Elemente
Sein Glück zerstört, dem hilfst du wohlgesinnt,
Weil du gesehn hast, wie es sich ereignet,
Und Räuber, Krankheit, Blitz — begreifst du wohl.
Doch wer durch Unverstand, durch rohe Kraft,
Verkehrtheit, Ungeschick, ja argen Sinn
Sein Glück zerstört, deß denkst du widerwärtig,
Weil du die Macht der Ursach nicht durchschauest,
Weil sie verhaßt dir ist, du nicht gewillt bist:
Was auch geschehn, und ist, als ein Ergebniß
Der innern Welt, der Vorwelt, anzunehmen.
Wer aber ist nun unglückseliger,
Und darum auch bedauernswürdiger:
Wer durch Verstand und Fleiß und Redlichkeit,
Bedacht und Menschenhülfe bald sein Glück,
Sein Haus, sein Feld sich wieder bauen wird —
Nun oder der, der gründlich-unglückselig
Durch seinen Sinn, in seiner alten Tage
Gespinnst verstrickt, der Menschenhülf' entbehrt!
Drum ehr' auch geistig Unglück, Glücklicher,
Und wie den Kindern hilf den Thörichten!
Und hilf den Schlechten, denn sie sind die Aermsten.

Nur hilf! sonst bist Du schlechter, bist kein Mensch;
Und wer sonst Hab' und Gut die Fülle hatte
Und bettelt — gieb ihm — weil er dich bedarf.
Denn wem der Gott sofort den eignen Geist giebt,
Dem gäbst du nicht ein Stück vom Brot des Gottes?
Aus andrer Holze schnitzt der Mensch die Tugend.
O wäre Allen mit dem Wort geholfen,
Die völkerweis die dumpfe Seele büßen,
Bang in's Gespinnst der alten Zeit verstrickt!

---

## II.

„Laß mich ein ordentlicher Vater sein
„Und werden, dadurch, daß du, liebes Kind,
„Ein ordentlicher Mensch wirst! ohne dich
„Bin ich es nicht; und ohne mich bist du's nicht."
So sagt der Schöpfer selber recht zur Welt,
So sagt ein Herrscher wahr und recht zum Volke,
So sagt ein Volk recht wahr zu seinem Fürsten,
So sagt ein Vater recht zu seinem Sohn.

---

## III.

Nicht ungeduldig! Alles wird noch werden,
Was sich empordrängt in der vollen Brust
Dir, und den Menschen! Alles wird noch, Alles!
Und überraschend, wie nach langem Winter

Selbst, wird es vor dir liegen, himmlisch fertig:
So wie das Blüthenreis auf deinem Tische,
Das die Natur mit ungeheuren Kräften,
Herauf aus tiefer Gruft des All's gefördert
Viel schwerer, viel kunstreicher, langsamer
— Jahrtausende schon heimlich es bereitend, —
Als nur der Bergmann nur das fert'ge Gold,
Das nur aus greifbar nahen Felsenklüften,
Gebannt mit Erzen in den starren Adern —
Nun vor dir glänzt als ausgeprägtes Bild.
O welche Unzahl herrlich-neuer Sterne
Noch sollen aufgehn! Welch Geflirr von Sonnen!
O welche Heerschaar kraftbegabter Geister
Noch sollen annahn, niedersteigen, schaffen!
— Und werden Wunderdinge hier vollführen! —
Der Wolkenhimmel faßt die Menge Blumen,
Den zaubervollen Berg aus Blumen nicht,
Die alle, nur in dieser Erde Thäler
Noch sollen ausgeschüttet werden! Wahrlich,
Die Schaar der Vögel, all' der Nachtigallen,
Der Lerchen und der holden Sänger all',
Die noch wie aus dem himmelblauen Aether
Herniederflattern und hier singen werden —
Verfinsterte die Luft wie breite Wolken!
In's All verschlossen nahen sie nur heimlichst —
Doch Alle werden da sein, Alle! Wahrlich!
— Wie alle, die schon hier gelebt, gewirkt,
Wie Alle, die wir jetzt hier wirken, leben. —
O welche Ungeduld erst möchte da

Den Geist des All's ergreifen! Und wie bleibt
Er doch so ruhig-schweigend, unsichtbar.
Die Brunnen quellen nur so leise fort,
Die Wolke fällt nur tropfenweis herab,
Die Berge gehn nur, Korn für Korn, zur Ebne —
Er bricht die Götterschlacht des Jahres ab
Am Nachmittag, bevor die Sonne weicht,
Die Blumenhäupter füllt er noch mit Saamen,
Nur für den nächsten Frühling; sie entschlafen
Wie kleine Greise, und ihr Silberhaar
Entweht der Nachtwind ihnen wie im Traum!
Und in den letzten schönen Herbstestagen
Nur bildet er am fruchtentladnen Baume
Die neuen Knospen, braun und heimlich schwellend
Und hemmt ihr Drängen Nachts mit Mondeskühl'
Und schleiert sie mit Silbernebeln ein,
Wie kleine Kinder, die die Mutter klug,
Noch vor dem Lichte schützt, daß sie noch schlafen.
Drum mäßige die Ungeduld! Erkenne
Sie als den schönen Drang: mit Vorgefühl
Vollkommnen Lebens, das ja wohl zu schaffen,
Was dir für heut der Meister aufgegeben!

## IV.

Ein jeder hat so weit noch, wie Columbus
Einst, nach Amerika. Doch heute fordern
Die Männer von den Schiffenden nicht Inseln,
Wirthshäuser auf dem Meer und kurzen Weg, —
Nur gute Fahrt in wohlversorgtem Schiffe,
Und keinen Dummkopf, keinen stillen Feind
Zum Steuermann. Die unvermeidlichen
Beschwerden trägt ein Jeder gern, als Mittel,
Ja als Beförderung seines Wegs zum Glück.
So ist denn selbst die klare Ueberzeugung
Der Menschheit: daß ein alter tiefer Wunsch
Ein schöner Irrthum war, durch tausend Schlachten
Doch nur bedingt ihr auszuführen ist, —
Der Augenschein: daß manch vermeintes Unglück,
Erklärt, zu ihrem schönen Sein gehört,
Auch dieß ist ein unsäglich Glück der Menschheit
Zu Ruh' und Frieden, Freude und Geschick:
Mit klarem Muth, allmächtig-einer Kraft
Das herrlich zu ersiegen, was ihr bleibt
Als Sterne stehn, nach stillverschwebtem Nordlicht:
Die Freiheit, Mensch zu sein mit Leib und Seele!

## V.

Die Phantasie hat ihre eignen Leiden,
Vor welchen uns die Wirklichkeit nicht schützt.
Wenn wir im Traum auf spitzen Dornen wandeln,
Da hilft uns nichts: daß wir in Schuhen schlafen!
Und wenn du träumst, daß du auf Rosen wandelst,
Da merkst du nicht, daß dir die Schlange naht.
Die Wachenden nur kann der Gott erlösen
Von aller Nachtqual alter schwerer Träume;
Wie ringt die Menschheit, völlig zu erwachen!
Der wahre Tag ist werth, daß du ihn lebst,
Die Wahrheit ist das göttlichste Gedicht,
Erst voller Zauber, Tiefe, Pracht und Schönheit.
Drum wache stets! Entschlummre nicht vor Leid!
Entschlafe nicht vor Freude! Denn das reine
Gefühl des wahren, großen, ganzen Lebens
Ist köstlicher, als selbst dein größtes Glück.

---

## VI.

Gleich einer Mutter, die ihr letztes Mädchen
Jetzt auch vermählt und aus dem Haus entlassen,
Seit ihrem Hochzeittag vor langen Jahren
Sich endlich, endlich wieder ruhig hinsetzt,
Nachdem sie ihres Lebens Werk gethan —
So ruht Natur, die Mutter, jetzt im Herbst

Auf solchen großen Werkes Arbeit aus.
Viel tausend kleine Töchter, zarte Blumen
Auch hat sie angezogen nach der Reihe
Mit jenem schönen Kleid auf Lebensdauer,
An jedem Morgen und zu Schlafengehn
Mit Thau ihr liebliches Gesicht gewaschen,
Hat den Erwachsenen in heitern Nächten,
Bei Mondenglanz in aller Stille wohl,
Doch Jeder reichlich Hochzeit ausgerichtet,
Dann aller Kinder Werk noch mitbesorgt:
Den Blüthenbaum zum Fruchtbaum leis verwandelt,
Mit Enkeln — wie mit Früchten ihn umgeben,
Die Schlange Eier sonnig brüten lassen,
Bis sie die Kinder nur sich führen durfte,
Ihr selbst ein Jahrkleid bunt und neu gewebt,
Den Schmetterling mit Blumenstaub gemalt,
Der Weinbeer Keller voll mit Most gefüllt,
In stillem Haus die Bohne zart gesprenkelt,
Selbst an dem Kornwurm keinen Punkt vergessen,
Den kleinsten Strich nicht an dem stummen Fischchen.
Und Alles war ihr schön und froh wie je!
In Luft und Meer, in Wald und Feld rings um!
Keins hat verlangt, und Jedes hat empfangen.
O welches Glück der großen Mutter Aller!
Und sich in ihre frohe Seele denken,
In ihres Liebens schön gelungnes Werk,
Welch' andre Wonne kann noch größer sein!
Wie ganz verschwindet, was ihr großes Kind,
Der Mensch, im Kreis der Erde rings gethan;

Denn ist es einzig, ist's doch nur Ein Kind.
Sie aber ist die kindersel'ge Mutter,
So viel Natur auch Kinder hat, so hat
Doch keines, auch der Mensch kein andres Werk,
Als nur Ihr Werk zu schauen, und es seiend,
Süß auszuforschen; — das nun thaten alle! —
Sie waren! Hochbeseligt sind sie hin;
Und über allen, und nach allen bleibt
Sie unermüdet noch das junge Weib! —
— Die Menschenmutter aber, der ich selbst .
Das jüngste letzte Kind — zum Weib — genommen,
Sie sitzt dort einsam, und sie weint uns nach.
Sie sieht auf ihre müden alten Hände
Und wendet unter ihrem Blick sie um! —
Sie ist dahin; sie sitzt im Haus des Alters,
Klar über sich den ewigblauen Himmel;
Sie faßt des Fruchtbaums Zweig, den blätterlosen,
Bewundernd an, der voller brauner Knospen
Ihr schimmert, die im neuen Frühling blühen
Und Früchte tragen werden. — Sie nicht mehr!
„Ein Mensch ist eine Knosp' am Lebensbaume"
So denkt sie, leise weinend, leise lächelnd.
Indeß umschwärmen sie noch späte Mücken,
Die auch geschwind, geschwind noch leben wollen;
Sie sitzt an Blümchen, die geschwind, geschwind
Vor Winter späte Hochzeit feiern wollen,
Und prachtvoll steigt der volle Mond herauf,
Als Lampe in des Herbstes ödem Saal.
Nur wie im alten Mährchen rauscht der Fluß,

Das in der Kindheit einmal wahr gewesen,
Und Wolken ziehen wie im alten Märchen.
Der Mond bedeutet ihr nichts mehr dort oben,
Mit ihren Haaren spielt der Herbstwind müßig,
Der keine Saaten, kaum ein Blatt mehr findet.
Die Ruhe wird der Fleißigen zur Angst —
Nun steht sie auf, sie sieht am Weingeländer
Noch eine Traube hangen, freut sich still,
Sieht sich noch einmal still am Himmel um —
Und auf der Erde — und nun geht sie langsam
Gesenkten Hauptes in das öde Haus.

* * *

Das ist des Menschen Schicksal — und der Mutter!

---

## VII.

So lebt denn wohl, ihr Seligen! lebt wohl,
Die ihr dies Haus belebt, erfüllt, geschmückt,
Beglückt gewesen, und beglückt durch Liebe
Und Schönheit, schwervoll von uralter Kraft —
Heerschaaren, die ihr mit dem Herbste zieht!
Ihr scheidet nicht — ich scheide; denn ich bleibe,
Ich bleibe einsam, und ihr geht in Schaaren,
Ein göttlicher Triumphzug zu dem Gott:
Der Flammen Rückkehr in das alte Feuer.
Ihr schuft den Frühling nicht, ihr selber waret
Der Frühling, Ihr! Ihr selber machtet erst
Den Sommer aus, den Herbst; die heil'ge Zeit

Erfülltet ihr. Nun geht ihr, und sie ist
Erfüllt, und süß erfüllt in tausend Herzen,
Die eurer aller hold gedenken werden,
So lange sie der Erde je gedenken
Und ihrer selbst — so lang sie Geister sind.
Denn also war das Götterfest bestellt,
Und wohlgeordnet ist es wohlgelungen,
Und voller Freude lacht der alte Himmel.
Euch ist der allergrößte Wunsch gewährt:
Ihr könnt das Leben und die Liebe nicht
Verlieren, nicht die Kraft, den Geist, das All
Ihr seid das, was ihr habt! So ist es euch
Denn unverlierbar, habend, was ihr seid:
Das Wesen, euer Wesen denn, euch selbst!
Ihr Seligen, so lebt denn wohl, lebt wohl
Auf Wiedersehen überall im All!
Auf Wiederkennen, Liebe an der Liebe,
So wie der Goldschmied Gold am Golde kennt,
Ich aber bin, was Einer ist im All,
Und was das All in Einem ist und Allen;
Das hab' ich, und das haben Alle gleich:
Darum ist es das All, das „Allen Alles."

## VIII.

Wie süß das kleine Kind doch seinen Ursprung
Vergißt! Nur unwillkürlich staunt und starrt es
Noch in den blauen Himmel, unergründend —
Bis seine Mutter ihm so freundlich zuspricht,
So zärtlich, daß es jetzt zum ersten Mal
Im Sinn erwacht, die Menschenstimme hört,
Ernst zu ihr aufblickt, langsam sie gewahrt
Und inne wird, das heil'ge Antlitz schauend!
Und seine erste kleine Thräne tritt
Ihm in das himmelblaue Auge bang!
Die kleine Lippe bebt ihm wie vor Alter,
Das kleine Herz schlägt ihm vor heil'ger Angst
Vor solchem Wunder, voll und übervoll!
Der Athem steht ihm still, der Blick vergeht ihm,
Und wie um Hülfe schreit der kleine Mund,
Daß es bei Menschen ist! und doch bei Menschen;
Denn an die Mutter fällt sein Haupt nun still.
So thut das Kind, wenn du das je beachtet!
Und dann gewiß auch hast du tief empfunden:
„Den alten Staub, das alte Menschenantlitz,
„Die alte Liebe und das alte Leben
„So neu, so jung, so herzerschütternd schön
„Und theuer einmal wieder anzuschauen,
„So immerwieder überall zu lieben —
„Das ist dem Geist des Himmels selbst wohl werth:
„So klein als Kind auf Erden zu erscheinen,

„Und blind als Greis durch's Grab hinwegzugehen —
„Sonst käm' er ja auf keiner Mutter Schooß!
„Zu keiner Lerche in das kleine Nest!
„Zu keiner Blume in den armen Kelch!"
Das ist das Zeugniß von der Liebe Eifer.

## IX.

Zur Erderkenntniß hat der ärmste Mensch
Genug: Ein Weib, ein Kind, ein Haus, ein Schicksal;
Das Viele ist vom Uebel; wie dem Reichen,
Der zuviel hat. Zuviel wird weniger,
Wird wenig, nichts, verderblich, abscheuwerth,
Zwei Sonnen heben alle Farben auf,
Zehn Sonnen machten blind. Zwei schöne Frauen
Schon heben dir die Liebe auf, sie heben
Das Weib, Geliebtsein auf. Zehn beste Frauen
Sind nicht ein einzig Weib dem Einzelnen.
Aus hundert Weibern lerntest du nicht Eins
Erforschen und erfahren; erst aus Einem,
Dem deinen, lernst du recht das Weib erkennen,
Die Hand, das Lamm, den Hund, das Menschenherz,
Den eignen Leib, das eigne Leben selbst;
Nur lebenslang lernst du das Lebenslange:
Des Weibes lebenslange nie gebrochne
Aufmerksamkeit, die nie getheilte Liebe.
Getheilte Liebe ist des Hasses Schwester,
Ja schlimmer noch: Gleichgültigkeit, ist Selbstsucht,

Ist eitle Lüsternheit, der Liebe Selbstmord,
Der schwarze Staar des Schönheittrunkenen,
Des Geistes-Augenkranken Doppeltsehen,
Des Kindes Fischen nach dem Mond im Wasser,
Die allerschwerste eigne Selbstverdammniß,
Sie ist das Allerschlimmste: Liebesarmuth,
Kraftlosigkeit. Kein einzig Werk des Gottes
So schön, so liebenswerth, so gut zu finden,
Daß du es anders möchtest als ein Kind
Die Rose, die es auf der Straße findet,
Sie kaum nur aufhebt, und sie wieder hinwirft.
Doch jedes Eine ist ein Meisterstück
Des größten Meisters, voll von allem Inhalt
Und Lebenszauber Aller seiner Art.
Die Einen: Staar, Koralle, Kleeblatt, Veilchen,
Sind wenig unterschieden von den Vielen.
Von jedem Einen lernst du schon ihr Sein,
Was du vou Vielen lernst, das ist das Können,
Die Kunst; das Wissen, Wissenschaft der Erde.
— Doch Kunst und Wissen ist das Leben nicht. —
An Ort und Stelle lernst du nur den Frühling;
Doch reisest du, ihn voller auszuforschen,
Geräthst du dort in Schnee, und da in Gluth.
Nur Eine Blume vor dem Haus des Armen,
Sein Apfelbaum, sein Weinstock, nur sein Kirschbaum
Ist schon ein himmlisch-richtig Wettermännchen,
Das Lenz ihm anzeigt, Sommer, Herbst und Winter.
Nichts Neues sieht er mehr an tausend Bäumen!
Sieht gar Nichts, wenn er Nichts an Einem sieht

Und weiß zu sehn: die Zeichen dieses All's,
Das All nicht selbst, die Wesen selber nie.
Denn Jugend, Alter, Leben, Tod und Liebe
— Ja selbst der Mensch in seiner ganzen Dauer
Sind unsichtbar wie Licht, und nie erscheinen
Sie selbst; Das Dasein ist ihr Merken nur,
Ihr Innewerden, Anschaun, ihr Bewundern. —
Und wie mit einer kleinen Rolle Bilder
Entflieht der Mensch mit diesen Schätzen wieder.
Nur eine Fläche Sand, ein Stäbchen, nur
Den Zeigefinger, und du zeichnest, lernst
Die Bahnen der Gestirne, die Gestalten
Der Dinge all. Woraus du lernen willst,
Das mußt du schaffen, bilden und erziehen,
Und sei es nun dein eignes Weib, die Kinder;
Sogar den Freund mußt du erziehen, gleich
Dem Fruchtbaum; unter deinen Menschenhänden,
Bestrahlt von deines Menschengeistes Licht,
Wird Alles dir zum Menschen erst, wird göttlich,
Dir lieb und werth, und deinem Herzen eigen —
Für Andre unbrauchbar, zerstörend, störend,
Wie dich das flieht, was Andre sich erziehen.
Sieh nun die vielbeklagten Armen an,
Ob du sie wirklich arm noch nennen darfst!
Der Weg der Erde geht zu Reichthum nicht
An Gold! Naturweis' herrlich geht er sicher
Zu Geistesreichthum, zu des All's Gefühl,
Bei wenig Gütern, die der Mensch bedarf,
Sein herzlich schönes Leben frei zu leben.

Der Arme muß das Leben sich erst schaffen,
So ist es Leben, ist Besitzergreifen!
Besitzverlieren und Vergeuden ist es
Dem Reichen, Eingebildet-Hohen, Stolzen
Und Unzufriedenen. Wo Zufriedenheit
Dir auch erscheint, da denk': hier wohnt ein Armer
An Hab', an wahren Lebensfreuden reich,
Mit einem Häuschen, einem Weib und Kindern,
Mit einem Obstbaum oder zweien, — ach
Mit einem Blümchen vor dem Fenster.

---

## X.

Der aufgethane, ganz erwachte Geist
Ist arm auf Erden, ärmer als ein Kind;
Denn Alles, was er kennt und schaut und liebt,
Wie will, wie mag, wie kann er das besitzen!
Und wie die Sonne schwebt er rein am Himmel,
Wohl Alles schauend, aber nichts begehrend
Als seine eigne Gluth, sein eignes Licht
Und rings die Welt zum frohen Wiederschein;
Des Lebens Schicksal, um es zu bewalten.
Das ist des Geistes Armuth, nicht die Armuth
An Geist, an Liebe, hellumglänztem Schauen.
Drum, liebe Seele, zage nicht! nein, wisse:
Daß immer mehr der Dinge dich verlassen,
Je himmlischer — zum Lohn — sie dir erscheinen!
Je reiner also du zum Menschen wirst!

## XI.

Es giebt ein immerkleines Menschenvolk,
Das unter sich, mit sich wie Genien lebt,
Unsäglich froh, das nichts vom Tode weiß,
Von Sorge nicht, von Müh' und Arbeit nichts;
Das nichts verloren, alles neu gewinnt;
Dem Tag und Nacht und alle Jahreszeiten
Nur Eine Zeit sind, eine Ewigkeit,
Dem die bewegte Welt ein stehend Haus ist,
Ein Göttersaal für lauter Lieb' und Freude. —
Unsterblich lebt, es lebt ein Volk von Kindern,
Das immer sich erneut uud voll erhält,
So oft, so immerfort lebendigsterbend,
In Jungfrau und in Jüngling es verschwindet,
Wie Blüthen, in die Früchte schwellend, hin sind.
So treu beharrt die selige Natur
In ihren göttlichen Erscheinungen!
Die Knospen löschen nie dem Baume aus,
Die Blitze löschen nie dem Aether aus
Und werden stehend Licht in ihrem Reiche,
So wie die Sonn' ein kehrend Licht am Himmel.
Sie feiert täglich ihre heilige Wandlung,
Wo sie das Element zu Wesen zaubert;
Jedwede Pracht-Verwandlnng hält sie fest,
Sie übt sie sichtbarunerforschlich aus,
Und jeder Durchgang wird ein stehend Werk,
Wie Mondeswechsel und wie Mondesfülle,
Wie Frühlingsrauschen und wie Nordlichtfunkeln,

Wie Schwalbenfortzug und wie Lercheneinzug.
So lebt der Erde auch das Volk der Kinder
Des Menschen, das vor Freude jauchzende,
Das Aeltern-liebende, das Aelternliebe.
Und wenn du sorgenvoller, leidensatter,
Du armer Mensch, du einsam-müder Greis
Nicht mehr begreifst: Wozu das Leben ist?
Wozu doch Gott ist? und warum er immer
Fortwaltend seine Kraft nicht hemmt, allmählig
Sie sacht verrauschen und versiegen läßt;
Warum wohl Gott nicht stirbt, damit er endlich
Selbst Ruh' und Frieden hab', und tiefer Friede
Und Ruh' und unstörbare Stille werde;
Wozu er also erst in grauer Urzeit
Die vielbeweinte, blutbenetzte Erde,
Die langbeweinten, thränenthau'nden Sterne
— Wie goldne Blumen, die im Wasser wurzeln —
Im Aethermeere leis gerinnen lassen,
In Licht hervorgehoben, daß sie blühen,
Und leise nach der Blüthezeit versinken,
Und aufgelöst zergehn im Meer der Kraft —
Sieh' nur das kleine Volk der Kinder an!
Sieh' Eines Kindes Freude nur am Schnee,
Wenn himmelbreit die Wolken niederflirren!
Wie ihm die Augen funkeln vor dem ersten
Schneeglöckchen! Wie es bebt, dahingekniet
In grüne Saat zum Lerchennest mit Kleinen.
Und dann begreifst du leicht den alten Vater,
Den kinderliebenden! den kinderguten!

## XII.

Du glaubst, ein jeglich Wesen sei für sich
Allein das, was es ist; der Mann sei schon
Der Mann für sich allein; das Weib sei schon
Das Weib allein; das Kind: das Kind; so Baum
Und Stein und Sonne, Feuer, Luft und Wasser.
Doch siehe, selbst der Geist, der Fels sogar
Ist nicht ein Wesen für sich selbst allein;
Das Alles — sei es viel nun oder wenig —
Wodurch ein Andres wird und erst besteht,
Gehört zu ihm; ja, was dem Menschen fehlt,
Um da zu sei, ein ganzer Mensch zu werden,
Gehört nicht nur zu ihm — es macht ihn aus,
Und er ist Jenes wieder klar-geheim.
So ist der Mann auch Frau, ja Frau und Kind;
Die Frau auch Mann, das Kind auch Vater, Mutter;
Der Mensch ist Volk und Vaterland; die Sonne
Ist Erd' und Mond und Blume; und die Blume
Ist Erde, Mond und Sonne, selbst auch Mensch;
Der Mensch ist auch Natur und Gott; und Gott
Ist auch das Kind, die Sonne, die Natur.
Mein Kind, mein liebes Kind, das ganze Blut
Der Welt kommt alles nur aus Einem Herzen,
Und geht zu Einem Herzen all zurück,
Und jeder Tropfen braucht die andern alle
Und alle Tropfen brauchen auch den einen —
Natur ist nur ein großes Götterherz.

— Ohn' alle Dinge, die nicht du, nicht dein sind,
Ist doch kein Leben, keine Freude, selbst
Kein Schmerz, das siehe klar; ja selbst zu thun
Ist dir gehemmt, die Tugend ist verkümmert;
Des Lebens heitres Spiel ist aus, es hat
Dir nie begonnen. — Ergieb dich an Natur
Mit allem ihren Schönen, ihrem Lieben,
Sie giebt das schöne Leben dir dafür!
Den Andern zu gehören, ist das freiste,
Das schönste Eigenthum des liebevoll
Besessenen, der heiligste Besitz!
Für Thränen und für Leid, für Wohlgefallen
An ihr, für Liebe zu ihr giebt Natur
Dem Menschen all' ihr Herrlichstes — sich selbst!
Dafür ist Alles dein, was ihr gehört,
Was sie ist, und was alle andern sind.
Sieh' Alles an, als wär' es einzig dein,
Als läge dir die Sorge dafür ob;
Und wo die That nicht reicht, da reicht die Liebe
Noch hin. Du kannst das nimmermehr verlieren,
Was du je liebst, wie deine Liebe nicht.
Dir nimmt kein Gott, dir nimmt kein Mensch das Kleinste;
Und wird dir unsichtbar, und geht das unter
In jene heil'ge Tiefe der Natur,
Was deine Liebe war, — dann wirst du nicht
Den Gott anklagen, der auf himmlischen
Naturweg weiter es geführt; du wirst
Die Menschen, Blumen, Sonne, Mond und Sterne
Nicht böser Flucht anklagen, nicht den Gott

Zum schrecklichgroßen Riesenfeinde haben —
Denn Er nur könnte dich beleidigen!
Doch wahrlich — Er hat dir kein Leid gethan,
Und so ist dir von Niemand Leid geschehen
Und selig bleibt dein Geist sofort — als seiner!

---

## XIII.

Nichts ist als Gott, und außer ihm ist nichts!
Er ist allein; und Alles kommt aus ihm,
Was kommt; was geht, das geht in ihn zurück
Und war auch keinen Athemzug ihm fern.
Und hat er selbst sich erst zu Staub gemacht,
Um jeden Staub zu sich emporzuheben,
Und wie den Schneeball, durch die Zeiten wälzend,
Zuletzt so groß zu machen wie sich selbst?
Wie führte eine Brücke wo zu Gott!
Wer wäre, um sie zu betreten, wo!
Und wenn er wäre, wie gelangt er zu ihm?
Wie gäb' es eine Wesen-Leiter je?
Sonst müßte doch schon Eins sein seit so lange,
Drei Meilen kleiner als das große All;
Sonst müßte doch schon Eins sein seit so lange,
Drei Tage weniger nur noch als ewig,
Drei Löwen schwächer als der Einzigstarke. —
So wie von ungeheuerem Gewölbe
Der schönen, ungeheuern Tropfsteinhöhle
Die ungezählten Tropfen niederregnen

Und drunten mit den Silberstimmen singen,
So strahlt und glänzt und blitzt und strömt und säuselt,
Der Alles ist, aus allen Himmeln nieder,
Wird Alles, und ist Alles, bleibet Alles,
Und ist doch Nichts als Er. Nichts ist als Gott,
Nichts ist als Er. Geheiligt sei sein Name!
Er ist das All. Nichts Einzelnes ist Alle,
Die Rose nicht die Sonne, und der Mensch
Das Veilchen nicht, das Kind ist nicht der Greis;
Doch neben, mit einander sind sie alle
Und viele viele, — unzählbare — alle
Sind neben, mit einander alle göttlich,
Sogar der Staub auf Sommervögelschwingen,
Der Purpursprenkel auf dem Nelkenblatt,
Der goldne Strich noch auf der todten Muschel,
Sogar der Punkt im Ei — des Küchleins Auge!
Was ihn nicht nennen kann, das kennt ihn doch
Recht innerlich, herzinniglich durchdrungen —
In heimlichster Anbetung — stillstem Dasein.
Nichts ist als Gott; in ihm ist Alles gleich:
Sandkorn und Stern — geheiligt sei sein Name!

---

## XIV.

Wie keck der Mensch doch ist — so klein zu sein!
Wie dreist und frech, um gar so dumpfbescheiden
Zu sein, von Menschen: Namen, Zweck und Bahn,
Stand, Rang und Ehre und ein andres Glück

Und eine andre Menschheit anzunehmen
Von Menschenunsinn, Menschen-Noth und Loos, —
Als laut, hochmächtiglaut mit stillem Worte
Der Himmel zu dem Vater sagt, wenn er
Durch eines Kindes Göttergegenwart
Ihm sagt: „Dir ist ein Kind geboren, hör' es,
Ein Kind, ein Mensch, ein hoher Geist des Aethers,
Der Welt und Urwelt, und ein ew'ger Sohn,
Und ew'ger Vater — der ist dir geboren!"
Und sieh', es kriecht kein Thier in eine Maske,
Um weniger zu werden, als es ist,
Der Löwe kriecht nicht in des Esels Kleid,
Der Esel läßt nicht Hund sich nennen, noch
Das Hündchen Maulwurf, noch der Maulwurf Maus;
Sie bleiben in dem Werthe der Natur,
Und Menschennamen ändern nicht ihr Leben,
Sie wissen, wie sie bei dem Gotte heißen.
Die Menschen aber kriechen in die Masken
Des dummen Erdenspiels, in alte Röcke
Der alten Diener aus urdummer-Zeit,
Und ringen heiß nach der Entwürdigung,
Mit allen schlechten niedern Unternamen
Des Menschen hoch benannt zu sein vom Volke
Der ausgetauschten Menschen; nur noch immer
Nicht mit dem einzigwahren Namen „Mensch".
Drum willst du sein, so stelle niemals vor,
Und willst du bleiben, werde nichts — als Mensch.
Die Gans ist mehr in ihrer Gänsewürde,
Als eine Frau, die argbetrogen glaubt:

Nichts als ein Mandarinen-Weib*) zu sein;
Der Hahn ist mehr in seiner Hahnenwürde,
Als dort der Mann, der blind vor Hochmuth glaubt:
Er sei, er sei, er sei ein Priester Fo's**)!

---

## XV.

Nun Gottes Geist denn in dir lebt, als du,
O Mensch, bist du den Gott, das göttlich thun
Und leben, schauen, fühlen, denken, sein
Nun los? entsetzlich los nun? bist du Gott los?
Muß Ueberhebung, Frechheit, Hochmuth, Frevel,
Irrglaube, niedre Thierheit dich erfüllen?
Bist du nun freigesprochen von dem Guten?
Wie? . . . Oder hast du mit dem Göttlichsein
Erst göttlich Thun recht einzig übernommen!
Du hast das Gute durch dies Wissen mehr
Als wie durch tausend Eide übernommen!
Dir gilt fortan dies eine schönste Wort:
Was Gott nicht thäte, thu' du nicht, o Mensch!
Und Alles, was Gott thäte, thu' auch du.
Aus göttlichem Bewußtsein kommt allein
Auch göttlich Leben. Aus dem Herzen Gottes
Nur quillt die Liebe, immer reines Fühlen
Und großes immer seliges Beschauen

---

*) In China eine Ministerin, Generalin u. s. w.
**) Ein Gott mit zweihundert Millionen geistigen Unterthanen od. Anbetern.

Des Alls und jedes kleinsten Wesens noch —:
Du mußt es lieben, wie der Gott es würde ....
Du mußt ihm helfen, wie der Gott es würde ....
Du mußt es ehren, wie der Gott es würde ....
Die treuste Pflichterfüllung ist dein Wesen,
Die Pflicht des eignen Seins: die reinste Liebe
Zu sein, als vollste Liebe dich zu fühlen.
Was ist die Seligkeit? — sie ist die Klarheit!
So bist du selig, wenn du Gottes bist,
Wenn Gott nun Deiner ist, wenn ihr ganz Eins seid,
Wie Blume mit Staubfäden, und wie Sonne
Mit Strahl, und Strahl mit Licht und Licht mit Feuer.
Daß du in einem Leibe lebst, im Fleische,
Zwingt dich so wenig Fleisch zu sein, als Gott,
Der im und durch das Fleisch des Alls der Gott ist,
Und nichts als Göttliches vollbringt — sein Leben!
Du ächter Mensch, du Gott-durchdrungener,
Du Gottbewußter, mild von Gott Gelebter,
Du reiner Menschlichkeit allein Bewußter,
So sei du ruhig! — Doch was red' ich erst,
Du bist ein Mensch ja! Du nur bist es wahrhaft:
Den Kindern gegenüber, wie ein Engel
Sie liebend und sie lehrend! ... und den Jungfraun
Rein gegenüber, züchtig, ehrerbietig,
Das treuste, schönste, liebevollste Leben
Froh Jeder gönnend, so als hätte Gott
Hier eine Tochter, diese Einzige! ...
Dem Golde gegenüber, allen Schätzen
Der Erde gegenüber wie ein treuer Wächter,

Der selbst viel größeres Vermögen hat! . . . .
Dem Armen gegenüber, wie wenn Gott
Als Mensch hier eine Zeit auf Erden lebte
Und hätte weder Rock noch Brot noch Stab! . . . .
Ja selbst dem Frevler gegenüber, so
Als hätte Gott hier seinen jüngsten Bruder,
Den Blinden, der zu seinem Arzte wollte
Und seinen Weg zu finden nicht vermögend
Sich selbst verwundete und immer fiele! . . . .
Ja liebend erst dem Hasser gegenüber,
Der wie der Seidenwurm im finstren Knäuel
Noch schläft, bis er erwachend ihn durchbricht.
Du bist nun in der schönen vollen Welt!
Was brauchst du eine andre Lebenslehre,
Wo gäb' es eine schöner je und wahrer,
Die mehr des Gottes werth — der Wahrheit — werth sei,
Die mehr des Menschen werth sei, mehr ihn treibend
Zu allem Göttlichen mit vollem Feuer,
Die mehr ihm Größe, Würde, Adel, Ruhe
Und Fried' und Freud' und volle Sicherheit
In Tod und Leben Seligkeit gewährt,
Als daß ein Jeder fühlt: „Gott lebt in mir!
Unmittelbar, der All-Unmittelbare!

## XVI.

Es muß der Mensch das Gute thun. Das ist
Sein Wesen, ist sein unterscheidend Merkmal
Auf Erden hier. Der gute Wille ist
Des Menschen Göttlichkeit, der freie nicht.
Sein freier Wille liegt im Irrthum nur;
So lang' er irrt, so lange ist er frei;
Wenn er's erkannt, zwingt ihn das Göttliche!
Das freue dich, und hoch! Denn wär' dem Menschen
Der freie Wille auch nur mitgegeben,
So läge Sclaverei schon in der Mitgift!
Und ist der Mensch nicht götterhaft von selbst,
Ist ihm der gute Wille, wie der freie,
Nur angeboren, mitgegeben nur,
Dann übt er nur ein eingeprägtes, fremdes
Gesetz, dem Stein vergleichbar, welcher fällt.
Doch merkst du klar: Die Schwere wohnt ihm bei,
Noch selbst dem Sandkorn des Zertrümmerten,
So bist auch du urspünglich reiner Strahl
Vom Quell des Guten. Güt' ist deine Gottheit.
Den freien Willen los zu werden, das,
Das ist des Menschen göttlich Erdenwerk;
Und was vom freien Willen dich erlöst,
Das ist die Klarheit über Irdisches
Und Himmlisches, das ist die Kraft der Liebe. —

* * *

Und darf der Mensch nun mit dem Menschen rechnen,
(— Und hätt' ich Viel und Schweres auch „verbrochen",
Wie du des Menschen Irren irrig taufest —)
So rechne mir zu — nicht, daß ich nicht freien —
Nein, daß ich guten Willen nicht gehabt!
Denn hätte je ein Mensch auch freien Willen,
Und guten nicht, was wollt' ein Mensch wohl fehlen?
Und hat er guten — was dann fehlt in ihm?

## XVII.

Erkenne eigne Kraft als freien Willen,
Und sprich den Willen an als freie Kraft,
Sonst ist das All ein Sclave, — wie kein Sclave.
Doch jeder Wassertropfen ist ein Herr,
Den glühend Eisen nicht, nicht Ocean
Bezähmt, noch seine alte Kraft ihm bricht;
Ein jeder Staub ist frei, frei wie ein Geist,
Und meinst du, daß im All er dient als Sclave?
Er wirkt im All sofort nach seiner Kraft,
Und nicht Gehorsam kennen Wind und Meer,
Noch Mensch, noch Eins, noch Alles, was da ist.
Zu unterjochen strebt nicht Eine Kraft —
Sie will nur sein, und Sein ist Freiheit, Wirken.
Und meinst du, wär' ein Mensch wo unterjocht,
So stürzt' ich mich vor Abscheu in die Gruft!
Tyrannen selber sind nur Freiheitbrände
Und Freiheitstifter. Sie erst fühlen frei

Die Kraft in sich — doch wollen sie sie breiten
Weit über andre Kräfte — und zerschellen
Wie Eine Welle rings an tausend Felsen,
Und wecken durch den Todesschrei die Menschen,
Wie alte Boten, die im stillen Walde
Leicht-schlafend Botschaft gehn und leise hören!

---

## XVIII.

Noch keinen sah ich, der das Leben lebte,
Das er gewünscht und jung sich vorgeträumt.
Die Meisten leben ernst, still-widerwillig,
Ja wie verschlagen, ihrer frühern Habe
Beraubt durch Schiffbruch, wie in dürft'ger Hütte —
In ihrer reichen, schön umgeb'nen Wohnung!
Aus Welt und Menschen, und aus eignem Sinn
Entstehet Jechlichem ein Drittes; gleich
Der Bahn des Schiffes, das der Wogenschlag,
Das Steuerruder, Wind und Meerstrom lenken.
Der Steuermann erwägt voraus sie alle,
Läßt alle klug gewähren, und vermittelt
Sich seine Bahn, daß all' ihm helfen müssen.
Das kann der unerfahrne Knabe nicht,
Der schon vom heil'gen Strom ergriffen schifft,
Und so verfährt er alle Mal das Ziel,
Das er gewollt, und findet alle Mal
Ein schöner Land, den reichern Himmelsstrich,
Von dem das Neulingsherz sich nichts geträumt.

Und dieses sonnenhelle, feste Land
Ist besser, als das Land — das nirgend war!
Viel schöner ist die Erde und das Leben,
Als je in eines Kindes Herz gekommen;
Selbst nicht den Morgen kann ein Greis erträumen;
Denn wer die Zukunft kennte, wär' kein Mensch.
Wer sie erschaffen hilft, der glaubt sie! Der ist
Ein Erdgeborner! Wer sie anerkennt:
Jedweden Sonnenblick, jedwede Wolke,
Ein jedes Haus und jede Ros' im Haine,
Ein jedes Lächeln, jede Thräne selbst —
Der hat im großen Götterrath gesessen;
Der setzt als Kind dem Vater sich zu Füßen,
Der durch die rings empörten Elemente
Die Mondscheinnacht mit Riesenkraft durchschritten,
Und ihm am Morgen von dem Gang erzählt —
Indeß sie unter vollem Blüthenbaume
Voll Bienen in der vollen Sonne ruhen!

## XIX.

Wenn du ein reizendes Gemälde hättest,
So schön, so groß, so leuchtend wie der Himmel,
Wovon das Paradies dich täuschend anglänzt,
Doch auf dem goldnen Rahm desselben säßen
Drei Fliegen — wirfst du das Gemäld' ins Feuer?
Du hättest einen Korb voll süßer Trauben,
An welchem kaum drei Beeren noch nicht reif sind,

Willst du die Trauben vor die Säue schütten?
Zehntausend ganz vollkommenschöne Jungfrau'n
Umschwebten dich, sie lächelten dich an,
Doch sieben hätten sieben graue Haare,
Willst du sie alle in die Hölle stoßen?
Das willst du nicht. — Doch thust du Schlimmeres,
Wenn du nicht sagst: „Der Mensch ist gut; das All
„Ist schön; das Leben ist des Lebens werth!" —
Wenn Wenige, wie unter goldnen Münzen,
Zwar Gold auch, doch nicht ausgeprägt erscheinen,
Und nicht des Gottes Bildniß klar dir zeigen!
Doch wenn du Freude hast an tausend Völker
Verklungner Freude, die aus ihrem Tode
Herauf noch schallt als Echo in die Zeit —
Wenn dich die unaussprechlich-hohe Schönheit
Der Erde und des großen Himmels rührt —
So vieler tausend guter Menschen Güte,
Dann, dächt' ich, könntest du in der Berauschung,
Durchsaust vom Himmelsklange dieses Alls
Mit dem begeistert vollen Auge — könntest
Die sieben grauen Haare nicht gewahren,
Nicht zählen — und du nenntest treu und wahr
Des Menschen Antlitz allgemein so schön!
Den Menschen gut! In deinem Auge liegt
Vielleicht, gewiß der Fehler, daß du nicht
Die Seele göttlich auch des Argen findest,
So wie des Arztes Auge selbst den Leib
Des Missethäters als ein göttlich Werk
Des Gottes, — als sein Meisterstück muß preisen,

Auch wenn er weiter keins gebaut, als dieses!
Wann Tadeln weise, reich und glücklich macht,
Dann will ich auch mir meine Augen blenden,
Und meinem Geiste sagen: „schweig', schweig' Satan!"

---

## XX.

Erkennst du einen wahren Unterschied
Wohl zwischen göttlich Sein und göttlich Thun?
Das Blatt, das an dem Baume grünt und säuselt,
Ist das, was du mit deinem Menschensein,
Thut das, was du mit deiner Menschentugend,
Nur in verschiedner, zarterer Gestalt!
Mit deinem Thun, mit deinem Wissen allen
Wirst du der Lerche Treue kaum erreichen,
Die Spinne, die an ihrem Netze webt,
Den Wind, der Nachts vorübersaust am Himmel,
Der tief von einem Gott begeistert eilt,
Und flugs vollbringt, was er ihm aufgegeben.
O Mensch! o guter, reiner, edler Mensch,
So gut, so rein, so edel sei auch noch,
Dich nicht zu überheben deiner Seele!
Denn deiner Seele Kern und bestes Thun
Ist höchstens: jenem großen All umher
Still-menschlich gleichen! ihm nicht widersprechen!
Nur nicht ein Mißklang in dem reinen Hall
Des Himmels, im Geschlecht der großen Sterne
Und im Geschlecht der kleinen Erdenblumen

Zu sein! O Mensch, wie göttlich wirst du erst,
Wenn du bescheiden wirst und nur ein Mensch,
Den jener schöne reine Geist bewohnt,
Der hoch den Aether füllt und hier die Erde
Mit jeglichem Gebilde — und auch dich!
Und dieß Gefühl urreinen, höchsten Lebens
Rings um dich her in Allem, was da webt
Ist seliger gewiß, als all' dein Thun —
Es ist ja dein Gefühl, dein göttlich Wissen!

---

## XXI.

Was im Gebete dir geschieht, was im
Gebet du thust — das muß wohl ein Gebet sein!
Du sprichst nur wach den Namen Gottes aus —
Und hast somit das Wunder schon gethan,
Der Wunder Erstes hat dich überkommen,
Blitzhell dir leuchtend, ganz dich überstrahlend;
Die helle Morgensonne, die dir eben
Noch dort am Himmel stand — sie ist verschwunden!
Nicht Tag ist mehr, nicht Nacht — du siehst entrückt,
Gefaßt, gefaßt vom stillen Arm der Kraft,
Wie über ein beruhigt Herbstgefild,
Hin, über Hunderte versunkner Städte,
Hin, über eingeschlafene Geschlechter
Der Menschen und der Blumen dieser Erde,
Hin, über alle Gräber — und auch deines: —
Und nicht Ein Grab ist, denn sieh' — dir ist Gott!

Den Feldern thäte heitres Wetter noth —
Du sprichst nur wach den Namen Gottes aus —
Und regnet jetzt die Wolk' auch draußen mächtig,
Dir hat es aufgehört, du siehst nur Klarheit;
Und wenn es draußen blitzt und furchtbar donnert,
Dir nur geschieht es still, so wie im Traume,
Kein Fünkchen Furcht ist, denn sieh' — dir ist Gott.
Du liegest krank danieder, duldest viel —
Du sprichst nur wach den Namen Gottes aus, —
Und fühlst die Frische in der tiefen Brust,
Die aus dem All dich anweht kerngesund —
Und bist erfrischt, denn sieh', du fühltest Gott.
Du warest wach; die eigne große Seele
In dir empfand sich selbst, nichts als sich selbst,
Ihr eigenes Gefühl! Der eigne Geist
Durchschaute sich mit seinen eignen Augen,
So tief er konnte. Und so tief er schaute,
Das sah er Alles, das war Alles sein.
O eines Menschen Herz ist himmlisch weit,
Ist himmlisch selig! und dich selbst ermuntern,
Wach-sein, es fühlen, daß du wach bist, fühlen,
Wer in dir lebt, als Du, wer ewig war,
Auch Du war, Du bleibt — in das All sich betten,
So wie die Schwalbe fliegt zu ihrem Nest,
So wie der Tropfen Blut zum Herzen kehrt,
Das ist nur beten. Das nur. Doch ja das!
Und ist das eine Schande? oder Ehre?
Ist das ein Jammer? oder eine Freude?
Ist das ein Bitten, oder ist's ein Dank?

Ist's eine Wegflucht, oder eine Zuflucht?
Wenn du das Göttliche in dir willst, wenn
Der Wille dir erschienen ist als That,
Der Wille dir erscheinen wird als That,
Und schon in dir erscheint als größte That,
Als frömmste: die mit Gott zufriedenste,
Dann ist es deine Ehre, dein Gebet!
— Verehren ist die allerhöchste Ehre,
Und weh, der Mensch, der sich zu beten schämt,
Der ist kein Mensch! Der weiß nicht, was ein Mensch ist,
Und kann und soll, verklären soll er sich!
Den Schmerz, die Angst, das Glück, das Menschenleben,
In seinem großen, ruhigheitren Licht!
Und Schmerz und Angst und Glück nnd Menschenleben,
Ja eine Thräne führt dich schon dazu;
Und dazu leuchtet dir die stillste Nacht
Genug, ein Kinderaug' dir hell genug,
Und jede Scholle Staub wird dir ein Tabor. —
Was soll dir Moses, und Elias, † †,
Wenn Gott bei dir ist, in dir, um dich rings,
Laut und geheim, umfangend und umfangen!

---

## XXII.

Du klagst: „Ich hab' auch keinen Freund!" Das schmerzt mich,
Weil du das schwer empfindest — und es freut mich.
Ein Freund ist ein halbedler Mensch, der liebend
Das, was er Jedem so gewähren sollte,

Vor allen Andern Einem nur gewährt:
Sich selbst, und seine Zeit und seine Kraft.
So ist die Mutter Freundin ihres Kindes,
Des ersten, einen; wie im Alterthum,
Die Menschen waren, Freund einander wurden.
Dann kommt ein zweites, drittes, viertes Kind,
Und sieh', mit gleicher Lieb' erwacht ihr Auge
Nun über dieses zweite, dritte, vierte —
Liebt jedes recht, nun ist sie recht die Mutter!
Und hast du einen Freund, und lebte Jemand,
Und lebten Zehn, und lebten Hundert, diesem
In allem gleich an Seele, Leib und Gunst,
Du müßtest allen wie dem Einen Freund sein!
Erschiene dir ein Mensch nun wie der Andre,
Mit Eigenheiten, ja mit Fehlern noch
Von übermenschlich hohem, vollem Werthe,
Und liebenswürdig als die nahe Gottheit,
O müßtest du dann nicht — so wie die Mutter
All' ihren Kindern — auch jedwedem Freund sein?
Jedwedem Freund ist, wer jedweden ehrt,
Jedweden ehrt der, wer jedweden kennt
Und anerkennt! Drum liegt es nur an dir,
Daß du den Menschen nicht ein gleicher Freund bist!
Daß dir nicht Alle Freund sind, Freunde Allen.
Das ist ihr Fehler, das ist ihre Schuld,
Die größte Schuld, die Schuld der reinen Liebe!
Drum wenn du keinen Freund hast, wenn ich keinen
Dir wünsche — ach, was wünsch' ich Alles dir!
Was wünsch' ich Allen! Ach — nur Menschliches!

## XXIII.

Timoteo della Vita da Urbino,
Du maltest die Madonna di San Sisto;
Aus größter menschlicher Bescheidenheit
Verbargst du deinen Namen zu dem Werk,
Wie schwach die Mutter Gottes dir gelungen!
Der Feind nun spricht, er traute sich nichts zu,
Und wollte, daß ein Werk von seiner Hand
Des engelgleichen Meisters Namen führe!
Du, Guter, wirst den edlen Streit entscheiden,
Der du aus wahrem, menschlichem Gefühl
Das Gute unter Gottes Namen übst,
Und Göttliches doch thust in stiller Gnüge!

Das Gute wollen und das Gute schaffen,
Es ist nur ein Mitfühlen mit dem Gott,
Es ist nur ein Mitwirken mit dem Gott,
Dem Geist des Alls; sich eigen, einig, eins.
Durchsichtig scheint des Menschen Geist, durch welchen
Der Geist des Alls nur strahlt: jedoch durchsichtig
Ist nur, was mit dem Lichte gleich, was Licht ist;
Und wo du einen guten Menschen siehst
Das Gute wollen und das Gute thun,
Da siehst du Gottes Wesen; nicht sein Bild.
Falsch, elend, jämmerlich und kriechend ist es,
Von irgend Jemand in der Welt dein Glück
Erwarten, deine Seligkeit, dein Leben,

Die Wahrheit und die Freiheit und das Recht!
Von wem erwartest du noch deinen Geist?
Und bist du der, voll seines Himmels Inhalt,
Auf welchen Helfer wartest du bei Menschen?
Und sicher — deine Tugend schenkt dir Niemand.
Drum stelle sanft dich jeder Himmelskraft
Und Menschenmacht entgegen, dich ihr gleich
Zur Seite; lächle, wenn dir einer sagt:
„Ich bin dein Herr!“ — „Mir nach!“ — Denn jener Geist,
Der groß ist, wie das All, er gönnt noch jedem,
Ein Geist zu sein, wie Er, und schweigt vor Größe.
Kein Wort, kein Werk enthält die Wahrheit ganz;
Der Geist bedarf das ganze All auf immer,
Sich auszusagen, offen sich zu zeigen,
Als schönes Werk sich lebend darzulegen.
Denn daß die Schöpfung schon geschaffen worden,
Das ist ja nur Gedicht des Menschengeistes,
Der alles Künftige nur als Vergangnes
Erzählt, als Angeschautes — weil er's schaute.
O nenne mir das einzige Geschöpf,
Das einzige, das war, und ist, und sein wird,
Mit welchem sich der große, große Gott
Ununterscheidbar innig so vereinigt,
Daß du vor dem Geschöpfe Gott nicht mehr
Gewahrst, in dem er gänzlich sich verborgen,
Sich ganz auf alle Ewigkeit erschöpft,
Und neben ihm und hinter ihm, wie todt,
Ja wirklich todt ist. Nenne das Geschöpf!
Und weißt du keins, so schweig' auf ewig still.

Durch Keinen ist das Leben erst geworden,
Durch keinen Menschen ist ein Mensch geworden,
Die schöne, große, reiche Kraft der Welt,
Durch Keines Wort ist erst das Wahre wahr,
Das Gute gut, das Schöne schön geworden.
Dieweil das Wahre, Gute, Schöne war,
Drum haben es die Lehrer erst gesagt;
Sie sind an ihm zum wahren Mann geworden,
Zum schönen und zum guten; durch dasselbe
Sind sie erst werth geworden; nicht durch sie
Lebt erst der ganze Gott, die ganze Wahrheit.
Ein Offenbarer ist noch kein Erzeuger,
Das Offenbaren ist noch nicht die Wahrheit,
Ausgießen aus dem Faß ist nicht der Wein.
Bist du ein Geist nun? Hast du einen Geist?
Nein, du hast keinen Geist; denn was ihn hätte,
Wär' höher, größer als das Größte, Höchste!
So bist du denn ein Geist; bist du ein Geist,
So bist du ungezeugt und ungeboren,
Du bist von Ewigkeit zu Ewigkeit.
Es giebt nicht höhern Geist und niedrigern,
Unsterblichen und sterblichen; es giebt
Nicht menschlichen und göttlichen — nur Geist:
Der Geist ist Einer überall und immer.
Der Geist ist einzig alles das, was ist;
Kraft, Liebe, Leben, klares Selbstbewußtsein.
Und gäb' es einen schöpferischen Willen,
Der Geister selbst aus Nichts erzeugen könnte,
Dann wäre das Erzeugte erst der Kern

Des Zeugenden, und das Gewollte wäre
Noch höher, als das Wollende. Was aus
Dem Willen wäre, wäre er erst recht,
Er selbst erst ganz vollendet! göttlicher!
Er hätte sich zu ihm hinauf verklärt.
Du bist des Geistes, du bist Geist: du bist
Das alles selbst, was in dir lebt und webt,
Dein Leib ist selbst die heilige Natur,
Du eben lebst das Leben der Natur
Als Mensch; du trägst die Liebe nicht zum Lehen,
Denn deine Liebe ist die Liebe selbst.
Du lebst des Gottes schönes Leben selbst
Als Mensch, so lang' er Gottmensch ist; denn Mensch sein
Kann nicht ein Schatten, kann nur Gott allein.
Du trägst den Gott nicht nur zu kurzem Lehen,
Du trägst ihn nicht wie einen Schatz des Himmels,
Er senkte nicht die Fülle seines Wesens
In dich, du warst selbst Geist und Liebe lang,
Unsterblich vorher, jetzt als Mensch unsterblich;
Der Mensch ist auch unsterblich auf der Erde —
Du bleibst unsterblich nachher, nach dem Abblühn
Der schönen Blume, drein du dich gewandelt.

## XXIV.

Die schlafenden Geliebten anzusehen,
Wie gnügereich! doch auch wie niederschlagend!
Am Tage sind sie dein: sie wissen es
Nicht anders, anders wollen sie es nicht;
Da blüht ihr Herz, wie Blumenkelche blühen
— Am Tage — und zu Nacht in Nacht sich schließen,
Wie weggezaubert aus dem lichten Reich
Des Lebens und der Liebe! Nun die Schläfer
Betrachtend siehst du wohl, und siehst betreten:
Sie sind nicht ganz dein! Sie gehören halb
Der heiligen Natur, gehören noch
Ihr ganz, die dir nur ihren Sinn geweiht,
Und sie im Traum zu sich nach Haus genommen,
In ihr von Menschen nie betretnes Reich,
Wohin nicht Haß, nicht Erdenglück und Leid,
Selbst Liebe ihnen nie hinfolgen kann!
Wo sie allein sind in der Mutter Arm,
Wie kleine Kinder eine Nacht zum Trost
Wohl einmal „zur Großmutter" schlafen gehn!
Im Schlafe liebt der Liebende nicht mehr,
Der Schönste ist im Schlafe nicht mehr schön,
Der Häßlichste ist nicht im Schlaf mehr häßlich!
Sie sind die hohle Maske nur des Menschen,
Zum Zeichen, daß die Seel' es ist, die schön macht,
Die Reiz gewährt und Liebe sich erwirbt
Durch immerneues, helldurchglühend Flammen
Und Leuchten, wie der goldnen Kohle Gluth.

Das Kind sieht mit der einen gleichen Miene
So kühl, so alt aus — wie der volle Mond —
Und doch, wie wird es dich am Morgen lieben,
Wie ihm die Wange jetzt nur rosig glüht.
Du selber wirst nun in den Schlaf versinken,
Ihm hin sein, ihm kein Halt, kein Schutz! wie lieblos
In fernes Land auf immer fortgezogen —
Doch mit der Sonne kommt die Liebe wieder,
So wie den Blumen Duft und Herz und Augen!
— Dich aber hat der Anblick nicht gebeugt,
Er hat dich aufgerichtet, groß gemacht;
Denn was des Gottes ist — das nennst du dein,
Mit Recht, weil du des Gottes bist und ihrer!

## XXV.

Ein kleines nacktes Kind, das seine Mutter
Zum Bad ins Wasser — wenn auch noch so sicher,
Behutsam — auf den Rücken niederlegt,
Hält sich, vor Furcht, nun endlos zu versinken,
Gar lieblich fest an seinen eignen Händchen!
So hält der Mensch sich fest an seinen Wünschen,
— Gleichwie am leeren Ball der Luftbeschiffer —
Auch dann noch, wenn ihn seine Mutter Erde
Sanft in das Grab legt, und ihn sicher hält!

## XXVI.

Eins halte fest und denk' es, immer milder,
Gelassener und größer immer werdend:
Die Erd' ist nur ein Ruheplatz des Geistes,
Der in dem All mit heil'ger Liebe schwebt;
Die goldenen Oasen — die Gestirne,
Und was die Erde Alles auch hervorbringt,
Es ist nur seine Ruhe, sein Verweilen;
Die Rose, selbst der Mensch ist seine Ruhe,
Das Menschenherz, so ungestüm es klopft.
Und denkst du, glaubst du, schaust du das, o Seele?
Willst du ihm nicht den Ort der Ruhe gönnen,
Und ruhig sein im Leben und im Tode?
Er wäre schlimmer selbst daran als du,
Wenn er nicht Ruh' und Frieden, Glück und Liebe
Auch in dir hätte, so wie du in ihm.
Um Gottes willen also lebe göttlich
Und ruhig, liebevoll, in Seligkeit!

---

## XXVII.

Lebendig stirbt der Mensch. Das denke einst!
Und ob er sich zu Tode stirbt? zu Leben?
Und ob er todt geboren wird? ob er
Sich erst lebendig lebt? — das fragst du? Wisse:
Mit dir geboren wird der Gott. Er lebt

In dir, mit dir, liebt, thut aus dir das Gute;
O Mensch, wenn du stirbst, stirbt der Gott mit dir,
Ihm fällt in dir der Menschenleib vom Geiste:
Doch da der Gott nicht starb — gestorben todt ist —
Stirbst du nicht, sterbt ihr alle Beide nicht,
Und Alle nicht, die lebend mit ihm sterben.
Denn sterben eben ist sein Leben auch
Für immerdar, so wie es deines ist:
Verwandlung, Hiersein, Immer-selig-sein;
Nur einer Wandlung Ende heißt da: Tod.

---

## XXVIII.

Das Kind hat Blumen mit zu Bett genommen,
Um sie die Nacht dem lieben Gott zu geben;
Auch bunte Karten hält es froh bereit,
Um mit den Engeln in der Nacht zu spielen;
Was willst denn Du mit in den Himmel nehmen? —
Die Menschentugend und das Menschenglück?
Und was, o Mensch, willst du dem Gotte bringen,
Was er nicht sah auf Erden, schuf und war!
Das All ist heilig, einig durch und durch,
Kein Tempel Salomonis, wo mit Vorhof
Und Innerm, wo mit Heiligthum und Kasten
Sein Leben ist so reich als wie sein Tod,
Voll ganzer Pracht in jeder Scenerie,
Sein „Todtenstrom„ so klar als wie sein Quell,
Sein Quell so unermeßlich als sein Strom.

---

## XXIX.

Was unverwandelt rein zum Himmel eingeht,
Wie Morgenthau aus tausend Blumenhäuptern,
Wie Licht des Tages in die Abendsonne,
Gleich rein aus trübem wie aus heitrem Tage —
Das ist die Liebe! Schmerz und Furcht und Reue,
Sie bleiben hier als Niederschlag des Lebens,
Als Erdenantheil. Selbst die großen Genien
Des Menschen auf der Erde: Glaub' und Hoffnung,
Sie müssen vor den Himmelspforten bleiben —
Sie sind da nichts mehr, wo an ihre Stelle
Erfüllung tritt und Anschaun. Nur die Liebe
Bleibt dort sich gleich, weil sie vom Himmel war!
Und gleich wie drinnen, ist sie draußen ganz
Die Himmlische; wie Geistern, also Menschen
Und was auf Erden und im Himmel lebt,
Ist sie der Eine Geist im großen All',
Und Eine Seligkeit gewährt sie Allen!

## XXX.

Du sahst die Wasserblumen in dem Teiche
Mit goldnen Kugeln in den Kelchen schwimmen,
Die sternengleichen Wassernüsse sahst du,
Die nur im Wasser wurzelnd schwimmend reiften,
Und schwimmend nun vergingen, aufgelöst
In ihre Mutter — in das Wasser, gleich

Den Blumen hier in ihre Mutter — Erde.
Und voll von diesem Anblick und Gedanken
Erhebst du nun die Augen zu den Sternen;
Und in dem blauen Aether-Ocean,
Der rings das All' erfüllt, aus dem hervorgeht,
Was irgendwo erscheint, in den zurück sinkt,
Was irgendwo vergeht, und alle Keime
Der Dinge und die Dinge selber nährt —
Siehst du die goldnen Blumen, die Gestirne
Des großen Meerteichs leiseschwimmend blühen —
Vielleicht — gewiß auch leiseblühend reifen,
Indeß sie (wie Libellen und wie Bienen)
Die Wesen in der Blüthenzeit besuchen,
Auf ihrem goldnen Kelch ein Weilchen landend.
Und wie die Wasserblumen in dem Teiche,
Mit goldnen Kugeln in den Kelchen schwimmen —
Und wie die sternengleichen Wassernüsse,
Zergehen sie gewiß im Ocean
Des Aethers, und verschwinden wie die Blumen,
Den Keim, die Saat zu ihren Kindern lassend.
Ja, wie die Blumen sich im Teich gelöst,
Wie er nur seine blauen Fluthen zeigt,
Und keine Blume mehr, so kann wohl einst
Der Aether auch ganz ohne Sterne sein,
Nur noch geschwellt von seiner alten Kraft —
Und großer Herbst rings waltete da droben.

Nun schlage deine Augen still zur Erde
Und sieh, wie durch der Bäume schwarze Zweige

Die Sterne golden funkeln! Sieh dich satt.
Leg' deine Hand nun auf dein klopfend Herz,
Und küsse deine Kinder in den Bettchen,
Die rosig blühn, wie dort die Stern' am Himmel,
Nicht lang', nicht immer wirst du, liebes Herz,
Die Deinen lieben! Einzig sind die Tage,
Doch sind sie! Und jetzt ist euch großer Tag!

# December.

## I.

Wie voll, wie seligvoll ist doch das Herz
Der Menschen, aller, alle Tag und Nächte!
Nur einen Tag, den allgewöhnlichsten
Und allgeringsten treu mit seiner Fülle
Ganz auszusprechen, ganz ihn zu erzählen,
Ist selbst das ganze menschliche Geschlecht,
Mit allen Frauen rings und allen Alten
In tausend Jahren nimmermehr im Stande!
So viel hat sich den einen Erdentag
In jeder Brust begeben! So viel ist
Den einen Tag für Jeglichen geschehen,
So viele Wunder haben sich ereignet,
So viel zu schauen gab es und zu staunen,
So viel zu lächeln, weinen, sich zu freuen,
So viel zu dulden gab es und zu preisen,
So ganz Unsägliches erst zu verschweigen?
Und was ist doch den einen Tag geschehen?
Was Einziges, nie Wiederkehrendes?
Die Sonne ist nur Morgens aufgegangen,
Es hat gedonnert, hat den Mann erschlagen,
Ein Regenbogen hat sich bunt gewölbt,
Das junge Weib hier hat ein Kind geboren,

Und schöne Pathen sind mit ihm geschmückt
Im Sonnenschein zur Kirche hingezogen,
Die Hochzeit ist dem Leichenzug begegnet;
Der Mond ist ganz verfinstert aufgegangen,
Indeß die Sterne drüber hell gefunkelt,
Und jenem Weib hat wunderbar geträumt!
Das ist des Götterwerkes Tag gewesen!
Doch wahrlich, alle Dichter, die gelebt,
Die Alten alle, und die Neuen alle,
Sie haben aus dem Götterquell des All's
Nur wenig Händevoll heraufgeschöpft!
Und alle Maler, die vergangenen
Und künftigen zusammen hingesetzt,
Sie malen auch nicht einen Augenblick
Der Erdenschönheit und des Erdenlebens
Vollständig, auch als Bild nur auf die Tafeln!
Und alle Forscher der Natur, und Weisen,
Sie mögen bis zum jüngsten Tage sitzen,
Um eine Hochzeit, einen Kindtaufschmaus
Mit Mutter, Kind und Blumen zu erklären,
Mit Erde drunter, und mit Himmel drüber,
Mit Sonnensinken und mit Mondesaufgang,
Mit süßem Neigen und mit holder Liebe,
Mit klarem Leben und mit stillem Träumen!
Doch alle Lebenden sind voll davon,
Und schwelgen selig unbewußt darin,
Und alle Todten waren voll davon
Und haben's in den Tod hinein vergessen!
Und heilig Wissen muß im Tode sein!

## II.

Dein rastlos Herz hat keinen Schlag verfehlt,
Seitdem dir Aether einst die kleine Brust
Zum erstenmal gefüllt, zum Weinen schwer,
Und so das Werk der heimlichen Natur,
Dein Götterkunst-Gebild in Schwung gebracht!
Und noch bewegt, mit jedem Athemzug
Das Leben und den Geist ernährt, so mehr
Als väterlich! Dein Denken auch hat nie
Gestockt, in Einem fort hat sich die Werfte
Mit neuem Einschlag aus dem All gefüllt,
Am Tag dir Wachem, und dir Schlafendem
Die Nacht. So stets sei du dir selber treu!
Nicht einen Fehltritt darfst du thun auf diesem
Gefährlich-schmalen schwanken Lebensstege,
Der durch die Luft auf grausen Abgrund führt,
Und plötzlich stürzest du hinab, unrettbar!
Du hast noch stets den rechten Tritt getroffen,
Als hätten Geister dir den Fuß gesetzt,
Und also dringest du in Nebel weiter,
In Tage, Fernen, die du nie geahnet,
Die nie gewesen sind, die mit dem Anblick
Des Auges erst sich schaffen, mit dem Fußtritt
Erst aus der Erde quellen — denn du bringst sie.!
Du lebst und webst und malst aus dir dein Leben.
Du mußt dir Alles selbstallein vollenden;
Du bist allein in deiner Mutter Schooße,

Du bist allein auf deiner Mutter Schooße,
Du bist allein der Sonne gegenüber,
Auf weiter Erde bei den tausend Menschen;
Du bist allein in deiner höchsten Freude,
Du bist allein in deinem tiefsten Leid.
Du bist allein in deiner letzten Stunde,
— Wenn jener alte Tod leis mit dir spricht —
Du bist allein in deinem Sarge! — Aber
Du kannst allein nur in der Heimath sein,
So wie ein blindes Kind im Vaterhaus!
Der Geist ist stets bei sich, in seinem Urquell;
Du fühlest dich daheim, sobald du weinest,
Du bist daheim, wo Schönes dir erscheint,
Du bist daheim, wo du das Gute thust,
Du bist daheim, wo Wonne dich durchsaust —
Wo dir ein Theures stirbt, nur eine Blume, —
Wo du den Todten schaust, wo grauses Unglück
Erscheint, wo schändlich-himmelschreiend Unrecht
Geschieht, dich herzzerreißend Weh ergreift,
Da bist du flugs daheim! Da sei du da!
Und liebend erst, und bis zum Tod geliebt
Bist du in deiner seligschönen Heimath!
Wann, liebe Seele bist du nun ihr fern?
Drum laß dich nicht zerstreuen, holder Geist,
Erzeuge nicht den Zweiten in der Brust
Durch eine böse That! Daß du, nicht Licht mehr,
Nun einen Schatten wirfst! daß dir das All
Kein Spiegel wird! Bleib' einsam-einfach, stets
Mit allem eins und Einer in der Kraft!

III.

Es giebt ein Lichtreich, Centillionen Sonnen,
Die eine Welt in dieser Welt erschaffen;
Es giebt die Sehkraft tief im Geist des Alls,
Der sich das wundergleiche Auge baut,
Das schöne Lichtreich heiter zu genießen,
Der Fisch noch sieht im düstern Meeresgrunde,
Der Uhu siehet klar in finstrer Nacht —
Das Lichtreich wäre da, auch ohne Auge;
Die Sehkraft wäre da auch ohne Lichtreich,
Und beide sind erst für einander da
Und bilden einen Zauberkreis des Lebens.
Leis aber fragst du: siehet blos, wer lebt?
Lebt blos, wer sieht? und liebet blos, wer lebt?
Ist dieses Lichtreich nur das einz'ge Reich?
O Wunderreich des Lichtes, innres All
Im All, vom Aufgang bis zum Niedergang
Der Zeit in ungemeßnem Raum erleuchtet,
Du Göttersaal in diesem Götterhaus,
Zu deinen Pforten drängen unaufhörlich
Sich Schaaren ein der goldverlarvten Wesen,
Und jedes hat zwei Geist- und Himmelsfenster,
Nur eines hat drei Augen, eins die Sonne,
„Die schöne Blinde" in der goldnen Welt!
Nun kommen diese ungezählten Völker
Von Wesen an das helle Tageslicht,
Um auch einmal die schöne Welt zu sehen,

Was ihres Meisters Hand geheimnißvoll
Wie selber blind mit unsichtbaren Händen
Heraufgezaubert aus der Kraft der Tiefe —
Da droben euch, Gestirne! Dich, o Sonne,
Den Mond, die Wolken und die Regenbogen,
Die Macht der Berge und der Thäler Ruhe,
Das auf die Blätter ausgegoßne Grün,
Das auf den Wassern ruh'nde Himmel-Blau,
Auf Rosen hängenbliebne Morgenroth,
Und aller tausend Blumen tausend Farben,
Des Goldes Glanz, des Silbers helles Leuchten
An Wolken und an Muscheln — doch vor allen
Das liebevolle Auge selbst zu sehn!
Zu sehen, wie die Liebe sieht und lächelt,
Und an der Schönheit sich entzückt, der Schönheit
Des wunderbaren Lichtreichs, wiederum
Noch größrem Wunder! Ach, und diese Flucht
Durch diesen Saal ist höchstes Leben? Oder
Erst Aller Augen sind doch nur Ein Auge,
Das Auge, sind das Morgenlicht der Welt,
Des Gottes unbewegtes Fliegenauge,
Das mit den tausend Spiegeln überall
In jeden Tag, in jedes Eckchen sieht,
In jeden Blumenkelch mit Bienenauge,
In jede düstre Nacht noch mit der Maus!
Drum schaue ja das Schöne, schöner Mensch!
Und schätze deine Kraft, zu schauen, göttlich.
Und nun der Blinde! — Gieb dem blinden Manne,
Der nie das schöne Lichtreich je gesehen!

Erzähl' ihm viel davon, als beste Gabe,
Denn er versteht dich wohl, der Blinde sieht
In sich, er malt es nur mit falschen Farben;
Und erst dem Geistig-blinden leih' dein Auge,
Der seh'nd, die Welt mit falschen Farben malt.
Wer jemand klug macht, schenkt ihm eine Welt,
Wer Jemand gut macht, schenket ihm den Gott.

---

## IV.

Siehst du aus einem Kästchen tausend Perlen
Ausschütten, denkst du recht: „sie waren drin!“
Das Haus, woraus du Schaaren Kinder siehst
Alltäglich kommen, nennst du eine Schule;
Den Ort, wo für und für aus stillem Felsen
Das Wasser rinnt, du nennst ihn einen Quell,
Und schließest auf das große Wasserbecken,
Das hier nun sichtbar sich so reich beweiset!
Das weiß ein Kind im Herbst, wenn es im Abfall
Der Blätter mit den Füßen rauscht, wie groß,
Wie reich der Baum war, der so viel verschüttet! —
Und siehst du nun im Frühling so viel Blumen
Zur Erde abgeschüttet, siehst auf Erden
So viele Menschenkinder, mehr als Perlen
Im Meere, denkst du recht: Sie waren drin,
In jenem sichtbarleeren Himmelblau!
Sie leben still drin, still drin auch die Kraft,
Die sie hervorgethan. Denn du siehst klar,
Aus leerem Becken quillt auch nicht ein Tropfen,

Aus leerem Kästchen rieselt keine Perle —
Und nun bestaunst du tief den heil'gen Himmel,
Der wie ein Bienenkorb unendlich schwärmt!
Und das auch siehe klar: das Grab des Menschen
Ist himmelblau, nicht rasengrün; und wirklich
In jene Bläue wird der Mensch begraben —
Ach, nicht begraben, nein, nur eingelassen
Zum Vater, wie die Kinder aus der Schule.
Der Blinde hört die Stachelbeeren blühen —
Am Bienensurren! Sieh du doch mein Wort!

---

## V.

Der Mensch hat viele Räthsel aufzulösen,
Und löst sie nicht selbst durch das höchste Wissen,
Noch Lieb' und Geist. — Er löst sie leicht durch Leben!
Drum was ein Kind sei — löst ein Kind am besten;
Und was ein Weib sei, lernt der Mann durch Ehe,
Durch reichbegabter Jahre Weg. Sie beide
Zusammen, lösen leicht das Leben auf!
Die Freuden und die Leiden Sterblicher
Auf Erden! — Schicke einen neuen Gott
Hernieder, der dir plötzlich sagen soll:
Was wohl die Freude sei, die Aeltern fühlen,
Die ihr verlornes Kind, das einzige,
Nach einem Jahre wiederfinden? — Sieh, da steht
Der Gott als stummer Thor! Selbst nicht so klug,
Wie nur der Hund im Hause, der sich mit freut!

Der Gott muß sich geboren werden lassen,
Ein Kind sein, selbst erwachsen, sich vermählen,
Ein Kind erst haben und das Kind verlieren,
Eh' er mit aller Himmelsweisheit fühlt:
Was Wiederfinden sei verlornen Kindes.
Und wie viel tausend schönere Genüsse
Und reinere geheimnißvolle Freuden
Erlebte nun das menschliche Geschlecht
In wechselvollen immer neuen Jahren!
Und wenn ein göttlich Herz, ein göttlicher
Verstand dazu gehört, sogar als Mensch
Auf Erden eingeboren sich zu fühlen —
So wohnt kein Anderer im menschlichen
Geschlecht, als einzig nur der höchste Gott.
Und deutlich ist: Warum er darin lebt!
Und deutlich: Wie Du darin leben sollst:
Als Er, der Du ist, und als du, der Er ist.

---

## VI.

Bedurft zu sein, das ist des Vaters Werth;
Bedurft zu sein, das ist der Mutter Glück;
Bedurft zu sein, das ist des Weibes Leben,
Und grad' die Beste widersteht dem Ruf nicht,
Dem inneren Beruf: bedurft zu sein!
Und darum trägt sie Last und Leiden gern.
Doch wer beglückt auch mehr, als der Bedurfte!
Wer ist verlaßner, als der Unbedurfte!

Wie viele stürzten aus dem Kreis der Menschen,
Wenn Alle stürzten, die man kaum bedarf —
Die selbst bedürfen: Gott und Welt und Menschen
Und Thron und Hütte, Wasser, Brot und Salz.
Was wahrhaft je ein Mensch bedarf, das giebt ihm
Mit Hast und ungeschont der Andre hin —
Hin giebt das Weib ihr langes Haar zu Stricken;
Hin giebt der Geizhals Wein zum Feuerlöschen;
Hin giebt der Lahme seinen Hund dem Blinden;
Denn was der Mensch wahrhaft bedarf, gehört
Ihm wahrhaft! und allein der Zweifel, ob er
Wahrhaft ein Gut bedürfe, der nur hält
Die Menschen an in ihrem Götterdrang!
Drum auch Bedürfen ist ein Menschliches,
Bedürfen ist ein selig Loos dem Armen.
Es reicht ihm Brot aus milder Hand des Guten,
Bedürfen giebt die Liebe Liebenden,
Bedürfen zeigt dem Menschen Menschen an.
Wer nicht bedarf, lebt von dem Leben fern:
Der ist ein Thor, der dumpf sich selbst betrügt,
Mit Stolz der leeren Seele Lechzen füttert; —
Nein, siehe, der ist todt — er liegt im Sarge!
Und der im Sarge, wär' er wirklich auch
Der Unbedurfte, der Verlassene, —
Bedarf der Todte nicht erst eben Alles?
Ein neues Leben? eine neue Welt?
Nicht selber einen Athemzug vom Himmel? —
Und wie? bedarf ihn höchlich nicht der Gott
Für seine Liebe all, für seine Gaben?

Der alle Welt bedarf — der ist der Gott!
Drum ist die Welt! drum sind wir die Bedurften!
Und weil wir ihn bedürfen, liebt er uns —
Und den, der uns bedarf, den lieben wir!

---

## VII.

„So will ich leben, wie der Mensch auf Erden
„Einst leben wird, wenn Alles, was im Geist
„Ihm lag, im Götterherzen ihn bewegt,
„Nun ausgewirkt rings herrlich um ihn blüht,
„Er glücklich, schuldlos, frei ist, frei vom Anblick
„Und Wissen selbst nur Eines Leides wo!“ —
So betest du. Doch ganz mit Recht? Denn siehe:
Da trägt ein armer Knabe Holz im Korbe;
Er hat es aus dem Wald entwandt. Zu klein,
Erliegt er unter seiner schweren Last,
Die er dem kranken Vater bringen will,
Der in der finstern Hütte frierend sitzt.
Er trägt des Vaters große alte Jacke,
— Die langen Aermel schützen ihm die Händchen —
In solcher Kälte hat er keine Mütze.
Doch sieh, sein guter Wille macht ihn warm.
Er eilt. Er fällt. Er blutet an dem Fuße —
Er hat nicht Zeit; zu helfen macht ihn tapfer.
Er will nicht Hülfe — er muß selbst es tragen.
Im Geh'n erzählt er, daß der todten Schwester
— Die keinen Mann gehabt — gar liebes Kind

Zu Nacht gestorben, und der Vater sage:
Nun hab' er Nichts auf Erden Liebes mehr! —
Der Knabe weint, weil alle seine Mühe
Doch nichtig sein soll, da sie Niemand freut.
So tritt er ein. Bald wird die Hütte licht.
Ich seh' den Alten, seh' das todte Kind,
Das er an solcher Enge besten Ort
Hin auf sein Bett von Stroh gelegt, und sinnend
Nun steht er: wie er aus den alten Brettchen
Und alten Nägeln mit der bloßen Axt
Dem lieben Kind' ein würdig Särgchen mache?
Der Förster hat den Knaben abgespürt,
Tritt ohne Gruß ein, greift ihn, führt ihn fort;
Sein Unrecht fühlend, geht der Knabe willig,
Und schweigend läßt der Vater es geschehen;
Nun einsam faltet er die Hände
Ein Weilchen; dann zur Arbeit macht er helle.
— Ja, wahrlich, unbegreiflich groß und herrlich
Muß einst das Loos der guten Menschheit sein,
Ein unbekanntes Leben muß ihr leuchten, —
Soll ihr ersetzt sein Alles, was ihr jetzt fehlt,
Was sie bedrückt, erdrückt und unterdrückt —
Doch was sie mehr als gut macht: durch Erdulden,
Verachten, Kraft, erhabnen Schmerz und Liebe!
Und hast du Mitleid, bergegroß, o Guter,
Bedenke wohl: wem du es weihst! und weihe
Es denen ja zuvor, die keines haben:
Den Harten, den Betrügern, den Tyrannen.
Denn Gott hat einst die Welt gemacht — auch diese,

Die heute lebt — in Lumpen, Gold und Liebe,
Ein Donner könnte jeden Feind der Menschheit
Erschlagen, ein leicht aufgethaner Spalt
Der Erde sie verschlingen, Legionen
Erzengel könnten Weisheit, Glück und Freude
In einem Tage allen Menschenkindern
Herniederbringen — doch sie bleiben aus.
Die Menschheit soll sich Alles selbst erwählen,
Selbst thun — nur soll sie nie zurückekehren,
Nie ganz ein Gut aufgeben, keines missen,
Am allerwenigsten —: ihr kindlich Herz!

---

## VIII.

Zu frommem Sinn gehört nicht Sclaverei,
Nicht: sie erdulden, sie erdulden lassen.
Ein Frommer ist der einzig Freie, Starke;
Ein Freier ist der einzig Gute, Fromme,
Er will, daß Jeder frei sei so wie er;
Und wer, wer wollte lieber: daß die Menschen,
Die Menschen alle die Vernunft verlören,
Den freien Geist, Gerechtigkeit und Wahrheit
Und Herz und Muth und Freud' und Glück auf Erden,
Und daß er herrsche über Sclaven — als
Daß er mit Weisheit herrsche wie der Gott,
Dem jeder Dienende treu herrschen hilft,
Und daß das menschliche Geschlecht Vernunft
Und freien Geist, Gerechtigkeit und Wahrheit

Und Herz und Muth und Freud' und Glück bewahre!
Empfange! — Wie viel Male ließe sich
Noch Christus kreuzigen, um nur noch Einen,
Den letzten Menschen, den verlornen Sohn
Zu retten, seine Seel' und seinen Leib!
Drum spreche Keiner nur den Namen Christus,
Der nicht versuchen will, auch so zu leben
Und Jedem Jegliches so hinzugeben.

---

## IX.

Wenn du die Welt erfahren hast, so weißt du:
Nichts ist vom Andern gar so sehr verschieden,
Nichts ist je ganz verwerflich, nichts auch je
Ist durch und durch vortrefflich; nichts ist einzig,
Was seines Gleichen nicht, und noch ein Beßres
Wo hätte. Selbst das allerschönste Weib
Ist von der Häßlichen nicht himmelweit
In jeglichem Betracht verschieden. Siehe,
Sie ist ein Weib noch, ist noch eine Mutter,
Noch schön von Leibe, wenn auch nicht von Antlitz,
Sie wirkt bescheiden, ihre Red' ist freundlich.
Der Böse lebt vom Guten nicht so weit:
Nicht allen ist er bös, er liebt noch sich,
Noch Weib und Kinder; selbst der Räuber raubt
Noch, um die Beute Jemand hinzutragen,
Den mehr er liebt, wie Alle, selber mehr
Als eignes Glück und eigne Ruh des Herzens.

Ein alter Hund wird auch noch wachen, treu sein, —
Dich rühren, daß er nur so kurz dein Gast war,
Dein Freund. Die schwachen Augen sehen noch
Durch Urtheil und Verstand fast gut wie gute.
Ein Reicher hat noch mit dem Gelde Noth,
Ein König altert und bedarf der Andern;
Der Arme hat noch Leib und Seele. Wer
Den Andern allen auch gehorchen muß,
Der ist, dem größten Patriarchen gleich,
Noch Herr der Kinder und des starken Körpers,
Des besten Königreichs! Und wem die Hütte
Sogar, der Brunnen für den Wasserkrug,
Sogar der Wasserkrug gebricht, der wendet
Sich erst zu seinem großen Vater, schlägt
Die feuchten Augen treu zu diesem auf
Und sieht nun, was der Vater Alles hat:
Die Reichen und die Armen, und auch ihn, —
Und nimmt Ihn in Besitz und auch sich selbst
Viel schöner, als er sich zuvor besessen.
Die Menschheit steht sich gar so herzlich nah,
Durch Tugenden und Fehler, Gutes, Böses,
Besitz und Mangel tausendfach vermischt.
Und lebt ein Unverschämter, der wohl könnte
Der Menschheit Güter nur für sich begehren?
Der Gute gönnet sie jedwedem Menschen!
Der Kühle lernt bewegt die Menschheit lieben;
Der Weise aber lernet still: mit Jedem
Zufrieden sein, und Jeden redlich achten.

## X.

Schon Manchen hat die Schönheit weit verlockt,
Die fremde, die vor Augen ihm erschien;
Doch geht kein Irrweg, liegt kein Abgrund wo,
Zu dem uns nicht die eigne Schönheit reißt.
Beherrscht, bewaltet will ein jeglich Gut sein,
Das Feuer und die Phantasie, das Mitleid,
Das beste Herz, sogar die Lieb' und Ehre.
Beherrsche auch die Schönheit Anderer,
Und du besiegst sie durch Naturverehrung.
Die eigne Schönheit auch bewaltest du,
Wenn du dem eitlen Wahne zu beglücken
Durch Morgenröthe, durch des Menschen Bild —
Das flüchtig nur geliehene, entsagst.
Schönheit und Thorheit sind Geschwister. Aber
Der Thorheit Töchter sind das Zwillingspaar:
Das eigne Unglück und der Andern Unheil.
Kein Gut bedarf mehr Güter als die Schönheit,
Um lächerlich-verderblich nicht zu sein;
Sie braucht die Anmuth, die Bescheidenheit,
Sie braucht den Stolz, Gehalt und Werth und Liebe;
— Die kaum der Glücklichste erst spät erwirbt —
Es geht ihr so, wie jedem andern Bilde:
Sie braucht das Leben, braucht ein Menschenherz.
„Schwer kommt der Reiche in das Himmelreich"
Der Schöne schwerer! — und dann in kein andres,
Als jeder einfach gute holde Mensch!

## XI.

Das ist der Welt, das ist dem Gott selbst wichtig:
In welcher Fassung, welchem innern Zustand
Das Glück und Unglück seine Menschen trifft,
Damit ein jedes wohlempfangen wirke,
So wie es soll — das Gute und das Rechte!
Die Nachricht von des Bruders Tode wirft
Den Kranken auf das Sterbebett; der Bote
Mit einem Briefe läßt das arme Weib
In Ohnmacht fallen, das des Mannes Strafe
Erwartet; und der Ruf: „dein Haus brennt!"
Erweckt den Schwerbetrunknen nicht zum Löschen!
Zum Bösen kommt das Schlimme niederschmetternd,
Zum Guten kommt das Böse leidlicher —
Wie eine Fackel in dem Quell verlischt;
Zum Stillen kommt das Glück als Wundergabe!
Drum willst du stets das Leben recht empfangen,
Sei klar im Sinn! im Herzen fest und rein!
Das kleinste Uebel habe stets im Geist
Zurechtgelegt, das Mittel, das ihm abhilft,
Sei dir gefunden, hab' es abgefunden
Mit Hoffnung, Gleichmuth, selbst nur mit Geduld!
Das größte Glück selbst habe jeden Abend
Stark überwunden, dadurch, daß du dich
Und deine Seele hoch darüber stellst.

## XII.

„Wie lautlos trägst du Alles, was geschehn ist!
„Gelassen, ohne Gram, und strebst gleich Neues!“ —
Kannst du den eingestürzten Thurm verbessern?
Das Meer zurück in tausend Quellen tragen?
So laß' es Meer sein, und beschiff' es klug!
Geschehenes ist Element geworden;
Des Menschen Wort' und Thaten sind desgleichen
Ein Meer, und stammen aus viel tausend Quellen.
Auch Menschenwerke werden Element —
So laß' es Land sein, und besä' es rasch.
Und wollt' ich, daß mein Weib mir einen Sohn
Geboren, statt der Tochter; wollt' ich nur,
Daß dieses Blatt, das von dem Baum gefallen,
Nur einen Zoll breit weiter hingeweht
Am Boden liege — sieh', dann wollt' ich thöricht
Ganz eine anders hergebrachte Welt!
Ich wollte nicht den sausenden Gehorsam
Der eilenden, der treuen Elemente,
Des Menschen freie That und Seele nicht —
Ich wollte nicht den Gott, der so gewollt.
Und wäre eine Menschenkleinigkeit
— So wie ein Wort ist und die größte That —
In der s t e t s umschaffbaren Welt es werth,
Bei dem s t e t s umschaffbaren Herzen werth:
Daß Gott nicht sei? — Du lächelst! Doch nun höre:
Was auch bis heut geschehn, was hindert das
Dich je, das reine Gute auszuführen

Aus deinem Herzen! und in's Leben ein!
Das Gute fortzusetzen! — und das Böse
Ganz auszusetzen, todt es liegen lassend!
Im guten Menschen zeugt das Bös' erst recht
Das gegenüberstehende Schön' und Gute, —
Wie rothe Rosen blühn aus schwarzer Erde.
Und das vermagst du stets unwiderstehlich
Mit — Menschenallmacht: aller deiner Macht!

---

## XIII.

Mißtraue allem Außerordentlichen!
Denn ungesegnet lebt das Ungemeine
Sich selbst zur Qual und andern zur Verwirrung;
Das Ungemeine ist das Ungelungne,
Das nicht vermochte groß genug zu denken,
So einfach still wie die Natur zu sein
Und sich für höher haltend, schlechter war.
Es bleibt die Welt ja immer wie ein Kind!
Das Alte, selbst das ewigheil'ge Alte
Bemerkt sie kaum, so wie die Sonne; nur
Als Kind hat mancher aufgeschaut nach ihr —
Das ist ja das Gewöhnliche! Besondern
Und Neuen nichts! Das siehet keiner an,
Das zeichnet keiner auf. Es ziehn die Völker
Wie eine Schaar geharnischt-schöner Reiter
In gleichem Zug gedrängt an uns vorbei —
Doch den, den mit dem wilden rothen Bart,

Den nur hat jedes Kind gesehn! Ein König
War bucklich — und auf feines Pergament
Wird er recht bucklich zierlich abgemalt!
So sammelt sich die Welt nur das Besondre,
Und Krieg- und Mord- und traurige Geschichten,
Verunglückt' und verworrene Gebilde —
Selbst arme Fliegen in dem Bernsteinsarge,
Zu Stein gewordne arme Meeresspinnen,
Das aus der Mumie zerbrochnem Munde
Geraubte Goldstück, und den Kolibri —
Der elend umgekommen traurig glänzt —
Das stellt sie auf, geht hin, und freut sich dran.
Doch des Gemeinen göttlich schöner Saal
Der alten Veilchen und der alten Sterne,
Bleibt nur des Himmels und der Erde Haus
Mit ganz gemeinen Augen anzuschaun!
Ich weiß nichts Glückliches, was diese Welt
Mit Namen ausgezeichnet, und erscheint es
Auch noch so groß, so hoch, und noch so schön.
Das, was die Welt nicht kennt, nicht nennt, war glücklich
Und gut; denn das Gewöhnliche, das Alte,
Uralte, wie die Blumen und der Mond,
Die ewig gleichsehn, ist das Best' und Schönste!
Du ziehe vor: „einst ganz vergessen sein"
Als, ausgezeichnet, einst genannt zu werden —
Und ungemein-unglücklich jetzt zu leben!

## XIV.

Das Leben mußte einen Inhalt haben!
Das Menschenleben sollst du nun erfahren,
Nur dazu wardst du Mensch. So siehe deutlich:
Das Leben selbst bestehet nun aus Kommen
Und Gehen, aus Verlieren und aus Finden,
Aus holdem Kindsein, Mannsein, Altern, Greissein,
Aus Sterbensehn und Sterben. Siehe nun,
Du wirst kein Mensch, wenn du nicht dich erfährst,
Dein Herz in Freud' und Leid, in allem Wechsel
Und Wandel deiner selbst und jeglichen
Geschickes, das in deinen Tagen waltet.
Weß Auge nicht geweint, der hatte keins,
Nicht sehen lernte der, wie Menschen sehen!
Wem nicht das Herz geblutet, hatte keins,
Dem lernt' es so nicht schlagen, wie dem Menschen.
Wer nicht gestorben ist — hat nicht gelebt!
Der Stets-Unglückliche erfährt zu wenig
Vom Menschenleben, nur die dunkle Hälfte
Davon — denn er erfährt die Freude nicht;
Der Stets-Beglückte auch erfährt zu wenig
Davon — denn er erfährt die Wehmuth nicht;
Der Forscher wiegt die Welt, und wiegt selbst wenig;
Der Falsche wird geprüft — und wird betrogen;
Der Böse wird nur in sein Herz verschlossen,
Wie in den Kerker, und entbehrt das Viele;
Der Gute wird bewährt, doch auch geschmolzen,

Wird viel gemißbraucht, wie ein treuer Diener,
Und hat ein leichtes schönes Leben erst,
Wenn Viele um ihn her auch Gute sind.
Wir harren strebend auf das gleiche Leben,
Das wie der Strom nicht mehr vom Felsen stürzend,
Tief, vollhinreißend, leicht das Schwere trägt.
Der Höchstzupreisende von Allen ist
Der ganz gewöhnliche einfache Mensch,
Dem Nichts als Ganzgewöhnliches geschieht,
Der göttlich zwar, doch holdbeschränkt als Mensch,
Jetzt menschlich denkt von Menschen und der Erde.
Der Traum: ein Mensch zu sein, ist göttergleich
Und mehr als himmlisch! Denn er kostete
Die größte Kunst — das größte Kunstwerk selbst,
Des größten Künstlers ungeheure Arbeit,
Den Schein des runden azurblauen Domes,
Die reiche Decoration des Tages,
Des Sonnenaufgangs und des Niedergangs,
Den Zwischenvorhang der gestirnten Nacht,
Die schwere Arbeit tausend zarter Genien:
Ein Menschenkind auf ihren Schooß zu setzen, —
Die tausend Thränen, all die zarten Wesen
In eine Täuschung — in das Grab zu senken, —
Es kostet selbst dem Gott beinah das Herz,
Wie seinen Kindern, um der Kinder willen,
Wenn sie nicht Menschen sind! und menschlich fühlen!

## XV.

Was wächst, das wird noch. Also ist es Wahrheit:
Der Mensch auch wird in heiliger Natur,
So wie die Nuß — in himmelblauer Schale,
So wie die Traube dichtgedrängt voll Beeren,
So wie das Kind im stillen Mutterschooße.
Aus allen Dichtern seit der grauen Urzeit —
Aus den Gedichten selber und den Mährchen —
Aus allen Weisen, die ihr Wort gesprochen,
Ans ihren Worten selbst und Weissagungen —
Aus allen Malern, die ihr Bild gemalt,
Aus allen Bildern, selbst auch den vergangnen —
Aus allen Guten, die ihr Werk gethan,
Aus allen Kämpfern, die den Kampf gekämpft
Mit Leibern, Seelen, Drachen und Tyrannen
Bis in das Heut hier, und aus allen Schätzen,
Die Alle noch bis in den letzten Tag
Zuletzt vereint mit Götterkräften fördern —
Aus Allem wird der Mensch! das einzige
Von allen Wesen, das noch immer wächst,
Wenn Fels und Wolke, Löwe und Cypresse,
Die allerletzten noch den allerersten,
So wie ein Ey den Eyern allen gleichen.
Drum traue nicht dem Mann, der dir den Menschen,
Dies wachsende Gebild versteint, zerreißt,
Vereinzelt in die Wurzeln seiner Kraft,
Entseelt es festbannt auf den Martertisch —

Er hat nur einen Todten dir gezeigt!
Nicht den Verein zusammenwirkender,
Zusammen herrlich lebender Gewalten!
Nein! weise glaubst du dem, der spricht: Nicht Einer
Der Menschen alle war der Menschen Höchster,
Noch was er lehrte, wird das Letzte sein,
Noch was er schuf, das wird das Schönste bleiben;
Du glaubest dem und liebest den, der groß
Im großen Geist: den großen Menschen dir
— Wenn jetzt auch im Gedanken nur — erbaut,
Zum Wundermal, Geduld daran zu lernen,
Die große heilige Geduld der Menschheit,
Die Menschen-Arbeit! und die Menschen-Hoffnung!
Das Lächeln zu dem Ingrimm hohler Geister,
Es ist das Sonnenlächeln klarer Seele!
Nun siehe ruhiger den Einen bauen,
Den Andern schiffen; Jenen dort im Tempel
Sich seine Menschengötter fromm beräuchern;
Den tadeln; Jenen loben; Diesen steigen;
Den fallen und begraben! Sieh' sie alle
Als Erz zu einer großen Glocke an,
Die einst des Himmels volle Stimme hat,
Drin jedes Korn der Eine Götterhall
Durchsaust, den Jedes in ihr von sich tönt
Mit Kraft und Silberschall der ganzen Glocke!

## XVI.

Nichts, nichts auf Erden ist noch elend als —
Der Mensch! und Niemand, nichts auf Erden war
Je elend als der Mensch, — wie lange noch!
Der Erde prophezei' ich schöne Tage,
Doch dann erst, wenn ein Jeder klar durchschaut:
Des Menschen Leben ist auf Erden kein
Vergängliches, es ist ein Bleibendes,
Ein Fest, zu dem die Millionen kommen
Vom blauen Himmel rings; ein stehend Fest,
Ein Feiertag der Geister und ein Sabbath.
Und ungezählte Jahre steht der Saal
Schon hell mit Zweigen und mit Blumenkränzen
Geschmückt, die jeden Frühling wiederum
Der Herr mit frischen neu vertauschen muß,
Weil noch nicht, noch nicht andre Gäste kommen
Als Traurige und Lahme, Krüppel, Bettler,
Die in den schlechten Kleidern sich nicht trauen
An solcher goldnen Tische Pracht und Fülle
Und Glanz zu setzen auf die goldnen Stühle.
Nur Einen und den Andern hört man leise
Dem nächsten Nachbar wohl zum Ohre sprechen:
„Wir sind die Gäste! Unser ist der Saal,
„Die goldnen Stühle und die goldnen Tische;
„Setzt euch denn! Eßt und trinkt, und brecht nicht nur
„Vor Hunger euch ein Brotstück vom Gedeck!
„Es fehlt uns allen nichts, als Selbstgefühl,

„Und Selbsterkenntniß: was wir sind, wir können
„Und müssen, sollen wir nicht länger leiden.
„Die Sonne dort verbrennt ihr Oel umsonst,
„Die Sterne sind vergeblich angesteckt,
„Bis Licht, bis Kraft in unsrer Seele wird.
„Heran ihr Musikanten! all' ihr Vögel!
„Singt mir die Herren munter und die Frauen,
„Ihr Quellen murmelt, Flüsse, rauscht sie munter;
„Du schöne Erde, strahle mir sie schön!
„Du leuchtender, du wonnevoller Himmel,
„Und Sonne du, o Sonne, sprich sie heilig,
„Du göttlich großes All, o sprich sie göttlich
„Und groß! Ein göttliches Bewußtsein nur
„Treibt alle Wechsler, alle Taubenhändler
„Hinaus zum Tempel; jeder Göttersohn,
„Er predigt auf dem Berg Bergpredigten,
„Und um ihn lagert sich das Volk und hört,
„Und langt, gesättigt von dem Geiste, wenig
„Nur aus den Körben, weil es liebesatt ist;
„Und von dem Wort stark, groß gemacht und göttlich,
„Erträgt es nicht mehr Erd-Unwürdiges,
„Erschafft es kraftvoll rings das Göttliche." —

— „„Mich hungert!"" — „Schleiche dich indeß zum Tische
„Und nimm zwei Stücke Brot! Dir eins, und mir eins!"

## XVII.

Weit besser ist noch: gut gewesen sein,
Als gut nun sein. Das Gutgewesensein
Scheint nach wie Abendröthe in dein Leben;
Es hat dir einen festen Grund gebaut,
Es hat dir eine reiche Saat gesät.
Das Gutgewesensein hilft gut zu sein
Und glücklich; wenn das Schlimmgewesensein
Dir auch den neuen Tag, die neue Seele
Verdirbt, die Beßres will, die gute That
Verkümmert, dich verhindert froh zu sein
Und recht! Das gilt von Menschen und von Völkern!
Der Bösen Werke alle sind wie Todte
Und kommen graus im Lebensmeer herauf!
O darum lasse keinen Tag vergehen,
Das Leben wohl zu gründen, daß dir Blumen
Herauf vom Meere kommen! Spät erst gut sein,
Und rein und weise, macht dich nimmer froh —
Nur gut und weise. Weisheit ohne Freude
Ist bittrer Kummer. Thorheit, die das Rechte
Getroffen, ist selbst glücklicher. Drum früh
Am Lebenstag das Gute thun, macht glücklich
Und froh sogar am trüben Lebensabend.

## XVIII.

O sag' mir das, warum vergangne Freuden
Mir bitter sind, vergangne Leiden süß!
Und hat Erinnerung ein ander Maaß
Zu messen als die Gegenwart? verwandelt,
Vertauscht sie Alles und belebt es neu?
Warum beweint Achill die Thaten, die er
Mit seinem nun begrabnen Freund gethan?
Warum beweint er jetzt die heitren Tage,
Die er mit ihm gekämpft, gelebt, genossen? —
Warum doch wirft der junge Ehgemahl
Sich in das Brautbett der gestorbnen Gattin?
Ins Herz nun sticht ihm jegliches Entzücken,
Und jed' entfloh'ne Wonne wird ihm Qual,
So daß auch er der Welt entfliehen möchte!
(Er hat sie nicht verloren — denn sie war schon
Vorüber, und sie lebt ihm nur im Herzen;)
Er starrt den Mond an! sitzt, sich ängstlich fürchtend,
Am weiten Meere, nimmt so wie ein Kind
Die Blumen voll Bewundrung in die Hand,
Vertieft sich in den Duft des Kelchs, versinnt
Sich in Gedanken vor den alten Felsen,
Erschrickt, nun ein Gestirn vorüber fährt
Und Strahlen schießt und ihn damit besprützt!
Was thut, was ist nun die Erinnerung?
Erinn'rung zieht den dunklen Vorhang weg
Von unsrem Leben, zeigt den Göttersaal

Uns hell vor unsern Augen, darin Alles
Geschahe, was wir thaten, was wir litten —
Und dieser Saal ist gar so zauberisch,
So schön und reizend, wundervoll und göttlich,
Wir selber stehn darin so himmlischjung,
All unsre Lieben stehn darin so himmlisch,
So schön, so lieb, unsterblich uns so liebend —
Des Daseins Heiligkeit kommt über uns!
Was wir mit solchen Götterbildern litten,
Das war kein Leid, es war die Seligkeit,
Es war das Leben, dieses heil'ge, selbst.
Und das, was uns entzückt, das ist nun völlig
Erst unaussprechlich! sieh, und wo der Mensch,
Der Sterbliche, verstummt vor Ueberfülle,
Da weint das arme Wesen seine Thränen —
Dies Doppelwesen, das so wie ein Glas
Aus Bergkrystall: Krystall ist — und ein Glas!

---

## XIX.

Brot erntest du von deinem Weizenfeld
Des Jahres einmal. Eine Ernte giebt es,
Die du dir alle Tage schneiden kannst,
Und wo du nicht gesä't, wo dir die Halme
Entgegen kommen, ihre Körner schüttend.
Geh', ernte auf dem menschlichen Gefild
Dir solches Brot, um dessen willen du
Auf Erden lebst. Das ist der wahre Umgang

Mit Menschen: eifrig Lebens-wißbegierig
Von jedem lernen, was er weiß und kann
Und that, und was ihm Eignes je geschehen.
Wer dich belehren soll, wird gern dein Freund,
Und lehrend wird er besser in der Brust,
Der Fehler still gedenkend, und des Rechten!
Die alle sind viel tausend Male klüger,
Erfahrener als einer. Du bist einer!
Nicht eines Menschen Führung gleicht der andern,
Aus Vieler Schicksal lernest du den Gott.
Wer nur sein Leben kennen lernen wollte,
Der könnte eben ungeboren bleiben —
Aus aller Leben blickt der Gottheit Antlitz!
Ehrfurcht vor dir, du viel verachtet Volk!
Weil du in Hütten wohnst, in Lumpen gehst —
Weil deine Hände von der Erde schwarz sind —
Weil dein Gesicht gebräunt ist von der Sonne —
Weil deine Jungfraun nach den Kräutern duften
Und nach den Blumen, drinnen sie gesichelt —
Deswegen lebte nicht der Gott in dir?
Deswegen kämen nicht die Göttersöhne
Und alles Schöne, Große nur aus dir — — —
— — — —
Der Athem stockt mir vor Bewunderung,
Die Augen weinen, die Gedanken fliehen,
Ich bin gefangen, bin erstickt in Blumen,
Hin, wie ein Ton in tausend Melodien!

## XX.

Im klaren See hier spiegelt sich der Himmel,
Und seine Bläue deckt des Wassers Schwärze,
Als wär' er von Krystall, von Diamant.
So ohne Riß, so ohne schreckend Krachen
Erträgt er eine ungeheure Last:
Der Felsen und der Berge schwere Massen,
Der großen alten Rüstern schwer Gewicht,
Und solchen Laubwerks Wucht, wie leicht Gewölk,
Das über all' die Bilder leise streift.
Die grüne Anhöh' mit den grünen Gräbern
Und mit dem offnen Grabe hängt verkehrt,
Wie in der Luft, in diesem Zauberbilde;
Und jenes Todten traurige Bestattung,
Die jetzt da draußen laut und grell geschieht,
Geschieht hier drinnen zart und himmlischschön! —
Der Spiegel sei ein Spiegel deiner Seele!
So leis empfange sie die Weltgestalten!
So leicht ertrage sie das draußen Schwere,
So sanft verkläre sie das draußen Bange,
So rein enthalte sie das draußen Schöne,
So still bewahre sie die offne Klarheit!

## XXI.

Recht gut und gründlich weiß der Geist des Alls,
Was Liebe sei, was Tod ist, und was Leben,
Was Kraft, was die Gestirne leis bewegt,
Was Blumen aus der Erde treibt und schmückt.
Als zöge sie die beste Mutter groß,
Als malte sie ein Gott, der weiter nichts
Gelernt als malen, so vortrefflich malt er,
So unvergleichlich schöne Farben weiß er
Zu schmelzen. Du, du hast das Alles wohl
Auch längst gewußt als Geist, nun aber wirst es
Neu wissen, wenn du nichts als Geist – als Liebe –
Als Schöpfer bist; denn lieben ist nur schaffen.
Jetzt lebe liebevoll und schaff' als Mensch
Das Menschliche, vor Allem: schaffe dich
Den Menschen fertig ganz untadelhaft,
So sei der Gott in dir vollkommner Mensch.
Der Gott nun kann nicht Kind sein, kann nicht schlafen —
Er ist zu groß zum Kind, zu wach zum Schlafe;
Der Gott nun kann kein Kind vom Mutterschooß
Als Vater heben, küssen — sprich: Ich kann es;
Der Gott nun kann mit keinem Weibe walten
Im Haus, kein Weib begraben — sprich: Ich kann es;
Er kann nicht Schmerzen dulden — sprich: Ich kann es;
Der Gott nun kann nicht sterben — sprich: Ich kann es!
Doch sprich es nicht nur! Könn' es auch wahrhaftig!
Ja könn' es göttlich! Kannst du das, wie Gott

Ein Mensch sein will, kannst du das Menschliche;
Und wäre auch „ein Mensch sein" etwas ganz
Gemeines, Wehevolles, nicht so Schönes,
So Herrliches und Heil'ges als es ist
In reiner unbesorgter Wirksamkeit —
Wenn du es kannst, wenn du ein Mensch sein kannst,
Dann kannst du Göttliches! — Und nun beweis' es!
— Die höchste Kunst — ein langes Leben lang
In jedem Schicksal und in jedem Wandel.

---

## XXII.

Die schöne Mutter hat ihr schönes Kind
Aus Flammen glücklich wohl vom Tod errettet,
Denn unversehrt lebt ihr das schöne Mädchen;
Jedoch der Mutter hat des Kindes Rettung
Die Schönheit, Reiz und Lieblichkeit gekostet,
Und jung noch selbst, nun soll sie lange Jahre,
Soll immerdar entstellt und häßlich sein.
Dort sitzt sie nun geheilt, mit ihrem Mädchen,
Die Menschen meidend, einsam im Gebüsch.
„Ach, liebe Mutter! Wie du aussiehst, ach,
„Sag', bist du meine liebe Mutter noch?"
So fragt die Kleine, herzlich sie erfreuend
Für ihre Gutthat, herzlich sie verletzend
Für solchen bittersten Verlust nicht eben —
(Denn Schönheit freut ein gutes Weib nicht einzig)
Nein, für der Flammen rohe That an ihr,

Denn Häßlichkeit erträgt ein Weib nur schwer.
So sitzt sie da, die Lippen streng geschlossen,
Und staunt ihr Kind an. Reinste Zärtlichkeit
Und heiße Liebe, die sie fast zerschmilzt,
Bricht voll aus ihren Augen, überglänzt
Ihr ganz Gesicht, und weiche Himmelsmilde
Und düstre Bitterkeit und Engelszürnen,
Bedauern, Wehmuth, Neid und frohes Gönnen,
Gelaßnes Dulden, Hoffnungslosigkeit,
Und Selig- und Unseligsein — das alles
Schwebt in den ausgelöschten schönen Zügen,
Und macht das bange Weib zum Wunderbild.
„Ach, wenn ich durch die Flammen starb — so denkt sie —
„War ich vollkommne Asche! und begraben,
„War ich vollkommne Erde! aber lebend,
„Bin ich kein Weib mehr — aber bin die Mutter!
„Und ist's genug, daß unsre Kinder werden
„Und sind, was wir nicht sind und nicht geworden?
„Geblieben! Soll nicht jeder selber sein?
„Darf ich nicht mehr, als gut und liebend sein?" —
Da naht' ich mich ihr leis und ernst und sprach:
Man hat in dieser Nacht den Mann ergriffen,
Der euch das Haus in Brand gesteckt: — es ist
Der schöne Mann, den du zum Mann verschmähtest.
Erschrick nicht, gute Seele! sage lieber:
Was soll der Mensch thun, der das Unglück erntet
Für Missethat? Für Missethat noch Unglück!
Wen Unglück trifft für Gutes, dem bleibt Trost:
Die Flamme muß ihn immerfort umleuchten,

Und seine Bahn erhellen, die ihn trieb
Zu seiner Gutthat. Läßt er die Gluth sinken,
Dann sinkt der Muth ihm mit dem düstern Leben;
Doch schürt er diese, giebt der Gott ihm segnend
Gefühl des Himmels, treu in jedem Schicksal.
Und eine gute That gethan zu haben,
Beschützt wie eine Götterhand den Menschen,
Führt ihn durch Unheil ruhig bis zum Tode.
Des Bösen Unglück aber ist die Fessel,
Die ihn in jenen Augenblick der Unthat
Zurückebannt, festhält, daß er nicht vorwärts,
Nicht weiter streben kann, als schmerzlichblutend;
Und wie ein Unthier trägt er einen Ring
Durch seine Seele, der ihn glühend brennt —
Und labend — denn die Gluth ist Himmelsfeuer.
Nun sieh — dort führen sie ihn in den Kerker,
Den schönen Jüngling! — Willst du mit ihm tauschen?

---

## XXIII.

Welch kleines Spiel ein jeder Mensch doch spielt,
Das kleine Leben täglich zu gewinnen,
Das große Leben sich damit zu kaufen!
Und alle Menschen leben doch getrost,
Trotz dem, daß Jeglichem sein Brot und Salz,
Sein Licht, sein Wasser, seine Freude selbst
Aus leerer Luft vom Himmel fallen soll!
Und Tag für Tag vom reichen Himmel fällt!

Sie haben alle Nichts, so reich, so groß,
So unter Menschen hochgeehrt sie sind,
Als was die alte Erde, was die Menschheit
Aus Noth und Lust jedwedem zugesteht!
Und damit leben sie, sie leben davon
So sicher — wie das Kind von seiner Mutter!

---

## XXIV.

Zufrieden lebt Natur so in sich selbst
Ein hochbeglücktes Leben. Was sie heut
Nicht ist, das ist sie gestern schon gewesen,
Und was sie gestern nicht gewesen ist,
Das wird sie morgen sein und alle Zeit.
Das sieht der Mensch! Das soll er nie vergessen;
Und ein sehr Leichtes hat er auszugleichen,
Und ein sehr Nahes hat er zu vereinen:
Daß er ein Mensch ist, und Natur zugleich,
Daß er ein Mensch ist in Natur, und daß
Natur in ihm ein Mensch ist. Weiter nichts.
Und dennoch scheint ihm das ein Riesenwerk —
Das selbst die Gans kann, und der Esel kann,
Die schnatternd eine Gans ist — und Natur,
Der singend froh Natur ist und ein Esel,
Und nicht nach jenen heil'gen Kräften fragt,
Die — wie die Erde in Erdhäufchen blüht —
Jetzt in sein grau Gebilde aufgeblüht.
Im Menschen will Natur nicht das nur wissen,

Daß sie der Mensch ist; auch im Menschen will
Sie klar es wissen, daß der Mensch Natur ist,
Daß sie sie selbst ist, und doch gern ein Mensch sein.
Das ist Naturweisheit, das Menschenweisheit,
Und aus ihr strömt, was gut und glücklich macht.
Wenn nun die Blumen alle weinen wollten:
„Ach Himmel, wir sind Blumen, wir sind hier,
Und wissen nicht, woher, wozu wir sind,
Wohin wir gehn, und was dereinst wir sind —
Und alle Blätter hüben an zu klagen,
Und alle Vögel schrieen in den Lüften,
Und alle Löwen brüllten in den Wäldern,
Und alle Crocodile heulten furchtbar:
Ach Himmel, Himmel sag' uns, was wir sind;
Sag' uns, uns, was wir dereinst noch sind, o Himmel!
Nun weinen auch die Wolken: wir sind Wolken!
Nun schreien auch die Sterne: wir sind Sterne!
Und selbst die Sonne schreit: „Ich bin die Sonne —
Und seht, das ist entsetzlich! — Wer erlöst uns
Vom Leide dieses Todes!" — — Lachtest du
Dann nicht mit Recht der Thoren all', o Mensch
— Und bist doch selbst der Thoren größter Thor,
Wenn du als Mensch vom Menschen also klagst. —
Wie friedlich sind die Sterne alle: Sterne!
Wie friedlich sind die Wolken alle: Wolken!
Und ihr Gemurr' ist segnend nur der Donner!
Nur ein unsterblich Sein hat die Natur.
Natur hat selbst kein zweites Leben. Damit
Zufrieden sei der Mensch. Und wer da nur

Ein zweites Leben hofft, kein drittes, viertes,
Kein tausendstes, kein hunderttausendstes —
Nicht ein unsterblich Sein wie die Natur,
Der möchte gern abfallen von dem Leben
Und kann doch nicht. So wird er denn auch nicht;
Und jeder muß unsterblich sein, wie sie,
Als sie, mit ihr, in ihren goldnen Hallen.

---

## XXV.

Die zehn Verbote haben wir von Moses,
Verbote nur, Gebote nicht der Liebe,
Doch stehn sie himmelhoch noch über uns!
Das erste, zweit' und dritte ist beschickt;
Im vierten stecken wir bis an das Herz.
Am fünften: „Mensch! du sollst nicht Menschen tödten!"
Stehn wir verdumpft wie vor der Felswand still,
Die sich zum Weiterweg nicht öffnen will.
Und eher thut die Menschheit keinen Schritt,
Bis das Verbot des Tödtens abgethan ist,
Und abgelegt rings Mord — und Krieg — und Drohen.
Drei tausend Jahr bedurft' es, daß die Menschheit
Die Kraft erst gegen Tod durch Menschen wandte!
Drei tausend Jahr vergehn, ihn abzulegen
Hin in der Erde alte Polterkammer!
Drei tausend Jahre scheinen dreimal nöthig,

Das sechste der Verbote abzuschütteln,
Die Liebe von der Schönheit unterscheidend:
„Wer mir gefällt, ist mein!“ nicht mehr zu sagen,
„Wem ich gefalle, der ist mein!“ nicht denkend.
Das siebente, das achte, neunte, zehnte
Sind gründlich mit dem sechsten ausgerottet.
Dann thun sich erst der Liebe Pforten auf!
Ein Berg erscheint in weiter Ferne, vorwärts,
Drauf Jesus steht und predigt, predigt, predigt!
Dann von dem Berge bis in jede Hütte —
In jedes Herz — in jedes reine Brautbett —
In jedes Wort — ist wieder weit, weit, weit!
Dann fangen erst der Liebe Tiefen an,
Die unaussprechlichen, und nach dem Schaffen
Der Liebe — dann kommt erst das Leben selbst,
Das Menschenwürdige, das reine, schöne,
Das himmlischfrohe auf der alten Erde!
Weil Gott nur einen Menschen sah, ein Paar,
Durch seine Kraft zu sehn, nur darum war es
Das Paradies. Das Paradies ist wieder,
Wenn nur der Mensch, ein Paar, auf Erden ist.
Und wieder ist ein Mensch dann auf der Erde,
Nur Mann und Weib, wie einst im Paradiese
In Einen sind die vielen aufgegangen!
In eine Hand ist jede Kraft geschmolzen!
Und was er will, das schafft der eine Mensch.
Drum bitt' ich vor der Hand den Prediger
Auf seinem Berge ungekränkt zu lassen.
Doch das beschwör' ich, so gewiß das Alte

Der Alten nicht mehr neulebendig wird:
Bald, bald wird nichts als Gott sein! Gott wird leben!
Und wenn er nun zu euch, in euch herabsteigt,
Und zwiefach, dreifach, Millionenfach
Bei euch als Mensch, als alle Menschen lebt;
Er wird nicht dreifach goldne Kronen tragen,
Er wird ins Knopfloch keinen Orden knüpfen.
Er wird der Herr von Bethlehem nicht heißen,
Er wird nicht weibesbaar im Kloster singen,
Er wird nicht wissen, ein Gewehr zu lösen,
Noch Menschen aufzuknüpfen und zu rädern;
Nie wird er euch die nackte Venus meißeln,
Nie wird er euch die Fornarina malen;
Er kennt sie nicht, er kennet nur das Weib,
Das Kind; der reinen Seele reine Freude,
Und was das schöne Leben mit sich bringt,
Das eben sollt ihr ungekränkt genießen;
Er wird die schöne Braut dem Bräutigam
Im Brautbett nicht vergiften, wird die Blumen
Nicht aus dem Frühling rotten, nicht vom Himmel
Die Morgenröthe löschen, aus dem Nest
Die Lerche nicht verscheuchen, nicht die Hacke
Mit Wuth ergreifen, und von allen Bergen
Den alten Weinstock roden, nicht den Wurm,
Der goldne Seide spinnt, vertilgen, nicht
Die Flöten und die Harfen all' zerschlagen,
Wird keinem Kinde wo die süße Erdbeer
Vom Munde reißen, und den Knaben wo
Den Ball aus ihrer Hand — — Sieh' Gott schon leben!

Mensch, lebe schon mit Gottes frohem Herzen!
Sieh, wie er liebevoll so nah und da ist —
Der Blumenvater ist ein Kinderfreund!
Ein Kinderfreund ist aller Freude Freund!

---

## XXVI.

Qual schaffen nur drei Dinge noch den Menschen:
Der Schmerz, das Schicksal und der frühe Tod.
In diesem Kleeblatt sind sie all' begriffen,
Selbst Tyrannei und Götzendienst der Pfaffen.

Einst sah ich einen Mann von achtzig Jahren,
So munter wie der Jüngling, stets gesund,
Und was der Schmerz sei, hatt' er nie erfahren.
So war er denn den rechten Weg gewandelt, —
Durch Ohngefähr, durch Weisheit, doch gewandelt —
So gab es also einen rechten Weg!
Was Einem Menschen je gelungen ist,
Das soll der Menschheit um so mehr gelingen.
Drum streich' ihn aus, den Schmerz vom Loos der Menschen,
Und streich' ihn aus vom Loos, den frühen Tod, —
Im Voraus sicher, daß sie den Weg finden.
Das Schicksal aber ist der Freiheit Furcht,
Des Menschen selber und der Andern alle,
Schon der Vergangnen, wie der Lebenden,
Auch der Natur. Und was sie alle thaten,
Das wird dem Einen zur demantnen Fessel,
Die nur der Todesmuthige zerreißt.

Nicht fehlen, und nicht irren, nur erlöst
Vom Schicksal; daß du selbst nicht irrst und fehlest —
Und nicht die Andern fehlen und nicht irren!
Wer aber fehlt und sündigt? Ach, die Liebe
In irrer banger Uebereilung nur.
Drum auch zu lieben soll der Mensch verstehen!
Wer aber irrt? Die heilige Vernunft
In ihrer menschlichen Verdunkelung!
Und Irren ist Verbrechen an Vernunft
— Der mit dem Guten gleichen Götterkraft —
Und Fehlen ist Verbrechen an der Seele.
So rettet denn die Menschheit nichts als Wissen!
Die heil'ge Wissenschaft, die volle Kenntniß
Der offenen Natur, des offnen Menschen;
Selbst die Erkenntniß: daß die heil'ge Liebe
Auch kleine Künste könne auf der Erde:
„Vom Tode retten und das Schicksal bannen!"
Die höchste ist des Lebens Wissenschaft,
Und dazusein lernt erst das Volk der Menschen.

---

## XXVII.

Ein Saal ist noch kein Fest, und Orgel, Flöte,
Posaune, Geige, Horn, Trompete, Harfe
Sind noch kein Ton; die schöne Menschenstimme
Selbst ist noch kein Gesang, kein rührend Lied!
Ein Kampher-Wald, ein Berg voll goldnem Schwefel
Sind noch kein Feuerwerk, und ganze Völker
Noch keine Schlacht; und Sonne, Mond und Sterne

Sammt dieser Erde sind noch nicht das Leben
Nur eines Maulwurfs oder einer Biene —
Nur einer Maus im frohen Wochenbett —
Wenn auch ihr Leben aus dem All erklingt,
So wie ein sanfter Ton aus einer Orgel.
Auch Weisheit ist das Leben nicht; die Weisheit
Ist nur des Lebens Aug' und Lehr'. Auch Liebe
Ist nicht das Leben, nur des Lebens Geist.
Und darum, wie das Lied aus einer Flöte
Mehr werth ist als die ganze Flöte selbst,
So lang sie Holz auch ist und Flöte heißt —
So ist dein Leben besser als die Welt!
Die Elemente, als die Welten-Uhr,
Die aus dem heil'gen Werk dein Leben schlägt
Und spielt! Und darum achte du, o Mensch,
Das Leben hoch! an dir! an jedem Menschen!
Tritt selbst das Veilchen nicht mit Willen todt!
Hilf jedem Wesen schön sein Leben leben;
Du ehrst die Lebenden doch nie so hoch,
Als jenes sinnbegabte Götterwerk
Sie ehrt, das für sie da ist, saust und braust!

## XXVIII.

Die besten Gaben schenkt der Gott Jedwedem,
Und überläßt verworrnem Sinn, durch viele
Derselben Art das Leben und die Seele
Sich zu verwirren! Nun, in deinem Kreise

Kannst du besitzen, was der Größte hat.
Nun — Eine Katze kannst du haben, gleich
Der Katze Mahomets; und Einen Hund
So treu wie des Odysseus. Halte dir
Zehn Hunde, und die zehn sind dir nicht treu
Wie Einer, denn der Hund sogar auch weiß,
Was Treue ist —: der Dank für eigne Liebe;
Zehn Hunde aber sind kein Lieblingshund.
Auch Rosen kannst du haben, wie der Schah
Von Persien sie niemals schöner sah;
Ein großes silberleuchtendes Gestirn
Am Himmel, wie die Sonne nicht dem Krösus
Je herrlicher geleuchtet; und Ein Weib
So schön, so lieb, so treu, so kinderselig,
Wie schöner keins der Padischah besitzt
Um schweres Gold; und frisch krystallnes Wasser
Wie frischer, reiner, labender es nicht
In Chios aus Homeros Quelle fließt;
Und Töchter, frische Mädchen kannst du haben,
Wie keine Kaiserin sie lieber wiegte;
Und Knaben, wie sie schöner Moses nicht
An seine Brust gedrückt. Dich kann ein Leib
Erfreuen in Gesundheit, unempfunden,
Wie ihn Achilleus besser nicht empfangen;
Und schlafen kannst du, leicht, gestärkt und süß,
Und träumen kannst du tief und hold und süß,
Wie Platon nicht, wie Adam nicht, als ihm
Das Weib genommen ward aus seiner Seele;
Und eine Hütte kannst du haben, kühl

Und freundlich, wie nicht um Caserta steht —
Und Fröhlichkeit, Gesang und Lust darin,
Wie je ein Ohr in Zarskoisielo hört;
Du kannst in deinem Haus ein Patriarch sein,
Wie keinem König je ein Volk gehorcht,
Geliebt ihn liebt, ihn stündlich sieht und freut!
Ein frisches Auge kann die Welt dir schmücken
In Farben, wie kein Kind sie heller sah;
Und eine Seele kann Entzücken dir
An diesem zauberisch geschmückten All,
An seinen Menschen und an seinem Wandel
So Tag für Tag das Leben lang bereiten,
So göttlich, wie der Gott im Menschen fühlt!
Und gnügen dir die einfach großen Güter
Des Lebens nicht, und nicht das schöne Leben,
Das dir mit ihnen und aus ihnen wird,
So wie aus Blumen, Duft und Schmuck und Kranz —
O Mensch, so meinst du das nur im Voraus:
Du hast die Güter dir vielleicht verdorben
Durch eitlen Wahn, durch deines Herzens Schuld —
Du hast sie nicht! Doch ist es dir noch Zeit,
O gehe, geh', erwirb die Güter dir —
Doch dazu geh' nicht weit: kehr' ein in dir,
Und mache dich bereit, dich werth der Güter!

## XXIX.

Verlasse deine Heimath nicht! Auf Jahre!
Es wäre dir sonst besser, daß du stürbest
Und eine neue fändest, die dir lieb ist.
Dem Menschen ist nichts besser als die Heimath!
Ein Ort, der ihm aus seiner Kinderzeit
Kein neuer Ort ist, nur ein süßbewußter,
Das alte unverlorne Paradies,
Darinnen noch die ersten Bäume stehen,
Die alten Quellen rieseln und dieselbe
Urheilige, die Kindersonne strahlt
Vom grade noch so blauen klaren Himmel —
Wo ihm die Welt zum Vaterhaus geworden!
Verlässest du die Heimath, dann erwarte,
Daß sie dir unterdessen sich verschüttet,
Daß dir die ganze Welt zur Fremde wird.
Nur in der Heimath kennest du die Menschen,
Weil du die Kinder kanntest; in der Heimath
Nur bist du mildgesinnt, und selbst die Härte
Ist nur ihr Name, weil dich alle kennen;
Da hast du keine Würde, die dich hindert;
Da, ohne ein Verdienst, trifft dich kein Neid:
Nur in der Heimath lernst du Menschenschicksal
Und göttlich Walten; denn der Menschen Werke,
Ihr Sinn, ihr Loos und Lohn sind hier dir klar.
So findest du den Gott kaum in der Fremde
Als Maler, Bildner nur, als reichsten Mann!

Willst du der alten Menschen Heimath-Trümmer,
Willst du die Heimath aller Menschen schauen,
Dann zieh' in die dir unfruchtbaren Länder!
Willst du Gelehrsamkeit, durchsuche Städte!
Willst du denn Gold, durchziehe Meer' und Inseln!
Willst du ein Amt, dann folge wo dich's hinführt!
Doch sprich, ist Amt, Gold, Wissen wohl das Leben?
Willst du dein Leben, willst das höchste: Mensch sein,
Dann bleib' in deiner Heimath! bleibe selbst
In deiner Vaterstadt, wo möglich bleibe
In deinem Vaterhaus, an jener Stelle,
Wo du geboren wardst, da stirb noch einst.
O selig, wem der Aeltern Fleiß und Tugend
Das Vaterhaus in Segen einst verläßt!
Wer aus des Vaters gutem Namen lebt,
Wie eine neue Frucht am selben Baume!
Glückselig ist die Tochter, die nicht fern
Der Mutter von dem Manne weggeführt,
Am Abend heimlich zu ihr schlüpfen kann,
Zum alten Heerd, darauf die Flamme brennt,
Als wäre sie da nie verlöscht; die schnell
Mit wenig Schritten jeden leichten Kummer
Und jede große Freude leicht erleichternd
Zum Mutterherzen trägt, die größte Freude
Genießt — die größte Freude machen kann
Den Liebenden! den heimlich sonderbar
Verwandelten, in silbergrauen Haaren
Noch rührender sie liebenden — den Aeltern!
Die an demselben Tisch, wo sie gesessen,

Und auf denselben Stuhl ihr Kind nun hinsetzt —
Wo sonst die Mutter saß, sich gegenüber;
Indeß die alte heilige Gestalt
Nun glücklich Beiden zusieht — wie sie leben!
Und werden! Wie das heil'ge Leben wird!
Und selig, wenn der alte Vater noch
Der Sohn, das Kind des alten Hauses ist,
Frisch wie ein Brunnen an derselben Stelle!

---

## XXX.

Nur weise leben, das ist weise sein.
Doch leben mußt du, mußt dich in die Reihen
Der Menschen mit der vollen Seele mischen,
Die Schlacht des Lebens tapfer mitgewinnen!
Von eitler Warte nur hinunterschauend
Erführst du Wunden, Kampf und Schmerz und Feind,
Doch Freund und Hülfe, Freud' und Segen nicht!
Sieh, Weisheit ist genug in diesem All!
Rings unter diesem Schleier der Natur
Glüht unerschöpfte Liebe, strotzet Kraft,
Webt Künstlergeist an Allen und an dir,
Der Wind kann Dinge, die du nicht begreifst,
Und Wahrheit, Freiheit ist der Dinge Born;
Und glaube fest! auch Licht ist innerlich
Im All genug! Die Sonn' ist keine Lampe,
In eine Gruft für Todte hingehangen,
Nein, zu dem Werke derer, die da leben.

Und was ist leben? — Mit den Himmelskräften
Und mit der Erde Kraft, so lang' sie bleiben,
— Im Menschenleibe schön gefaßt erscheinen; —
Licht, Wahrheit, Freiheit, Recht und reine Freude
Auf Erden schaffen und auf Erden haben.
Der Mensch hat keinen Zweck als eben Mensch zu sein,
Die Kraft um ihn ist alles Andre schon!
Und war es lang! Nun, wäre der ein Gott,
Der durch den Himmel langaus hin sich streckte,
Und stets nur spräche: „Ich, ich habe alles,
„Drum bin ich alles; habe Händ' und Füße
„Und Herz und Geist und Kraft, wie Keiner mehr;
„Doch weil ich Hände habe — thu' ich nichts,
„Und weil ich Füße habe — geh' ich nicht,
„Und weil ein Herz ich habe — fühl' ich nicht,
„Und weil ich einen Geist hab' — denk' ich nicht,
„Ich bin ein Gott!" — Und aus der Tiefe riefen
Mit Recht die Geister ihm: „Du bist ein Thor!"
Laß dir nicht rufen, Mensch: „Du bist ein Thor!"

Nicht schlechter sei als dieser Blumen eine,
Die Sonnenschein und Frühling wohl empfindet;
Nicht schlechter sei als selbst der Steine einer,
Der stumm die Witterung der Erd' empfindet,
Und friert und schwitzt und endlich doch sich löst.
Empfinde du die Witterung der Erde!
Vermehre du das Leben in dem All
Durch eignes Schicksal, eigne Freud' und Leiden
Und eignen Tod. — Ein Mensch mehr in der Welt,

Ist eine neue Welt mehr, ist es werth
Für immer, daß ein Gott war, daß er schuf,
Die Erde schuf, den Himmel voller Sterne —
Es betete ein Geist in diesem Tempel;
Und wenn auch Gott verschwände, wenn der Tempel
In Trümmer fiele — stand er nicht umsonst.
— Nun aber beten Geisterschaaren drin,
Nein, ganze Züge ganzer Geisterschaaren:
Und du, o Mensch, du bist der Geister einer,
So gut wie sie, an Abkunft und an Zukunft,
An Werth und Würde — sei nur auch so gut,
Dann bist du allen gleich an Thun und Leben!

---

## XXXI.

Vorreden zu dem schönen Menschenleben,
Nur treue Eingangsworte zu dem Fest,
Den Text des großen Predigers im Tempel
Gab ich bescheiden dir, so wie der Knabe,
Der in der Halle dient am Haus des Herrn.
Nun geh' du in den Tempel selbst hinein!
Betritt du selbst das Allerheiligste,
Betritt den alten vielbetretnen Boden,
Empfinde all' die himmlischen Gestalten,
Die an den ausgeknieten Stufen knieten,
Und alle in die heiligen Gewölbe
Des Tempels herbegraben, nah' dir weilen!
Betrachte ehrend um dich her die Reihen

„Der Heiligen des Lebens“, ihre Werke
Zum Zeichen ihres Dankes in der Hand.
Still höre die Gewalt des Predigers,
Des Unsichtbaren, der mit Worten nicht —
Nein, mit Gestirnen, Sonnenschein und Frühling,
Mit Herbst und Tod, mit Todten und mit Gräbern,
Mit neugebornen tausend Kindern predigt;
Am offenbarsten, am verständlichsten
Mit Menschen, mit Geschlechtern — selbst mit Dir.
Du hörst ihn nicht, hörst du ihn nicht in dir.
Drum höre, höre Dich, du hörest Ihn!
Und lerne dir den Einen Spruch im Herzen,
Der groß und leuchtend um die Kuppel läuft,
Und unaufhörlich selbst sich lehrt und ausruft:
„Sei göttlich! denn du bist im Haus des Gottes!
„Sei gut! sonst bist du abscheuwerth und elend!
„Ein Jedes ist mit Freuden, was es ist:
„O Mensch, so sei mit Freuden auch ein Mensch!“

Gedruckt bei Julius Sittenfeld in Berlin.

# Leopold Schefer's
# ausgewählte Werke.

Eilfter Theil.

Leopold Schefer's Leben und Werke von W. v. Lüdemann.
Laienbrevier. Erstes Halbjahr.

Nebst dem Bildniß Schefer's und einem Facsimile seiner Handschrift.

Neue Ausgabe.

Berlin.
Verlag von Veit und Comp.
1857.

# Verbesserungen.

S. XIII. letzte Zeile statt „hinstarben“ lies: „hier starben.“
S. XIV. Zeile 11. statt „Türkenkriegen“ lies: „Türkenbriefen.“
S. XVI. = 16. statt „zu“ lies: „aus.“
S. XVIII. = 12. statt „am jungen“ lies: „dem jungen.“
S. XXXIV. = 15. statt „Harmonienton“ lies: „Harmonicaton.“
S. XXXVIII. = 14. statt „Reihenden“ lies: „Rächenden.“
S. XLVIII. letzte Zeile statt „Luisensee“ lies: „Luciensee.“
S. XLIX. unten statt „Bender“ und „Reston“ lies: „Reber“ und „Repton.“
S. LXVII. Zeile 7. statt „Hamel“ lies: „Hänel.“
S. LXXII. = 4. v. u. statt „Zimmer“ lies: „Trümmer.„

Leopold Schefer's

# Leben und Werke.

Das Leben eines uns befreundeten wahrhaften Dichters darzulegen, ist in zwei Richtungen hin eine genußreiche Aufgabe: zuerst weil wir damit eine Pflicht gegen die Nachwelt erfüllen, die ein Recht darauf hat, daß ihr von dem, was Seltenes, Großes und Edles auf Erden gelebt hat, so viel als möglich erhalten werde, sodann, weil wir in der Beschauung und Beschäftigung mit dem Edlen und Hohen zunächst uns selbst erhöhen und veredeln. Mit einem wahren Dichter in lebendigem geistigen Verkehr zu stehen, halten wir für eine Gunst, die nur dadurch verdient wird, daß wir Andere so viel als möglich daran Theil nehmen lassen. Diese Gunst und diese Pflicht ist uns zugefallen.

Unter den Dichtern neuester Zeit aber sind Naturen, von so durchsichtiger Reinheit, von so entschiedener Selbständigkeit und Eigenartigkeit, von so hoher Berufstreue und menschlicher Tugend, wie Leopold Schefer, selten. Wissen und Schöpfungstrieb, durchschauende Weisheit und poetische Unmittelbarkeit, hoher Schwung und sittliche Reinheit stehen selten so zusammen, wie dies bei dem weltwandernden Eremiten, dem Dichter des Laienbreviers und des Hafis, dem singenden Orakel, dem modernantiken Wahrsager, wir meinen, wie dies bei dem greisen Dichterjüngling, L. Schefer, der Fall ist. Und außer dem Dichter, der den Tempel des Glücks in dem Menschenherzen aufgerichtet, ist L. Schefer selbst der Glücklichsten Einer, die auf Erden je gelebt, ein Mann, der „Unglücklich sein" eine Schande nennt; in beiden Beziehungen ist sein Leben ein überaus merkwürdiges. Von den einfachsten und glücklichsten Menschen hat die Welt stets am wenigsten gehört! Wie ward ein solcher Geist? Wie entstand, wie wirkte, wie entwickelte sich der Mann, dem es gegeben ist, in dem Alter, das der Jugend sonst den Sieg ohne Kampf zu überlassen pflegt, in Schwung der Gedanken und in Hoheit ihres Ausdrucks eben diese Jugend weit aus dem Felde zu schlagen und — wie Keiner — aus dem Heiligthum der Weisheit das Heiligthum der Poesie, aus dem reichsten Wissen die duftigsten Blumen der Phantasie hervor zu zaubern? der uns zwingt, dem „homerischen Alter" wiederum den Lorbeer der Poesie zu reichen, den wir uns gewöhnt haben, an die Jünglinge Göthe und Schiller, Rückert und Uhland zu verschenken?

Es ist die Aufgabe dieses Lebensabrisses, das Wie dieser Wirkungen zu zeigen, und eine ohne dies räthselhafte Lebenserscheinung zu erklären und deutlich zu machen — eine zugleich ernste und anmuthige Aufgabe. —

Vergegenwärtigen wir uns zuvörderst den Mann. L. Schefer ist jetzt 72 Jahr alt. Er ging niemals den Gang der andern Menschen: ihre Ziele und Gewinne galten ihm nichts; in seiner Innerlichkeit und Geistigkeit blieben ihm diese, wie jene, fast unbekannt, oder erschienen ihm, wenn er sie kannte, der menschlichen Bestrebung wenig werth. Nun genießt er ein äußerlich bescheidenes Glück, bewohnt am Ort, wo er geboren wurde, eine eigene kleine, selbstgebaute Villa — — so eine Laube neben der Welt — – völlig unabhängig, ganz erfüllt von seinem Dichterberuf und diesem mit frischester Seelenkraft hingegeben, rüstig, gesund, zugänglich, voll Liebe und Wärme für die Kunst, heiter, mäßig, keinem Dienste, keiner Schule verpflichtet, ohne Neid und ohne Feind, ein Mann und ein Dichter auf eigne Hand, von der Liebe der Seinigen getragen und begnügt im Vollgenuß des Dichterlooses! Der Welt ist er nicht entfremdet, aber ihre Erscheinungen berühren ihn nur leise, indem sie an der „Laube", die seine Welt ist, vorüber streichen, jene Laube, ganz erfüllt vom Geist der Natur und vom Hauch der Poesie, von keinem Leid berührt, seine Freuden aus sich selbst schöpfend und fest überzeugt, daß Jeder, der es wolle, glücklich sein könne. Er selbst aber, ein so glücklicher Sterblicher, als je unser Auge sah, unvergleichbar in seinem Lebensloose, dem keine Reue und nur ein Schmerz mitgegeben war, immer froh und frei im Dienst der Muse, ohne Ehrgeiz, Streit oder Kampf ruhmgekrönt, allgeliebt, keiner Verirrung Stachel fühlend, ein fleckenloses Leben wiederspiegelnd, in jeglichem Verlangen, jedem Bedürfniß der Seele beschlossen und befriedigt. Wahrlich, wenn uns die Aufgabe gestellt würde, zu sagen, ob es ein vollkommenes Glück auf Erden gäbe, oder den „Glücklichsten Sterblichen“ zu zeigen, hier würden wir stehen bleiben, auf Schefer's kleine Villa deutend!

Wie nun? Hat er Recht zu sagen: ein Jeder könne so glücklich sein, als er es ernstlich wolle? — Wir werden uns diese Frage am Schlusse dieses Lebensabrisses beantworten können; denn, mag es auch sein, daß das Leben ihn mit zugleich schwungvollerer und sanfterer Woge trug, als Andere; das Hauptverdienst ist doch sein eigenes.

Von der Kunst soll man nur mit Liebe und Wärme sprechen, von einer Seele, welche in siebzig Jahren kaum je ein Gedanke der Selbstsucht, des Neides, des Hasses, der Habsucht umschattete, kann man nur mit bewundernder Liebe reden und so nehmen wir hier bei dem Leser das Recht in Anspruch, von dem „Dichter“ in gleicher Weise zu sprechen. —

Es gilt uns in Deutschland für einen bewährten Satz, daß die Eigenschaften des Charakters, von störenden Einflüssen abgesehen, mehr von dem Vater, die des Gemüths und mit ihnen die Kräfte der Vorstellung, der Phantasie, also das poetische Element der Seele, von der Mutter ererbt werden.

Geniale Menschen sind vor allem Söhne ihrer Mutter.

Dieser Satz, soweit er als ein Erfahrungssatz Geltung

in Anspruch nimmt, mag sich auch bei Leopold Schefer bewahrheiten.

Der analytische Geist seines Vaters, und die in Liebesfülle und etwas Schwärmerei aufgehende Gemüthsart der Mutter, werden sich als Niederschläge und Basen in der Seele unsres Freundes immer wieder nachweisen lassen. Eben dies aber nöthigt uns, da der Freund im ganzen Gange seines Lebens aufgefaßt, eigentlich unverändert dasselbe „geistige Individuum" geblieben ist, das er als Knabe, wie in einer versprechenden Knospe, zu erkennen gab, mehr als wir sonst zu thun geneigt sein würden, bei seinen allerersten Entwickelungen zu verweilen. Und glücklicherweise sind diese Entwickelungen, auf den eignen Mittheilungen des Dichters beruhend, an und für sich voll specifischen Reizes und bieten ein so reines und anziehendes Bild einer rosigen Jugendblüthe, eine so seltene Anmuth des Inhalts und der Ausschmückung, wie sie das Leben mit sich bringt, daß wir, nach unsrer eignen Lust bemessend, mit Zuversicht hoffen, der Leser werde gern mit uns bei jenen Entwicklungsstadien verweilen, die einen der seltensten Genien unsrer Dichtergemeinde zu dem machten, was er ein halbes Jahrhundert lang für den Freund und den Kenner der poetischen Litteratur Deutschlands bleiben sollte — einer der eigenthümlichsten Geister unter uns und einer der begabtesten Führer der deutschen Gesammtbildung überhaupt.

Des Freundes Jugend ist aber eben eine Jugend anderer Art, wie sie das gewöhnliche Herkommen und der Durchschnitt des Lebens darzubieten pflegt.

---

## I.

## Der Vater. — Die Mutter. — Kinderjahre. — Erziehung. — Bildung. — Der Jüngling.

Am Freitag, den 30. Juli 1784, unter einem schweren Gewitter wurde dem Arzte Dr. Schefer zu Muskau in der damals zur Krone Sachsen gehörenden Ober-Lausitz, in seinem eignen Hause am Markte, das jetzt die Nummer 128. trägt, ein Sohn geboren. So wie der Vater fernher von Aerzten, so stammte die Mutter, Hanna (Sophie), weit hinauf von Geistlichen ab; beide Familien hatten sonach in die Heilkunde der Leiber und die Heilkunde des Geistes alte Wurzeln getrieben.

Der Vater, schon in den höhern Mannesjahren, hatte in Frankfurt und in Wittenberg Medicin studirt, und stand zu Dresden als Chirurg im Dienst, als ein fremder Gesandter ihn nach Amerika engagirte. Diese Vorkehrung sollte jedoch ohne Erfolg bleiben, denn im Augenblick der Abreise stürzte der Reisende auf dem Glatteise und mußte, da die Reise unaufschieblich war, während seine Effekten, Hut, Degen und Uhr nach Amerika wanderten, in Dresden zurückbleiben. „So, äußerte der Freund, kam es, daß ich kein Amerikaner geworden bin." Die Familie, ursprünglich in Oberschlesien begütert und von Adel, war, von den Jesuiten gepeinigt, für das Evangelium und aus Treue für ihre Confession ausgewandert. Der Großvater hatte sich unter die Bürger gemischt, als er im Jahre 1724 als Amtschirurg nach Muskau übersiedelte. Nachklänge in der Familie weisen auf eine Herkunft vom Oberrhein hin, und das Familiensiegel — ein gekröntes nacktes Kind aus dem Wasser auftauchend — bezeichnet eine Verwandtschaft mit den von Steinbach; unnachweisbar jedoch, da alle Familienpapiere in dem Brande, der Muskau im Jahre 1766 verzehrte, verloren gingen.

In der neu entstandenen Stadt hatte der Vater am Markte selbst sich ein Haus gebaut. Er hatte die Mitte der Lebensjahre längst überschritten, als er die Mutter, von vielen Bewerbern umfreit, schnell und durch dreimaliges Aufgebot in Einem, hinwegheirathete.

Eine erstgeborne Tochter, Auguste, starb im zweiten Jahre, weil der Vater, wie es heißt, den Fehler vieler Aerzte beging, sein krankes eignes Kind selbst curiren zu wollen. Aber dieser Verlust trug dem nachfolgenden Sohne die doppelte Liebe der Mutter ein, als an jenem Freitage, während Vater und Mutter vor Freude und Hoffnung von dem Rollen des schrecklichsten Gewitters nichts gewahr wurden, das Licht der Welt erblickte.

Die Mutter war 32, der Vater 52 Jahr alt, da dies geschah, und weil der kleine Mensch denn bis über die 70 Jahre leben und Krankheit kaum jemals, ja selbst die Blattern nicht, kennen sollte; so wurde er stark geboren. Außer dem kräftigen Gliederbau empfing er zur Aussteuer von der Natur, die offenbar schon von seiner Geburt sich ihm als eine mütterliche Freundin erwies, eine unermüdliche und unersättliche „Neugierde“ mit, welche die wunderreiche Zeit vom Nordamerikanischen Freiheitskriege bis zur Krimexpedition mit ihrem endlos wechselnden Kaleidoscop von Wundern und Bildern selbst nicht völlig zu befriedigen vermochte.

Die glückliche Mutter hatte nun Jemand und hatte nun eine Sorge für ihre Einsamkeit; denn der Vater, als der einzige Arzt der Stadt und viel in der Umgegend gesucht, war am Tage selten zu Hause und fehlte häufig selbst zur Nachtzeit. Aus dem Munde der Mutter hatte der Knabe später oft zu hören, diese Stunden der Einsamkeit seien doch ihre schönste Zeit gewesen, wenn sie am knisternden Kamin lauschend, an die Züge des Knaben gebannt, ihm die Leidensgeschichte des Herrn erzählte und beide darüber heiße Thränen vergossen. Dann setzte sie wohl hinzu: sie danke Gott, dem Vater einmal widerstanden zu haben, der den Neugebornen durchaus mit der Milch einer Stute, welche im Nachbarhause eben gefohlt, hatte groß ziehen wollen, damit er ja recht gesund und kräftig würde. Trotz dieses mütterlichen Ungehorsams aber lernte der Knabe hier: Gehorsam sei Liebe und Liebe der Quell jeder Menschentugend.

Schon der Gedanke, daß eine Stute die Amme des Kindes werden solle, kennzeichnet den Vater als einen originellen Geist. Und so war er, gut und hitzig in Allem, menschlich ergeben und das Beste wie das Schlimmste im Leben, Schmerz und Freude, Leben und Tod vor sich selbst immer mit einem einzigen Worte ausgleichend: „Das ist Welt!" — Mochte ein hoffnungsloser Kranker genesen, ein Kerngesunder plötzlich dahingerafft werden, ein Freund treulos sein, ein Feind ihm wohlthun, stets lautete sein Spruch: „Das ist Welt!" Mit seinen Geschwistern, besonders mit der sehr schönen Schwester, die jedoch eine Todfeindin der Ehe war, bestand seit seiner Verheirathung ein Mißverständniß. Den großmütterlichen und schwesterlichen Groll zu versöhnen und Frieden zu stiften, fiel als erste Großthat dem kleinen Leopold zu. Es geschah, indem der Vater den noch nicht zweijährigen Knaben eines Tages bei der Hand nahm, ihn bei der Schwester in die Thür stellte, wo er dann, wie ein echter Friedensbote, die zürnenden Frauen anlachte, worauf sie ihn beschauten, betasteten und der Großmutter in den Arm legten. Der Vater aber zog nun die Mutter in die Thür, und wie sie so still da stand, lachten Alle und weinten, und der Friede war für immer hergestellt.

Der kundige Leser mag an dieser Scene den Typus und das Urbild zu vielen Scenen in Schefer'schen Erzählungen leicht erkennen, und bei sich erwägen, wie groß doch die formende Macht der allerfrühesten Eindrücke ist, welchen die menschliche Seele empfängt. Denn fast immer ist es ein Kind, das in seinen gefühlsheißen Erzählungen und Novellen den Frieden bringt oder die Katastrophe herbeiführt.

Wie nun der Knabe heranwuchs, nahm ihn der Vater, — mit und ohne die Mutter — wie Aerzte pflegen, oft auf seinen Krankenreisen mit in die Edelhöfe und in die Hütten der Aermsten oder in andere Städte. Am Orte selbst mußte er den Kranken die verordnete Medicin zutragen oder die Speisen aus der Küche des Arztes. Denn mildthätig und warmherzig wie der Vater war, schenkte er überall und schenkte dem Knaben die Mütze vom Kopfe weg, ihn im Winter lachend in seinen Mantel wickelnd. Und so lernte denn der Knabe Alles leicht weggeben, vorzüglich an häßliche und verachtete Menschen, die ihm besonderen Erbarmens werth schienen; dagegen schenkte er niemals zum Trinken, selbst nicht reines Wasser an die Gespielen. Daneben entwickelte sich die Neugierde, als ein Grundzug seiner Seele, die von Allem erregt wurde, am heftigsten aber von den täglichen Erscheinungen, den gewöhnlichen Phasen in der Natur, auf welche ja Alles in der Seele des Freundes immer und immer hinwies. Der schneebehangene Wald, der Sonnen-Aufgang, der Nachts leuchtende Mond und die Farbenpracht des Abendhimmels, waren nie endende Gegenstände seiner Fragen und Untersuchungen, die schwarzen Köhler in den Wäldern seiner Heimath, die dreisten Rehe und Hirsche, die wie verzaubert auftauchenden Schlösser der Landschaft folgten als Gegenstände seiner Fragelust dem Pfefferkuchenhäuschen mit der wohlthätigen alten Frau, die nun durchaus erscheinen sollte. Besonders aber verlockte ihn alles „Schöne“ bis zum Neid, ja bis zum Versuch des Raubes: aber als er der Taube eines Freundes, schneller Begier folgend, einst eine wunderschöne Feder zu näherer Untersuchung geraubt, meldete sich schnell das Gewissen, und unter einer Fluth von Thränen mußte der Raub gebeichtet werden. Um eine schöne Pfauenfeder zu besitzen, stieg er auf dem Gute seiner mütterlichen Freundin, Leopoldine von Gläser, von der er, als seiner Pathin, den Namen trug, bis an den Hals in eine Kalkgrube, fast mit dem Leben büßend und doch ungewarnt.

Eben diese Freundin aber wünschte ihn zum Sohn und hatte ihn der Mutter um 1000 Dukaten und die Hoffnung ihrer großen Erbschaft abkaufen wollen; Erinnerungen, aus welchen ihm später zum Theil die Erzählung: der „Waldbrand“ entstanden ist. Die Sache zerschlug sich natürlich, aber einige Jahre darauf mußte der Liebling der schönen und kinderlosen Frau doch ein Damenpferdchen von der Namensmutter annehmen und besitzen. Aber, wie es denn scheint, daß eine Liebe, die wir nicht zu verdienen uns bewußt sind, uns nicht sänftigt und erweicht, sondern eher uns verwildert, so machte diese Liebe einer andern Frau als der eignen Mutter, sein Herz zornig und traurig zugleich. Später entschwand ihm diese Liebe, indem die Kinderlosen nach Dresden zogen und hinstarben.

Mit fünf Jahren schrieb der Knabe fertig und da um diese Zeit Alles zu langen Kriegen sich zu rüsten schien (1790), so sollte auch der Knabe eine Erziehung zum Krieger, zum Ingenieur erhalten. Es wurde gerechnet, Schlachten und Kriegsbilder colorirt, Verwandte für den Plan einer soldatischen Erziehung interessirt. Indem aber hierbei vielfach der Türken rühmend gedacht wurde, so bildete sich schon damals jene Neigung für dies Volk und jene frühe Sehnsucht nach dem Orient, die sich, die Letztere in einem langen Aufenthalt im Morgenlande, die Erstere in den Türkenkriegen (1840) befriedigen und sättigen sollten. Es kam dazu, daß die Lust des kleinen Weltgängers durch unzählige, heißaufgefaßte Erzählungen von einem Jäger, der aus Amerika zurückgekommen, von Verwandten, die die Erde umsegelt, vom Courier, der sich von Hauptstadt zu Hauptstadt endlich zu Tode geritten, genährt und immer erfrischt wurde; so daß es geschah, daß der sechsjährige Knabe mit des Nachbars Dorchen eines schönen Morgens in die weite Welt ging und glücklich bis zum Waldesrande gelangte, wo man seinen kühnen Reiseplänen dann ein frühes Ziel setzte.

Dies vergessen und gutgemacht, kamen die kleinen Mädchen, Dorchens Gespielinnen, klopften Abends an die Fenster seiner Wohnung und riefen „Leopold, wir sind Dir gut!" was denn dem eifrigen Knaben Veranlassung gab, sich ein Stöckchen hinter die Hausthür zu stellen und die schönen Rufenden, nun aber um Hülfe Schreienden, wüthend damit zu verfolgen. Den gern lachenden Vater freute das und er empfahl, den Stock, als ein theures Stück für Krieg und Universität, wohl aufzuheben.

Aber auch die Sonne der Schönheit fehlte dem Frühleben des Knaben nicht, die Schönheit, ohne welche, wie der Dichter sagt, ein Königsschloß und ein Kinderherz finster bleibt, und die schöne Helena schwebte selbst noch dem Pilger in Morea und Troas wie auf goldenen Wolken vor. Diese Helena erwuchs als die jüngste Tochter des Callenberg'schen Grafenhauses, in eben den Zimmern, wo eine andere Göttin, die Musik, über dem jungen Herzen die ersten Machtversuche übte, und wo Bach's und Benda's einfache Melodien und Haydn's Quartette für die kleine Brust zu belebenden Geistern wurden.

Es war eine kleine Kapelle von nur vier Instrumenten, die hier Cora und Ariadne zu der Stimme der schönen Gräfin aufführten: eben diese Stimme durchschauerte das Herz des Knaben. Einst, in einem Stücke, wo es eines Amors bedurfte, mußte er, in weißes Leder genäht, auf das Schloß und auf den Schooß der Bewunderten, die ihn küßte. Und wie man im Dasein des Menschen von einem Todesstoß für ihn spricht, so war dies für den kleinen Menschensohn ein Lebensstoß, von dem er selbst versichert, daß schon mit ihm „die Welt sich für ihn in Gleichgültiges und in Werthvolles zu trennen begann für alle Zeit." Und in der That! Was zeichnet den Freund aus, sein ganzes Leben hindurch, was unterscheidet ihn innerlich und wesentlich von andern Menschensöhnen? Es ist die Suprematie der Gewalt der Schönheit in seiner Seele über alle andern Gefühle, die Allgewalt der Bewunderung des schönen Scheins, die ihn für immer beherrschen sollte. Mit ihr verachtet er, was die große Mehrzahl der Lebenden heiß erstrebt, von ihr empfängt er das Gefühl des Glücks und des Unglücks; mit ihr verfolgt und erstrebt er, was den Meisten gering und werthlos erscheint — zu seinem eignen Glück, zu vollstem Seelenfrieden! — Mit diesem ersten Impuls für die Schönheit war seine Seele für alles Herrliche und Schöne für immer gefesselt, in den Zauberkreis des Reizes gebannt, für alles Gemeine und Schlechte rein gefegt, mit aller Kraft gerüstet, aber nur für das Schöne. Und so ruft er im klarsten Gefühl seiner Subjectivität und durch seine ganze poetische Laufbahn zu: „Das Schöne früh schauen und erkennend lieben, ist das erhabenste Glück des Lebens.“ —

Die Darstellung jenes Amors übrigens sollte übel genug enden. Der Vater selbst hatte dazu einen großen Orangenbaum gewählt, unter welchem Helena Platz zu nehmen hatte: als aber an einem unseligen Lampenlichte ihr schönes, gelöstes Haar Feuer fing, sprang der Vater selbst in die Scene und riß den mühsam hergerichteten Baum zur Erde nieder.

Viele Jahre später war nichts natürlicher, als daß Helena's wo möglich noch schönere Tochter A. über dasselbe

Herz Macht gewann, und daß er selbst ihrem einzigen Bruder, dem gütigen, schönen und geistreichen Grafen Herrmann, dem der Vater das Leben gerettet, lebenslang, wie innigst verbunden, so treu ergeben blieb.

In einer kleinen Stadt waltet die strengste Erziehung, und nur die Gunst des Glücks fügte es, daß der Knabe den dumpfen Mechanismus und die peinliche Regelmäßigkeit einer zahlreichen und niedren Schule nicht erleiden sollte. Die junge Menschenpflanze erwächst als eine Frucht der Umgebung, und wer kann sagen, ob aus ihr der freie und eigenartige, der in vollster Selbständigkeit entfaltete Geist, den wir an dem Freunde bewundern, erwachsen wäre, hätte er seine Knabenzeit in einem jener zwar vielfach bildenden, aber auch verbildenden und jedenfalls dem „Selbstsein" ungünstigen Schulzimmer verbringen müssen, die der Durchschnittzahl der Menschen ihre künftige Geistesform überliefern?

Den ersten Schulunterricht empfing der Freund nicht von der Pflicht und dem Berufe, sondern von der Liebe. Hofrath Röhde, ein schöner Mann, Rheinländer aus Trarbach, und in England erzogen, ein Günstling des Grafen Zinzendorff, der Erzieher des Grafen Callenberg und des Grafen Gollowkin (spätern Gesandten in China) und deren Begleiter auf Reisen in England, Frankreich und Italien, Freund Rousseau's und Schlosser's, ein Mann, freisinnig, witzig und mit dem besten Herzen satyrisch, lebte jetzt, reich belohnt und unabhängig in Muskau. Als Vater zweier

Söhne, Alexander und Georg, die noch dazu in gleichem Alter mit dem Freunde standen, und vom Trieb fruchtreicher Thätigkeit beherrscht, wünschte er die Erziehung seiner Kinder mit der von Altersgenossen derselben zu verbinden und sammelte so eine Freischaar von neun Knaben der besseren Stände, jedoch alle aus dem Orte, zum Unterricht um sich. Zu diesen gehörte unser Leopold, der, indem er diese neue Gunst des Glücks zu preisen hatte, von einem solchen Manne unterrichtet zu werden, der den gewöhnlichen Lehrberuf weit überragte, bald der Führer dieser geistsprühenden Freipartei im Frieden, dieser unternehmenden Zunft in jeder unbändigen Gymnastik, bei Schützenfesten und Geburtstagsfeierlichkeiten im Schloß und überall sonst, wo Lust und Freude sich zu ergehen hatten, werden sollte. Hier nun wurde zugleich der innigste Freundesbund mit dem älteren der beiden Söhne des Lehrers, Alexander, geschlossen, der später als Berghauptmann von Kolywan nach Rußland berufen, schmerzlich und unter Thränen entlassen, dort einen frühen Tod finden sollte.

Unser Freund selbst nennt die nun beginnende Zeit, welche neben der Jugendlust, der Begierde „Alles Lernbare zu lernen", volles Spiel eröffnete, welche die Verehrung für den Lehrer und für den im Schlosse waltenden ehrwürdigen Großvater des Erbgrafen zum Anker und Lenkseil hatte — ein fortdauerndes tägliches Jugendfest. Die Freundschaft hatte dieses Fest eingeleitet und die Bewunderung für den hochgebildeten Greis, den gelehrten Präsidenten der Oberlausitzschen wissenschaftlichen Gesellschaft, den Großvater des Grafen, befestigte und schloß es ab. Und hierbei mögen wir uns erinnern, wie Wenige von uns die gleiche Zeit mit einem so wohlklingenden Worte zu bezeichnen haben; ja, wie Vielen, was ihm ein Fest war, als eine Zeit der Verkümmerung und des erstickenden Zwanges geboten wird.

Nun wurde gar Vieles erlernt. Vor allen aber ward in der vom Christenthum hinreichend gesättigten Seele des Knaben, die Mythologie der Alten zur Lieblingswissenschaft; eine etwas sonderbare Mischung, von der wir meinen, daß sich noch bis in die spätesten Dichterergüsse des Freundes hinein, erkennbare Spuren zeigen, und die jenes neutrale Verhalten gegen alles rein Dogmatische einleiten mochte, das wohl zu den entschiedensten Eigenschaften des Freundes gehören wird. In dieser Zeit sah er nicht selten den damaligen Hofmeister in Wolfshayn, Fichte, und hörte diesen Landsmann auch wohl ein und das andre Mal in der deutschen Kirche zu Muskau predigen. Er nahm den Knaben wohl auf den Schooß und gab dem Vater wiederholt die Lehre für ihn mit: „Mathe„matik und Griechisch, Herr Doktor, und zeitig, zeitig, denn „sonst lernt man es nicht und damit nichts." — Einst suchten ihn Vater und Sohn in Wolfshayn auf. Man fand ihn im rothen Rock, den dreieckigen Hut auf dem Kopfe, in der Schenke, mit einem sehr hübschen Landmädchen — das eine Braut zu sein schien — tanzend. Als diese dann Abends am Hause vorüberfuhr, zeigte der Vater sie der Mutter und sie zischelten lächelnd zusammen, wie denn, nach der Meinung unsres Freundes, die Frau eines Arztes den großen Vorzug vor andern Frauen genießt, Mitwisserin vieler Familiengeheimnisse und darum ruhig zu sein. Und so erfuhr denn der Freund auch früh aus Winken, Büchern und Bildern des väterlichen Arbeitstisches viel von den Geheimnissen der Natur, die so lange seine Seele beschäftigten und ihr zu „nagen" gaben, zu einer Zeit, wo andre Knaben noch über dem Knoten im Faden grübeln oder über die Mirakel des Jahrmarkts erstaunen.

Nicht minder wirkte ein anderer Lehrer, der Rektor der Schule, Thamm, ein Mann von edelster Art, voll Freimuth und Menschengefühl, — dessen junges und schönes Weib verbrannte, — wohlthätig auf den Knaben ein, dergestalt, daß der Freund noch heute von seiner negirenden Art, die Weltvorgänge zu betrachten, etwas in sich zu verspüren meint.

Unter all diesem begann der Vater das Loos alternder Aerzte zu theilen: er mußte das Haus verkaufen und bei der Mutter Wohnung nehmen. Nicht lange darauf starb er plötzlich, mit einem Händedruck den Knaben, der thränenlos blieb, dem damaligen Hofprediger und Lehrer des Erbgrafen, später Ober-Consistorialrath Brescius empfehlend (1799).

Mit dem schwarzen Flor, den die Mutter um den Arm des fünfzehnjährigen Knaben band, drang das Gefühl seiner Sohnespflichten ihm in die Seele. Wiesen und Felder, Fluß und Spielgenossen, Flur und Wald sahen ihn nicht mehr: er lernte bloß und so erfolgreich war sein Eifer, daß die Mutter ihn zu Ostern auf das damals weltberühmte Gymnasium zu Bauzen bringen konnte, wo er nach kurzer Prüfungszeit nach Prima übersprang. Die Anstalt verdankte ihren vorzüglichen Ruf der energischen Leitung Gedike's, des berühmten Schulmanns, und muß nach vielem Vorliegenden in der That eine vorzügliche Bildungs-Anstalt gewesen sein, und namentlich die Gründlichkeit der klassischen Studien, für welche die sächsischen gelehrten Schulen eines alten Rufes genießen, sehr begünstigt haben. Mit maaßlosem Eifer warf sich der Freund nun hier auf diesen Zweig der Studien, keinen andern Umgang als den Verkehr mit den nachmals berühmten Männern, dem unermüdlichen Gräfe und dem strebsamen Blochmann Raum gestattend. Französisch, Englisch und Italienisch hatte er mitgebracht: aber die alte Welt schloß ihm erst hier die Pforten zu ihren goldenen und unvergänglichen Schätzen auf. Ueber den Bergen umher lagerte im Frühling uralter Haine und feierlicher Waldungen ein altes Heiden- und Heldenthum, das der Wilzen und Wenden, deren Haupttempel den nahen Czernibog krönte: aber ein noch viel älteres Heldenthum und viel schönere Götterbilder als die alten Opfersteine der Wenden sie darboten, die Helden- und Götterwelt Homer's zog aus schönerer Erde hier in Herz und Haus des Knaben, begierig empfangen, begeistert aufgenommen und ernst gepflegt. Daneben war aus der

Vaterstadt der musikbegeisterte Freund Vogel und für die strenge Wissenschaft der Mathematiker Häring, später Artillerie-Major in Berlin, zur Hand und so theilte sich denn der schönste Lerneifer zwischen den Griechen und den Studien bei dem Conrektor Otto, Erzieher des Grafen Brühl, mit welchem, dem Fichte'schen Gebote gemäß, Tobias Mayer und Hindenburg bis auf den letzten Grund durchgearbeitet werden mußten. Nie aber fehlte dem lerneifrigen Knaben die bildende Gunst des Glücks; denn so wie in Muskau der Büchersaal des Grafen, so stand ihm hier die große Lüttichau'sche Bibliothek, nahe seinem bescheidnen Zimmerchen, zur Verfügung, welche Dr. Behrnauer freigebig öffnete, und in welcher wenige Werke undurchmustert bleiben sollten. Dann gab die Rathsbibliothek den großen Pindar in Folio her, so wie den Bayle, der nach antiquarischen Seltenheiten immer und immer wieder durchspürt ward, die denn bald zu starken Collectaneen anwuchsen. Zugleich fehlte es nicht an besondern Büchern, wie die Schrift: de tribus impostoribus, die viel zu grübeln gab, und andre, die wie vom Himmel her in die Neugierde des Knaben Zündstoff werfen sollten.

So begann nun eine wundervolle Zeit ernstesten und eifrigsten Studiums, rastlosesten Forschens und Suchens und nachhaltigen Betrachtens, die denn den Grund legten zu jener tiefen und innerlichen Erkenntniß des Alterthums, wie sie den Freund vor allen andern uns bekannten deutschen

Dichtern in seltenster Umfassenheit und eigenthümlichster Begabung auszeichnet.

Und hier sei uns denn vorgreifend gestattet, diese hervorragende Befähigung des Freundes etwas näher und eingehend zu betrachten; eine Begabung, die in einer unvergleichlichen Auffassung des Lebens, Denkens und Wirkens der alten Welt, in einer Lebendigkeit, Detailanschauung und Mitempfindung für sie besteht, welche uns, außer bei Schefer, selbst Bötticher und Meyer nicht ausgenommen, niemals wieder begegnet ist. Die Besprechung der höchsten Interessen der Poesie und der Kunst, die Erörterung philosophischer Aufgaben und Gedanken tritt bei dem Freunde stets etwas zurückhaltend, scheu und gleichsam wie verschämt auf und wird von ihm gern mit irgend einem derben Scherz oder einem grundprosaischen Gedanken beschlossen; von Politik spricht er nie freiwillig und immer ungern; die Geschichte bespricht er je nach Maaßgabe des Bildungsgrades, den er bei dem Zuhörer annehmen zu können meint, offen oder zurückhaltend; von dem reichsten herrlichsten Strome der Rede aber fließt sein Mund über, so oft von dem Alterthum, von Hellas, Rom und Aegypten gehandelt wird. Es ist ein Genuß für ihn und für uns, wie die neusten, eigenthümlichsten, herrlichsten Gedanken sich hier verketten, begrenzen, entfalten; hier muß man ihn hören, um die Fülle seines Wissens und die Macht seiner poetischen Natur zu gleicher Zeit zu bewundern! Denn — nicht genug, daß er unendlich viel und mehr als

Andre von dem innersten, socialen, politischen Leben und von den Culturverhältnissen der alten Völker weiß, und über viel reichere Schätze der archäologischen Detail-Wissenschaft gebietet, als andre Gelehrte; nein, kraft der ihm mitgegebenen Fülle und Innerlichkeit des Vorstellungsvermögens der Phantasie, hat er dies reiche Wissen in eine unmittelbare lebendige Anschauung dieser Verhältnisse verwandelt, die das Erlerntsein völlig vergessen macht und uns den Eindruck eines Mitlebenden, mitten in allen diesen Verhältnissen giebt. Man kennt die Weise, wie die Fremdenführer und Ciceroni in Italien von Scipio, August und Tiber zu sprechen pflegen, und es gewann uns oft ein Lächeln ab, wenn jene Zerrbilder des Gelehrtenthums den Anschein annahmen, als habe der Sprechende etwa die genannten Personen selbst gekannt oder als Vorfahren der Familie nennen hören. Allein, so bedenklich die Parallele auch erscheinen mag, wir müssen sie machen, um, freilich in einer unendlich höheren Auffassung, von dem Eindruck und der Art ein Bild zu geben, in der Schefer über Griechen und Römer zu sprechen weiß. Denn hier ist jeder Zug lebendige und lebhafte Wahrheit und da jede Einzelheit, jede Detailbeziehung auf dem Wissen beruht und ein Resultat geprüfter und bewährter Anschauung ist; so setzt eine so lebenvolle und ausgiebige Darstellung fort und fort in das angenehmste Erstaunen. Wir werden nicht müde, dem Erzähler zuzuhören, wenn er von Dichtern, Staatsmännern und Künstlern, von Pindar, Sophokles, Archimedes, von Perikles, Cato und Horaz, Anecdoten und Lebensverwickelungen, Beziehungen berichtet, deren Nachhall bis auf uns wir kaum ahneten und von ihren Sorgen und Freuden, Bestrebungen und Hoffnungen uns in einer Form zu unterrichten weiß, die uns nur ein Mitlebender, Mitempfindender, ja ein Vertrauter dieser Personen bieten zu können scheint.

Diese eigenthümliche Begabung unseres Freundes ist nun gewiß die Frucht des allerernstesten Studiums der Alten, wie es auf dem Gymnasium zu Bauzen angebahnt wurde; sie wurde gewiß und ohne Frage durch die seltene Gunst eines langen und mußevollen Aufenthalts in Rom, Hellas, Troas und Sicilien, mächtig gefördert, erweitert, berichtigt; aber sie ist nicht minder und eben so gewiß auch eine Frucht jener sich selbst vertiefenden Phantasie, die dem Dichtergeist eignet, jener Kraft des Vorstellungsvermögens, welches mit dem Wissen Hand in Hand gehend, die Substrate des Letztern erst belebt und zur wahren Erscheinung bringt.

In dieser reichen Bilderwelt lebend, ist es ihm eigen geblieben, daß er Gespräche philosophischen Inhalts — eben weil ihm die Weisheit mehr Sache des Herzens, als des Verstandes ist — Gespräche über Poesie — weil die Dichtung, das Wort aus einer „höhern Welt,“ ihm zu heilig ist, um sich ohne Abmessung der muthmaßlichen Bildungsstufe des Hörers darüber zu eröffnen — Gespräche über die Tagesinteressen, die ihm zumeist ganz werthlos erscheinen, gern mit kleinen Geschichten, Detailanschauungen und Anecdoten aus der alten Welt unterbricht, um, wenn möglich, so zu seinem begünstigten Thema, die alte Zeit der Blüthenpracht menschlicher Ideen, die griechische Feinheit, die römische Kraft, zu gelangen. Und fürwahr — ihn hier zu hören, wie er aus der Mitte der alten Verhältnisse heraus den Jugendglanz dieses Daseins zu schildern, uns zu entzücken und hinzureißen weiß mit den prächtigen Bildern dieser nun fremden Lebensform in Freiheit der That und Selbständigkeit des Geistes — das ist ein seltener Genuß. —

Und diesen heiteren Hintergrund, auf welchem der Dichter durch das Band der griechischen Mythe lebenslang mit der fernen Heimath alter Schönheit in Verbindung blieb, hat er sich denn auch als eine Grundlage und als die Lebensluft einer ganzen späteren Entwickelung bis in seine jüngsten Dichtererzeugnisse hin zu erhalten gewußt. Ja im „Koran der Liebe" wie im Hafiz selbst, sehen wir den griechischen Pantheismus und den römischen Natursinn sich wie einen Flor um sein specifisches Christenthum legen und die ganze heutige Welt, wie mit einem feinen Schleier classischer Anschauungen fast überdecken. —

Wir kehren von dieser Abschweifung zu dem jungen Freunde zurück, der zu allen jenen günstigen Bedingungen seiner Entwickelung nun auch noch in der alten, gewölbten Wohnung, die er inne hatte, ein altes Klavier fand, gut genug, wie er sagte, „um Gott zu klagen." Eben so war ein Landsmann zur Hand, der Kantor Petri, der den Freund früh Morgens zur Kirchenmusik vom Lager klopfte, um ihn zu den Chorübungen anzutreiben, während Nachts die Lehrer mit dem Rufe: Lichter aus! den Eifrigen zu Bette mahnten.

So begann denn ein emsiges Doppelstudium im anmuthigsten Wechsel zwischen dem Ernst der Wissenschaft und dem heitern Genusse der Musik, stets ohne jene fieberhafte Hast jedoch, welche so oft in jungen Seelen das Gleichgewicht der Kräfte gefährdet, indem sie die eine oder die andere derselben zur Ueberspannung reizt. Dieses Gleichgewicht, die Quelle des Schönheitsgefühls und die Wurzel der Weisheit zugleich in der Seele, sollte am jungen Freunde glücklich für die spätesten Zeiten erhalten werden.

Der närrische Petri hatte ein Lehrbuch der Musik geschrieben und den originellen Gedanken ausgeführt, ein Doppelconcert für zwei Contrebässe, welche an rasenden Backzahnschmerzen leiden, zu componiren. Er war es, der das mitgebrachte erbärmliche Violin- und Klavierspiel des Freundes besserte und ihn durch Wind und Wetter im strengsten Winter nach Dresden, sieben lange Meilen weit, in die Oper jagte, wo Naumann die „Cyklopen" gab und nicht minder endlich zu kleinen Compositionen den Antrieb und die Anleitung herbeibrachte. Daneben wurden die Dichter von Geßner ab, meist auf den tiefschattigen Berghöhen umher, gelesen und der poetische Schaffenstrieb damit mannigfach geweckt. Allein seltsam — ein frommes Morgenlied für die Großmutter mit allem Eifer begonnen und vielfach versucht, wollte doch, aller Mühe ungeachtet, nicht zu Stande kommen, obwohl es im Geist ganz fertig und lebendig war. Diese erfolglose Bemühung des sechszehnjährigen Poeten, der später viel hundert Lieder wie zum freisten Spiele hinwarf, verdient, als eine interessante Erscheinung, die nähere Betrachtung eines Augenblicks. Was hemmte und hinderte die junge Dichterseele, das, was in ihr lebendig war, herauszusagen? — Schefer selbst meint: es war die Scheu, ein Wort aus der Geisterwelt, womit alle Poesie anhebt, unter gewöhnlichen frei auszusprechen, die Schaam, die Augen und die Sinne der Menschen auf sich zu lenken, kurz, die pressende Unmöglichkeit, das gemeinte, klar im Geiste liegende Wort, mit frevelndem Muthe keck heraus zu sagen.

In dieser Deutung erkennen wir den Dichter, dem es noch heute schwer fällt, über die Poesie das Innerste von dem, was er dafür empfindet, zu eröffnen, und der sich am liebsten hierüber mit einem Scherz, einem leichten Witzworte abzufinden pflegt.

Und dennoch componirte er schon damals kleine Lieder mit leichter Hand und nicht ohne musikalische Wirkung. Aber auch diese Beschäftigung seiner kunstergebenen Seele war schon so mit dem Gefühl der Scheu, ja der Schaam verknüpft, daß er, als seine Mutter ihn in dieser Zeit einmal besuchte, er sich — wie seltsam für einen Sohn, wie er es war! — vor ihr verbarg, ja in seinem Stübchen verschloß und erst auf langes Klopfen öffnete, da er sich denn laut weinend an den Hals seiner Mutter warf. Wunderbar zugleich und doch natürlich! Denn eben diese Mutter war dem Sohne, der vom Baume der poetischen Erkenntniß gekostet hatte, plötzlich zu einer Fremden geworden und gehörte einer andern Welt an, als der seinen — wie denn selbst der Heiland im Tempel seine Mutter nicht zu erkennen vermochte. Daß er sich, nachdem die Eisrinde einmal gebrochen, nachher über seine Schaam selbst wieder schämte, versteht sich aus seinen Thränen von selbst.

Die Schulzeugnisse waren unter diesen Umständen so, wie sie verdient waren, und gewöhnlich; allein der heitere Freund setzte sie in Musik, was nicht immer geschieht. Auch dem trefflichen Verse, den der Rektor darin aufnahm:

„Ordine pervenies, quo non licet ire labore.“

begegnete dies Schicksal.

Als gesammte Ansicht von seiner hier in Bauzen erlangten Bildung faßte der Freund diese Meinung von sich: daß er Muth habe und vorbereitet sei zu Allem, nur nicht dazu: so im Einzelnen sein ganzes einziges Leben zu verlieren! Von einem ungemessenen Lerntrieb befeuert, ins Erwerben von immer weiterem Wissen sein Glück setzend, grauste ihm doch vor einem Brodstudium, das ihm einer Entsagung seiner selbst, einer Verzichtleistung auf das heiße Verlangen: „ein immer klarerer Mensch zu werden“, gleich zu kommen schien.

Und so war das erste Drittheil einer gewöhnlichen Lebensdauer erreicht und die Zeit der Academie gekommen: der Freund war neunzehn Jahr alt.

---

## II.

## Heimkehr. — Die Mutter. — Jugendjahre. — Erste poetische Regungen.

Zu dieser Zeit nun traf die Mutter ein bedenklicher Krankheitsanfall, sie, der der Knabe schon Alles zu Freude und Dank zu thun bestimmt entschlossen war. Sie verlangte nach ihm, — sie wollte ihn noch haben. Wer konnte sie ihm ersetzen, wenn sie starb? wer für den Jüngling sorgen in der sechsfach theuren Zeit, die ganz erfüllt war von Krieg und Kriegesnoth? Eine Zeit, die ach — so viele Hoffnungsfrüchte brach, so viel Wachsthum zum Stillstand brachte und so viele Keime erstickte, als die Gegenwart in ihrem stolzen Friedensgenuß gar nicht zu ahnen vermag! —

So verließ er die Schule, so kehrte er in das Mutterhaus zurück und so entstand sein erstes Lied, beginnend:

„Nun bin ich heim im Jugendthal —
„Nun ist mir wohl! . . .

Und er war bei der Mutter, bequem eingerichtet, von den alten Freunden liebevoll empfangen, der alten Schloßbibliothek, die ja Kunst und Alterthum aufschloß, wieder zur Seite. Da kam denn **Winkelmann** an die Reihe und aus dem Studium seiner mit leidiger Kürze abgefertigten Aegyptischen Kunst, mit dem Bedauern darüber zugleich der Gedanke, hier nachzuhelfen, der Geschichte und der Kunst dieses Landes alter Sehnsucht, sich ganz und völlig zu widmen. Was zur Lösung dieser Aufgabe nur irgend als Vorbereitung dienen konnte, wurde mit dem größten Eifer ergriffen und dem mangelnden Wissen angefügt. Und da ein Bruder des Vaters, der längst verschollen war, zufolge von Nachrichten, welche eine heimkehrende Herrnhuterin mitbrachte, in Tranquebar verweilen sollte, so ward der Plan verfolgt, über Aegypten den reichen Vetter aufzusuchen und so den Forderungen des Geistes und des Hauses zugleich zu genügen, auf einmal aber auch so den trostlosen Zuständen Alt-Europas auf eine gute Weile zu entrinnen.

Wie jedoch Alles zum Abschluß reifte, sagte die Mutter: „Thu' das, mein Sohn, wenn ich **todt** bin: dann habe ich keine Sorge um Dich und Du nicht um mich." Dies kleine Wort machte den Freund mundtodt und aus dem großen Entwurfe wurde nichts. — für jetzt nämlich.

Das Leid hierüber mußte die Musik versüßen. Es kam ein Quartett in Gang, bei dem die Spieler oft die Instrumente vor Rührung weglegen mußten. Der **Mond** in der Schöpfung mußte unendlich oft aufgehen und eine prächtige Glasharmonica, von dem würdigen **Brescius** dem

Freunde verehrt, füllte manche unsäglich süße Stunde mit ihren zitternden Melodien aus. Dies Spiel nun blieb dem Freunde theuer, sein ganzes Leben hindurch, und die meisten und süßesten Erinnerungen seines Daseins verknüpfen sich mit ihm.

Die Vorliebe für dieses Instrument verkündet, wenn wir nicht irren, schon das volle Uebergewicht des lyrischen Elementes in der Seele des Freundes. Es scheint uns nämlich zwischen den verschiedenen Kräften der Seele eine Art von Wechselwirkung, eine Polarität in der Weise stattzufinden, daß, was dem Denkvermögen zu Gute kommt, dem Gefühlsvermögen entzogen wird und umgekehrt, so daß Vorstellung und Empfindung, zweien Schalen derselben Wage gleich, in eine enge Wechselbeziehung treten. Je größer nun die Erregbarkeit des Empfindens ist, um so mehr wird die des Denkens und Schließens zurücktreten, und eine entschiedene Disposition für den Reiz der Musik wird uns regelmäßig auf ein geringeres Vermögen, mit Sicherheit Schlüsse und Denkformeln zu bilden, schließen lassen. Dabei greift nun aber unter den musikalischen Reizen selbst wieder eine Verschiedenheit Platz, so daß beispielsweise eine strenge Bach'sche Fuge ganz anderen Forderungen des musikalischen Sinnes entspricht und befriedigt, als etwa eine schottische oder schwedische Volksmelodie, so daß wir befugt sind, zwischen einer subjectiven und objectiven Schönheit der Musik zu unterscheiden, welcher dann wieder die verschiedenen Instrumente, ihrer Einrichtung und ihrem charakteristischen

Tone nach, verwandt sind und ihr zunächst entsprechen. So wird denn zugegeben werden können, daß Instrumente, wie die Flöte, die Schalmey, die Harmonica, besonders dem Ausdruck der subjectiven Empfindung, also dem lyrischen Elemente der Seele entsprechen, eine Neigung für sie aber dem Vorwalten dieser Empfindung analog ist.

Und hier sei uns denn gestattet, eine Betrachtung vorgreifend einzufügen, indem wir es nicht für bedeutungslos erachten, daß das süßeste der Musik-Instrumente die Seele des Knaben so früh zu fesseln wußte.

Wenn wir die lange Reihe der deutschen Dichter und Dichtergenossen überblicken, die in innerem Zerfall, Trübsal und Elend einen den Geist betrübenden Ausgang nehmen, die in selbstverschuldeter Hoffnungslosigkeit entweder dem Leid erlagen, oder in Selbstmord Befreiung suchten, oder endlich gar in Wahnsinn oder thierischer Verkommenheit ihre Erlösung von der Last des Daseins fanden; wenn wir die Kleist und Sonnenberg, die Haupt und Leßmann, die Stieglitz, die Brachmann und Günderrode oder endlich die Lenz, Kuh, Hölderlin, Lenau und Wezel, an unserm innern Auge vorübergehen lassen; oder wenn wir selbst der trost- und freudelosen Verstimmungen uns erinnern, welchen zeitweis unsre besten Geister, Herder, Schiller, sogar der mit Sonnenäther genährte Geist Göthe's unterthan war; wenn wir das Grauen vor der Welt und den Menschen gedenken, dem E. v. Kleist, der Frühlingsdichter, Hamann und Tieck, Platen, Waiblinger, E. Schulze, Werner, Brentano, Halirsch, Gaudy und der im Cynismus verderbende Grabbe unterlagen, ohne Hoffnung oder Freude an der Natur, an den Dingen der Schöpfung: wenn wir die Trübungen und den Ekel uns vergegenwärtigen, den die Wissenschaft, ja selbst die ewig junge Kunst diesen und vielen andern Geistern einflößte — — dann müssen wir wohl ein halbhundertjähriges Dichterdasein bestaunen und bewundern, durch das nie und nimmer ein Mißton hallt, in dem die Freude an sich selbst, an Gott und seiner Schöpfung kaum einen Augenblick lang verstummt, die Lust an dichterischem Schaffen ohne Unterbrechung zehn Lustern hindurch fortjubelt: mit einem Worte, ein halbhundertjähriges Dichterleben, das wie ein langgezogener Harmonienton in reinster Harmonie beginnt, sich so fortzieht und endet!

Wahrlich, diese Macht der Harmonie über alle irdische Beschränkung und Hemmung, ja gegen die dämonische Gewalt, die selbst den dichtenden Geist fort und fort zu bedrohen scheint, ist ein zu seltenes Schauspiel, als daß es uns nicht zur Betrachtung auffordern, und daß wir diese Ausdauer in ungetrübter „Freude" an dem so vieler Pein verfallenden Dasein, in der oft so unerbittlichen Natur und ihrem fernabwohnenden Herrn und Meister nicht als eine der erhabensten Begabungen unsres Freundes bezeichnen sollten, die er

— — vielleicht der frühern Hingabe seiner Seele an die Musik, an die Harmonicamusik, verdanken mag.

Wie dem nun auch sei, die Musik nahm fortan alle die Zeit ein, welche Homer und Shakespeare, Winckelmann und Novalis, der jetzt eine Lieblingsstelle zu besitzen anfing, nur immer übrig ließen. Der dichtende Geist regte sich nnn mehr und mehr, ja endlich auf einer Reise für die Mutter zum Doctor Wokan in Bautzen, auf einem schönbewaldeten Hügel mit herrlicher Aussicht kam die lang verhaltene Begeisterung zum Ausbruch. Eines der feurigsten unter den feurigen Liedern des Freundes, deren Gegenstand die sichtbare Gottesidee, die Welt, ist, die Hymne an die Natur entstand und wanderte mit nach Hause, wo sie jedoch, als ein tiefes Geheimniß, verschämt in festen Verschluß gelegt wurde.

Ein Biograph Lenau's legt dem Weihrauch, in den jedes poetische Erzeugniß des Dichters sofort von Männern und Frauen verhüllt und entrückt zu werden pflegt, eine gewichtige Schuld an den Verirrungen bei, in welche dieser edle Geist nach und nach mit Nothwendigkeit versinken mußte. Wenn dies richtig ist, so fand der andre poetische Pol Lenau's, unser seltener Freund, in dieser Scham, mit welcher er seine ersten Worte aus der Geisterwelt jedem Auge verschloß, das sicherste Schutzmittel gegen den bösen Zauber der Selbstbewunderung und Selbstüberhebung, die ihn bedrohten. Und wohl ihm — die Treue des Geheimnisses hat ihn vor jeder Untreue an sich und seinen Gaben reichlohnend bewahrt!

Von jetzt an ergoß sich der Strom der Dichtung reichlich über ihn und sein fortgeführtes Tagebuch — beiläufig bemerkt, jetzt 81 Bände — enthält nun schon die ältesten Lieder des „Laienbreviers" in ihrer ursprünglichen und ersten Fassung. Diese wurden nicht minder zur Harmonica in Musik gesetzt, während Bach's Fugen zur Orgel täglich neuen Genuß gewährten.

Endlich aber sollte sich auch der lang bestandene Freundeskreis lösen und als diese so seelige und gesunde Vereinigung durch Alexander Röhde's Abgang nach Petersburg, wohin er, wie wir wissen, als Berghauptmann von Koliwan im Ural berufen war, ihr theuerstes Glied verlor, schnitt nun die Wehmuth tief durch die Seele des Freundes und machte sich in einem bündigen Requiem mit wunderbarem Texte Luft, bis denn die Zerstreuungen des großen Reiseprojects, das, wie wir sehen, an der Kindesliebe des Dichters scheiterte, auch diesen Schmerz zu mildern im Stande waren.

Zu gleicher Zeit kehrte von einer Reise durch Frankreich und Italien der frühere tägliche Lebensgenosse des Jünglings, der jugendfrische, geistreiche, und nur um ein Jahr jüngere Erbgraf Herrmann zurück, und entführte den reisebedürftigen Freund noch spät im Jahre zu einer Ausflucht in das schlesische Gebirge, bei welcher unter anderen Fährlichkeiten, es nahe daran war, daß die Genossen am Rande des Riesengrundes im Nebel verirrt, wie Schefer sagt, gänzlich umkamen. Auch diese kleine Reise, an Stelle einer großen, sollte jedoch nicht ohne besondere poetische Ausbeute sein. Es war das Jahr 1807; der Freund hatte das Volk gesehen, stark und schweigend in seiner Demüthigung und Bedrückung und er schrieb aus diesen Gesichten heraus, das „Hohelied" Nemesis in sein Tagebuch. Und hier, während ganz Deutschland der Stimmung äußerster Hoffnungslosigkeit und Verzweiflung unterlag, klingen denn diese wahrhaft poetischen Worte hervor:

„Doch auch den gebrauchten
Würgenden Arm
Des Frevel frevelnd
Reihenden Günstlings
Zerbrechen die Götter,
Die Sünde hassend,
Dem bebenden Volke
Zum schreckenden Zeichen!"

So kam das Jahr 1808 heran und nun sollte, im Alter der Großjährigkeit, dem bisher so glücklichen, ja wie von himmlischen Tauben genährten Dichterjüngling, sein höchster Erdenschatz, die Mutter, entrissen werden.

Noch am Morgen war sie, wie von Jugend angestrahlt, im saubersten Kleide aus der Kirche gekommen, und hatte, nach Hause angelangt, ein wunderliches wendisches Lied mit ihrer weichen Stimme angestimmt, sich aber dabei von dem geliebten Sohne zur Harmonica in Schlaf spielen lassen — als der einquartierte französische Offizier, von rohem Wesen, jedoch nach Spanieu abgerufen und selbst gedrängt, dringend nach seinem Mittagsmahle rief.

Die Mutter emporspringend riß die am Feuer röstende Wildschweinskeule hastig aus der Schüssel und sank, von dem Brodem erstickt, rudwärts auf das Bett zurück, indeß der Sohn, sinnenverwirrt mit gewaltigen Faustschlägen die Erstickende in den Rücken schlug.

Es war am 7. November 1808.

Dieser Vorgang hat für uns etwas von einem erschütternden Ereigniß, wenn wir uns den Freund, den feurigsten und poesiereichsten Verherrlicher der Kindesliebe, den zartesten Sänger der Naturbande, welche Sohn und Mutter verknüpfen, in dieser Scene unwillkürlicher Mißhandlung der eignen Mutter vorstellen und in der That ist dieser seltsame Auftritt seinem Geiste tief und lange Zeit gegenwärtig geblieben. —

Am Schlusse dieses Daseins haben wir noch einmal zu gedenken, daß die Mutter bis jetzt das bestimmende Element im Leben unsres Freundes gewesen war, und daß die Unmöglichkeit, sich von ihrer Gegenwart zu trennen, nicht nur das ägyptische Reiseprojekt zerstörte, sondern auch, und früher noch, den Besuch der „Akademie" gehindert hatte.

Von vielen Seiten wird, wie wir wissen, auf ein akademisches Triennium im Erziehungsleben ein großes Gewicht gelegt und es ist gewiß nicht zu leugnen, daß der geordnete Mechanismus einerseits und die vielfachste Anregung, welche die Gemeinschaft der Studien mit Genossen aller Geistesformen und Geistesrichtungen gewährt, auf der andern Seite, dem Bildungsuchenden die mannigfachsten Stimmungen und Lockungen bieten muß. Dabei wollen wir jedoch nicht außer Acht lassen, daß unter dem Eindruck eben dieser von Andern angeregten, unserm Innern jedoch fremden Stimmungen, Wünsche und Bestrebungen, nothwendig viel von unsrer Eigenart verloren gehen muß, und mit Befriedigung anerkennen, daß der Akademiker Schefer, einem Naturgesetz folgend, wahrscheinlich an der Selbständigkeit, und Ursprünglichkeit seines Naturells Manches eingebüßt und uns heute nicht in dem Grade als ein Mensch und ein Dichter „auf eigne Hand," wie dies nun der Fall ist, entgegentreten würde — wofern überhaupt, was wir bei der bekannten poetischen Schüchternheit des Freundes gar nicht für unwahrscheinlich halten, seine gelehrte und wissenschaftliche Geistesrichtung nicht gradezu über seine poetischen Stimmungen und die Freude an Gott und die Welt und sich selbst, welche die Quellen seiner Poesie sind, das Uebergewicht gewonnen hätten, dergestalt, daß wir anstatt des Dichters des „Laienbreviers" und des „Hafiz in Hellas" einen andern Champollion und Lepsius erworben hätten.

Doch diese Frage muß denn endlich dahin gestellt bleiben,

und obgleich wir sie uns wohl beantwortet haben, wollen wir doch damit keinem Urtheil des Lesers vorgegriffen haben.

Genug, die Mutter war todt, diese Mutter, deren klare, verständige und bei allem Gefühl doch einfache Seele auf den Freund tiefbildend einwirkte, und von der er sagt: daß diese beste Frau doch keine höhere Freude an ihm gehabt, als die Freude der Hoffnung; — sie war ihm entrissen.

Das Leben erschien nach dem Verlust dieses theuersten Lebens zunächst ohne Werth.

„Die Erde lockt nicht mehr, schreibt der Freund, der Sternenhimmel hat keine Bedeutung mehr; alles in der Vergangenheit Errungene scheint verloren."

Er stand aber noch fern von dem Gedanken, daß es Pflicht sei, schon hier seelig zu sein, er hegte, wie er sagt, noch die falschen Ansichten von der Auferstehung, aus welchen er erst 40 Jahr später zu den klaren Ueberzeugungen durchdringen sollte, die der Weltpriester — sein liebstes Buch — über Vergangenheit, Vergänglichkeit und Religion ausspricht.

Die Außenseite des Lebens erfuhr durch diesen Tod indeß keine besondere Erschütterung; im Hause der Großmutter, aus vermögender Familie, einer Frau von lammfrommstem Herzen und leidenschaftlichstem Charakter und sonach von den seltsamsten Widersprüchen beherrscht, fehlte nichts am äußern Wohlergehn.

Allmälig siegte denn auch die innere Jugendgluth für

Leben, Schönheit und Liebe, und der Sieg war um so vollständiger, je langsamer und vorbereiteter er eintrat und so die Wunden ersparte, welche eine schnell und gewaltsam niedergekämpfte Trauer oft dem ganzen Herzen schlägt.

Neue Studien und neue Freunde, zu den alten hinzutretend, verfehlten nicht, neue Anregungen zu geben. Vor Allem war der geistreiche Petrick, der schöne und heimlich anerkannte Sohn des Großvaters und somit Oheim des Erbgrafen, für den erfrischten Schaffenstrieb anregend. Er hatte Jura und Theologie studirt, einen „Proberitt" in die Welt gemacht und geschrieben und das Leben in vielen Gestalten gesehen, und sorgte nun, mit einem andern Freunde, Hartmann, der später Kabinetssecretair des Fürsten Metternich und endlich Gründer der Hamburger „Börsenhalle" war, für neue und merkwürdige Schriften und Bücher.

Dazu kamen kleine Reisen nach Leipzig und Berlin, oft nur zu einem Gespräch mit berühmten Männern, wobei denn die Erfahrung nicht ausblieb, daß eine halbstündige Unterhaltung mit lichtvollen Geistern, sehr oft lebenslange Zweifel löse und ausgangslose Bedenken, wie einen schweren Traum urplötzlich und leicht zu zerstreuen vermöge. So hatte der Freund, von den Grammatiken irre geleitet, lange Zeit mit dem Räthsel der Prosodie gerungen, ohne einen rechten Ausgang zu finden, als zwei Worte von Apel in Leipzig den Wirrwarr auf einmal lösten und Licht in die Nacht brachten; das Wort: sie beruhe auf dem „Takt". Eine andere Geistespein, die den Genius fesselte und die begeisterte Zeit des Schaffens verloren gehen ließ, war aus dem Studium von Scheibel, Kirnberger und Marpurg allmälig herangewachsen, sollte aber erst in viel späterer Zeit, in Wien und von Salieri selbst, gelöst und gebannt werden. Nichts desto weniger wurden jedoch die entstehenden neuen Lieder sofort, und dem Genius gleichsam zum Trotz, in Musik gesetzt, blieben indeß ein Geheimniß zwischen dem Dichter und seiner stillen Freundin, der Harmonica, deren Erschaffung jetzt das schöne Gedicht gewidmet wurde, worin ihre Scheiben aus Schmerz geschmolzen, aber mit Lethewasser genetzt, uns vorgestellt werden.

In Berlin, wo damals und zu Ehren der Franzosen, Gluck's Opern dominirten, fand sich zur musikalischen Production die mannigfachste Anregung, ja, eine noch nicht vollendete Oper: „Sacontala" wurde feurig entworfen. Zu Hause war ein Quartett zum Vortrag Rhodescher Conzerte stets bereit, an dem auch Bellmann, der jüngst das Holsteinische Volkslied so tüchtig componirte, Theil nahm.

Dazwischen und Hand in Hand hiermit ging die Kräftigung des Körpers durch die kühnste Gymnastik fort; Wettlaufen, Reiten durch angeschwollene Flüsse, Baden in eisigem Wasser und vor Allem das beliebte Herabfallen von ansehnlichen Höhen mit Fallschirmen, und dergleichen mehr, unterbrach Musik, Studien und poetisches Schaffen. Ja, selbst „die edle Schornsteinfegerkunst wurde im Hause vielfach geübt." Die meisten dieser Dinge, sagt der originelle Freund, einmal auszuführen, ist nicht schwer; aber so barbarische Künste als Beruf und lebenslang zu betreiben, dazu gehört ein Held, ein erhabener Denker oder — eine Schlafmütze!

Es war im Jahre 1809: der österreichische Krieg war schmählich geendet — er hatte die Knechtschaft des Vaterlandes nur befestigt. Der Haß — nicht sowohl gegen die Franzosen, als gegen ihren „Caesar" — dessen Idus noch nicht gekommen schienen — hatte sich tief eingewühlt in das Herz Deutschlands: das Leben in seinen Gauen war in Wahrheit herzbeklemmend. Dazu schreckten die Schatten Andreas Hofer's und Palm's jede Seele aus der Lebensluft, in der die Poesie gedeihen mag, und trieben den Geist zu äußersten Entschlüssen hin.

Das Schloß zu Muskau war seit geraumer Zeit in Unruhe: die Koffer standen gepackt zu einer Reise über den Ozean, nach Amerika! Für die Deckung der Bedürfnisse war durch die Revenüen des Mitbesitzers, wie sehr auch die Herrschaft mit Schulden belastet sein mochte, hinreichend gesorgt, und die Zukunft schien kaum schlimmer, sie schien nur klarer und besser sich gestalten zu können. Ein Grundbesitz von 8 Quadratmeilen, mit einer Stadt und 49 Ortschaften, einem Waldumfang von mindestens 1½ Millionen an Werth, mochte noch so dürftigen Ertrag bieten, er sicherte doch die Flucht und das Bedürfniß der Fliehenden.

Da machte der Tod des Vaters den Mitbesitzer zum alleinigen Herrn der Herrschaft.

Und hier mag denn der Freund in seiner selbständigen und originellen Weise uns selbst berichten, welchen Einfluß dies Ereigniß auf ihn und seine geistvollen Jugendgenossen üben sollte. Er sagt: „Der Vater des Fürsten, sein Mitstandesherr, ein schöner, guter und rüstiger Mann, von auffallender Aehnlichkeit mit Ludwig XVI., starb nämlich unvermuthet in seinen kräftigsten Jahren an der Kur einer nicht vorhandenen Krankheit, zu welcher Dr. B. aus G. Ventre à terre herbeigeholt worden. In der Nacht nach des zu Tode Kurirten Bestattung ward nun beschlossen, was mit dem Leben, im Leben, zu thun sei, indem zugleich an einen Verkauf der „unvermutheten und hinderlichen" Erbschaft gedacht wurde, um frei zu sein. So ward denn urkundlich festgesetzt, das Leben von Grund aus neu anzufangen: von der Person aus, vom Tisch, vom Bett und Zimmer, von der nächsten Umgebung, und so immer weiter und entfalteter — so weit die Jahre und die Kräfte — damals über 100,000 Thaler jährlich — reichen würden. Da aber die Seele und der Sinn des reichbegabten jungen Erben nach sehr Vielem und Schönem stand, das zugleich zu beschaffen und zu erhalten, nicht möglich war, so erfand die Lebensschlauheit die Auskunft, das Gewünschte und dem Verlangen Unentbehrliche nach einander zu erwerben, in Stand zu setzen, und dann plötzlich oder allmählig vergehen zu lassen, und dem in der Reihe Folgenden alle Kräfte zuzuwenden, dem es dann wieder eben so ergehen sollte. Das war denn auch der Menschennatur ganz gemäß, die wechselnd und stets sich erweiternd, nie dieselben Passionen von Kindheit bis in die Greisenzeit verfolgt. Man hat nun dem in jener Stunde gegebenen Worte leider nicht Wort gehalten, obwohl wir sogar darüber einig wurden, daß Geld in der Jugend doppelt und zehnfaches Geld sei und im Alter bis zum Unwerth sinke. Auch ein anderer Grundsatz fand Eingang, der, daß Jeder nichts hat, als das Seine, das er ehren und mit dem er sich schmücken muß, so gut er vermag. Damit war nun das reizende Thal von Muskau gemeint und der 12,000 Menschen gedacht, die seinem Herrn gehorchten und von ihm ihr Heil erwarteten, zugleich aber klar erkannt, Arbeit sei das beste, nützlichste und würdigste Mittel, den Armen zu helfen. Dadurch zumeist wurde der Park gegründet und die Verschönerung der 8 volle Quadratmeilen großen Standesherrschaft beschlossen, die, wie Friedrich der Große von der Lausitz sagt, unerschöpflich ist und wie ein Mehlsack immer noch stäubt, wenn man auch zum zehnten Male darauf schlägt! Für Bette und Tafel ward splendid gesorgt, für den Marstall tüchtig und flott; für den Park war es weise: zuerst zu pflanzen um die Bäume zu erleben, dann aber erst Wege zu ebnen und zu bauen."

Da dieser Park es ist, in dem der Freund zwei Drittheile seines unvergleichlichen Lebens verbrachte, dem gegenüber er sich seine, nur durch die Breite einer Straße getrennte, eigene „Laube“ baute, in der er den Reiz von vierzig Frühlingen genoß, wo er mit der von ihm geheiligten und verherrlichten Natur erwuchs, indem jeder schattige Riesenbaum, ja jeder Grashalm zur Theilnahme an seiner schrankenlosen und liebenden Hingebung an die Natur und ihren Meister berufen war, da er an dieser Schöpfung selbstschaffend mitwirkte, und sie lange pflegen und verwalten sollte, da hier fast alle jene wunderbaren Lieder und Poesien entstanden oder ausreiften und Gestalt annahmen, welche die Mitlebenden im „Laienbrevier“, im „Hafiz“ und im „Koran der Liebe“ bewundern, da er hier endlich, mit der Geliebten, mit Gattin, Kindern und Freunden die seligsten Stunden seines reinen Glückes, selbst rein wie Aetherluft, verlebte, und seines Dichterlooses sich bewußt ward, so wird es wohl erlaubt und angemessen sein, von diesem Dichtergarten, Pindus und Helikon unseres Schefer selbst eine kurze Nachricht zu geben. Und wie könnte dies besser erreicht werden, als mit einigen eigenen Worten des Freundes, der sich denn also vernehmen läßt.

Die Gartenkunst, sagt er, als Landschaftsmalerei aufgegefaßt, hat das Naturschöne zum Ziel, jedes Kunstwerk aber hat seine Geschichte, innere und äußere, bedingt von dem Charakter des Künstlers. Denn so wie dem „verliebten“ Göthe sein Tasso und Egmont, dem erbärmlichen und servilen Virgil seine Aeneis, als niedrige Schmeichelei des Augustus ein Gräuel dem freisinnigen Römer, dem Rafael seine Fornarina-Formen und dem Dante die rächende Hölle aufgezwungen wurden, indeß Homer allein über Freund und Feind steht, so ward dem Park von Muskau jene größte, fast übertriebene Sauberkeit und Ordnungsliebe mitgegeben, die, als die energische Verwerfung alles Widrigen und Häßlichen, zum Charakter seines Gründers gehörte, der gleich Göthe, ein geborner Heide und erzogenes Weltkind war, selbst von gleich großer, reiner äußerer Schönheit und hoher Geistesanlage. Ein Park von viertehalb tausend Morgen Inhalt ist kein Paradies, worin die Menschen selig werden, aber doch eine schöne Sache, die ein Paar Jahrhunderte lebt, ein lebendiges Bild, das wirklich alle Frühjahr schön und jung aufersteht, wie Adonis, und so viel wohl werth wie ein Claude Lorrain oder Paul Brier — also ein Pückler, der er werden sollte.

Als gegeben und vorhanden war: ein übersichtlich breites Thal mit Eichen und Linden, durchströmt von einem ansehnlichen Fluß mit Mühle und Wehr, dessen Rauschen die Nachtigallen reizte, sich hier niederzulassen: dann schöne Ebenen mit zweimaliger Bergeinfassung und am Horizont durch einen immer grünen Wald beschlossen. Die Grundsätze der Malerei machten also nothwendig, mehre Mittelgründe als Hintergründe aufzustellen und Langsichten als Fernsichten zu behandeln, die Hinaussichten aber, um nicht ins Leere zu gelangen, durch geeignete Höhepunkte abzuschließen.

Die vorhandenen Mittel und Werkzeuge zum Park genügten, ja reizten; ein angenehmes Thal, zum Idyll zu rechnen, von vorn herein ohne Anspruch auf das Erhabene oder Schreckende; dann ein reichlich bewegtes Wasser, ohne das jede Landschaft dürr und augenlos ist, und schön bestandene Haine kolossaler Eichen und Linden, die Erinnerung an Karl VI und Rudolf II, an Bernouilli's und Leske's Lob dieser Landschaft. So rückten nun, von dem alten Hofgärtner Hannemann befehligt, ganze Kompagnien anstelliger Wenden ins Feld, und während der alte Feldherr sich wenigstens einigemale hängen wollte, wurde Alles besser, d. h. man wurde immer klüger. Pappeln, Birken — Kinderbäume bei den Engländern — das Unterholz verschwand und verjüngte sich — das schöne Gesicht der Anlage kam am Ende zum Vorscheine, und da Schönheit nach Rumohr den größten Nutzen gewährt, so wurde dieser Nutzen so reichlich gefördert, daß die Verwandten des Fürsten auf die Vermuthung eines geplünderten Schatzes geriethen und ein Gericht deshalb Anfrage hielt.

Wenn auch im Park- wie im Lebensplane die Bauten das Letzte sein sollen, so begann doch bald ein Theil der herrlichen Schinkel'schen Entwürfe für den Schloßbau sich zu verwirklichen — das buckliche Ansehen desselben verschwand und der spätere Luisensee folgt nach. Aber ein

Torso blieb doch, und erst wenn der ganze geniale Plan vollendet ist, wird Muskau seines Gleichen suchen können; denn an ihm werden dann alle Wunder des Lichts und des Schattens, des Frühlings und des Herbstes, des Dauerns und Vergehens, der Morgen- und Abendlichter klar zur Erscheinung kommen. Das Schöne ist für Alle, das Geliebte für Einen, und so, während vom ganzen Park kein Mensch ausgeschlossen war, wurde der Pleasure-Ground ein Garten nach Belieben, und reizende Phantasiegärten unten vor den Fenstern des Schlosses hinzugefügt und Vertrautern geöffnet, ohne die Idiosynkrasie des Alleinbesitzers; denn der in England erfahrene Schauder: ein Paradies von einem alten Herrn Adam und einer trockenen, klapperigen Eva allein bewohnt zu sehen, wirkte denn doch zu abschreckend. —

So stand diese Liebhaberei, bis sie nach dem Plane jener Nacht verfallen sollte. Nach einer fünfjährigen Abwesenheit im Orient fand unser Freund viel verändert, den schönsten See gezeichnet, schöner als alle Englischen Parkseen von Nash, einen Arm der Neiße in den Park geführt, die Fernungen enthüllt, die Aussichten mit großen Waldbaumopfern eröffnet, Dörfer abgebaut, der neue Bergweg, die verhüllten Stadtansichten geschaffen, alles Thaten des geschickten und erfahrenen Bender, nach Rathschlägen des berühmten Englischen Gartenkünstlers Rafton. Das Jagdhaus, die große Waldaussicht, von Lord Dalrymple und vielen Engländern bewundert, ein Blick über ein unvergleichliches Waldmeer, krönten allen diesen mit unendlicher Mühe erlangten Reiz, dem eine spätere schaffende Hand noch das Herrmannsbad als Schlußstein hinzufügen sollte, an das sich weiterhin mannigfache Bezüge aus des Freundes Leben knüpfen werden, da es den schönsten Park mit den feinsten und edelsten Geistern zu beleben und zu bevölkern dienen sollte.

Im Schlosse selbst begann nun ein äußerst reges Geschäfts- und Gesellschaftsleben zu erwachen, eine neue Existenz für den Besitzer, den unerfreuliche Familienverhältnisse zeither entfremdet, dem sie die Heimat selbst unheimlich gemacht hatten. Jetzt kehrte, während die älteren fast fremden Schwestern sich näherten und mit dem Dreifachen ihrer Ansprüche freigebig befriedigt wurden, die jüngste Schwester H. aus dem Stifte Altenburg heim. Vornehme Besucher strömten von allen Seiten von selbst herbei, an der geistvollen Gastfreundschaft des neuen Erbherrn sich zu erfreuen, Rath zu bringen und mitthätig einzugreifen. Wie von selbst bildete sich so die reizendste und auserwählteste Abendgesellschaft von namhaften Herren und schönen Frauen, wobei denn gelegentlich eine und die andere Prinzessin nicht fehlte.

Und diesen auserwählten Zirkeln verdankt denn unstreitig der Freund — wie schon hier angemeldet werden mag — jenen vorzüglichen, gefälligen und leichten Ton des Umgangs, der ihn, seiner langen Einsamkeit zum Trotz, noch heute auszeichnet und der dem Alter treu widerstanden hat. Dieser Besitz, auch jetzt noch unter sehr viel günstigeren Lebensbedingungen bei deutschen Dichtern ziemlich selten, befähigt den Freund, in jedem Kreise lebenerweckend stets das Richtige von seiner Seite darzubringen, bald heiter scherzend, bald tiefere Töne anschlagend, schmiegsam und gefällig jedes Gespräch mit Anmuth zu würzen, immer in richtiger Abmessung zu der vermuthlichen Stimmung der Gesellschaft und ihrem Bildungsgrade entsprechend die Unterhaltung zu beleben und anzuregen, im Grundton bieder und offen, im Ausdruck leicht, fein und anmuthvoll. Für eine vorzügliche Gunst des Glücks aber hat es unserer Ansicht nach zu gelten, wenn einem Dichter ein Kreis geöffnet ist, wo schöne Sitte und Feinheit das Scepter führen und wo die Anwesenheit edler Frauen den rauhen Streit der Meinungen besänftigt und adelt. Wie Wenigen wird heute diese Gunst des Glücks zu Theil, und wie Wenigen trägt sie die Frucht, die sie dem Freunde trug! Und diese vorzügliche Begabung Schefer's ist vielleicht diejenige, deren er sich am allerwenigsten bewußt ist, wie wir die feinsten Eigenheiten unseres Geistes denn oft am wenigsten zu würdigen und zu erkennen wissen! —

In diesen Kreisen nun wußte der Hausherr seinen Vortheil als schöner Mann und ausgezeichneter Vorleser öfters geltend zu machen, und da es zuweilen an Neuem gebrach, so mußte aus dieser Veranlassung endlich ein Heft von

Poesien aus dem Geheimniß heraus, in das der Freund es so lange Zeit verschlossen gehalten hatte. Auf diese Art wurden diese Gedichte, zumeist nur der „Einen" gewidmet, Allen, aber auch der Einen vorgelesen. — Der Leser kann leicht denken, unter welchem fieberhaften Zittern des Dichterherzens! Genug, hiermit war denn die kleine verschlossene Welt entriegelt und aus ihren Angeln gehoben, aus dem Geheimniß in große Kreise verstreut und bekannt geworden, und da der Verfasser zu ihrer endlichen Veröffentlichung nicht zu bewegen war, zufrieden, wie er sagt, schon mit der Stunde ihres Schaffens, so beschloß der gefühlvolle Vorleser, sie auf eigenem Namen herauszugeben, was denn zu Anfang des Jahres 1811 auch zu Berlin geschah.

So war denn, und zwar wie eine Zeit unsäglichen Glücks der alte Zauberbann des Geheimnisses gebrochen, in einer Zeit, von der der Freund singt:

Götter, was habt Ihr gethan? Hier unter dem selbigen Dache
Gabt Ihr den herrlichen Freund und die Geliebte zugleich!
Doch bei ihm sitzend und an Sie denkend bin ich bei Keinem;
Trennet zum Glücke mein Glück, mir es verdoppelnd und Ihr!

Eine Sammlung von Briefen aus dieser süßesten Zeit wird von dem Dichter als ein kostbarer Schatz gehegt, ein Schatz, dessen Mitbesitzerin die Mutter seiner Kinder ward, als ein späteres Glück der Liebe das ältere unvergessene überfluthete, wobei zu bemerken ist, daß beide Frauen sich sahen, lächelnd sich in die Augen schauten und einander die

Hand reichten. Diese süße Zeit aber sollte bald in Trauer enden. Nach kurzem Wiedersehn und langer Trennung starb die Geliebte auf ihren Gütern in der Provence, schnell wie aus dem Leben weggehaucht; ihre Mutter aber brachte dem Dichter, als ein theures Vermächtniß, eine Sammlung von Gedichten, leise auf das letzte derselben hindeutend, welches also lautete:

Das, was wir vor der Welt verschweigen,
Verborg'nes Glück, es bleibt uns eigen,
Das löscht kein Tag aus unserm Herzen,
Das überwachsen keine Schmerzen.
Durch unser Aug' kann's Niemand sehn,
Im Grund der Seele funkelnd stehn.
Wir tragen's still von Port zu Port,
Und tragen's stumm zum Himmel fort.

Und die Ueberbringerin, die einst bewunderte Helena, des Knaben erster Stern, war noch schön von Zügen und prangte noch mit ihrem berühmten schwarzen Haar; aber als sie den letzten Abschied nahm, war ihr Haupt und ihr Körper gebeugt, und der Freund dichtete ihr aus der Tiefe des Herzens, gebrochen von dem Anblick vergangener Schönheit, das Trauerlied nach:

Schütte dich zu! Schütte dich zu —
Selige Welt —
Ueber den Leidenden schütte dich zu!

## III.

## Die Mannesjahre. — Praktisches Leben. — Die Fahrt in die Welt.

Unter solchen Wandlungen verwandelten sich denn auch die Objekte der Thätigkeit unseres Freundes für einige Zeit gänzlich. Ein Wirrwarr praktischer Geschäfte und Dienstleistungen kam plötzlich über ihn, denn die schnellste Abhülfe verrotteter Zustände und himmelschreiender Uebel in der Verwaltung der ererbten Herrschaft war eine dringende Nothwendigkeit, zu deren Beseitigung ihn die Jugendfreundschaft des Erbherrn herbeirief. Eine fast unbekannte, jedenfalls ungemessene und seit dreißig Jahren stets anwachsende Schuldenlast drückte auf den Besitz, den Genuß und die Freude daran schwer verkümmernd. Die wichtigsten Dokumente waren unauffindbar oder lagen zerstreut auf Böden und in Winkeln verloren; es gab einzurichten und zu ordnen die Hülle und Fülle, denn es fehlte so zu sagen an allem Menschlichen, Zweckmäßigen, Wünschenswertheren, das dem Besitz erst seinen Werth giebt. In den Rechten und Zuständigkeiten der Herrschaft herrschte eine unentwirrbare Nacht. Das freie Hofgericht war nach und nach Freiherr und Polizeiherr geworden, das Konsistorium examinirte und bestallte beliebige Kandidaten nach Willkür, die Schullehrer hungerten und froren, an den Tabackspfeifen ihre Hände erwärmend; die armen Wenden plagten sich in völlig nutzlosen Roboten. Dörfer und Vorwerke, ohne Scheiben in den Wohnungen, ohne Dächer auf den Scheuern, boten ein Bild jämmerlichsten Verfalls dar; kein Graben zog, keine Brücke hielt. Die beiden Eisenhütten und das große Alaunwerk, die wahre Nutzkuh der Herrschaft, brachten den möglichst geringsten Ertrag. Und doch konnte die Aufopferung eines einzigen der vierzehn Waldreviere die ganze Schuldenlast tilgen, den darbenden Unterthan mit Arbeit und Brod versorgen und den traurigen Besitz in ein heiteres und erfreuliches Eigenthum verwandeln.

Dies wurde denn auch erkannt, allein hier bedurfte es einer stark waltenden Kraft, eines klaren Auges und eines menschlich fühlenden Herzens; hier reichte der gesunde Menschenverstand, der guten Rath zu suchen und zu finden wußte, weiter, als starre Rechtsgelahrtheit und Gesetzeskunde, wie sich bald erweisen sollte. Die großmüthigen und edlen Neigungen des Besitzers waren leicht in Bewegung zu setzen, und da der Freund sicher jene Eigenschaften in sich vereinigte und die kräftige Empfehlung des Ober-Konsistorialrath Köhler dazu kam, so fehlte es nicht, daß er schließlich zum Helfer in dieser Noth erkoren wurde, wozu ihn eine alte Freundschaft schon vorbestimmt hatte.

So ward denn das von poetischen Gefühlen grade überfüllte Gemüth des Dichters ohne Handschlag und ohne Gehalt an den Dienst der Welt verkauft und die Seele, der andern als ihren **eigenen** edelsten Zielen zu **dienen** ein Gedanke des Grauens war, widmete sich nun freudigen Herzens der erfahrungsreichen Schule des Lebens: er war bevollmächtigter Verwalter der Standesherrschaft. Und daß dies zu seinem und fremdem Segen geschah, ist anerkannt und noch heute sichtbar. Seine poetische Geistesrichtung aber nahm von nun an, und nach bewältigter Gefühlslyrik jenen lebenswarmen und zugleich praktischen und lehrhaften Ton an, der ihn fortan kennzeichnen sollte, als den Dichter der Schönheit und den Dichter des **Lebens**, der, wie Keiner, die Kunst lehrt, gut und schön, rein und selig zu sein!

In dieser Zeit schon sproßten denn auch wohl die nächstältesten Blüthen des „**Laienbreviers**“, dieses Buches, das dem Verfasser Tausende von Herzen zugewendet, Hunderte von danksagenden Schreiben zugeführt hat, wie wir denn selbst einem Freunde in Mexiko, der nach deutschen Büchern verlangte, dies **eine** statt vieler sendeten, und Dank ärndteten. Es ist nicht nöthig, den Ruhmestempel **Schefer's** durch Bekanntmachung der brieflichen Lobsprüche zu stützen, die dies Buch, bald nach seinem Erscheinen, aus allen Theilen Deutschlands ihm eintrug: allein wir können uns nicht versagen, wenigstens ein Citat aus einem Briefe beizubringen, welches die **sittliche** Machtwirkung, die diese kostbare Sammlung auf unverdorbene Gemüther ausübte, mit naivem aber charakteristischem Ausdruck wiedergiebt. Die Verfasserin schreibt:

„Ich habe niemals ein Buch gelesen oder besessen, das dem „Laienbrevier“ auch nur von fern vergleichbar wäre und möchte es nun nicht missen, um alle Schätze der Welt. Wäre ich dem Sinnendienste hold, würde ich es an goldener Kette am Gürtel tragen, wie Königin Elisabeth ihr Gebetbuch, das sie mehr nicht lieben konnte. Alle diese menschlich schönen Ideen hatten wohl schon früher in meiner Seele geruht, aber sie hatten weder Form noch Leben. Es fehlte an Eintracht unter ihnen: Fühlen, Denken, Handeln standen im Widerspruch. Das ist nun Alles anders geworden — ein Geist der Liebe, der, glücklich in sich, so viel als möglich zum Glück Andrer beitragen möchte, hat Alles ersetzt — ein Geist des Friedens und der Ruhe!“

In gleicher Weise klingt es aus unzählbaren danksagenden Briefen an den Dichter. Wer kann zweifeln, daß das „Laienbrevier“ mehr Seelen zum Verständniß ihrer selbst verhalf, als irgend ein andres Buch deutscher Poesie?

Greifen wir auch hier mit Urtheilen vor, die einer andren Stelle vorbehalten sind, so wollen wir doch nicht unbemerkt lassen, daß uns dieser Zeitabschnitt überhaupt eine neue Epoche in der Dichtergeschichte des Freundes zu bilden scheint. Leopold Schefer, in dem Zeitalter der Kraftgenies und in den Jahren der Sturm- und Drangperiode unserer Litteratur, welche die siebziger und achtziger Jahre des vorigen

Jahrhunderts kennzeichnete, geboren, hatte bis dahin der Gefühlslyrik gehuldigt, welche, obwohl selbständig und unabhängig, doch an die Mathisson, Schlegel und Stolberg erinnern konnte. Seine grundfeste klassische Bildung bewahrte ihn zwar vor der Maßlosigkeit und der Ausartung, in welche diese Richtung bald umschlug. Allein jetzt, wo das poetische Bewußtsein bei ihm zum Durchbruch kam, war die Gefahr nahe, daß er der „Romantik" in ihrem bedenklichen Bildungsgang, wie Arnim, Novalis und Clemens Brentano ihn andeuteten, verfallen möchte. Hier nun trat die Epoche kräftiger und praktischer Lebensthätigkeit heilsam und heilbringend dazwischen; der Zug zum Klassischen einerseits und der zum Praktischen, thatkräftig Helfenden andrerseits erhielt die Oberhand und die Lehre von der Kunst, sich selbst das Leben schön und weise zu gestalten, durch Liebe und Genuß schon hier zur Seligkeit zu gelangen, trat fortan als das klare Endziel seiner Poesie vor seine Seele, diese voll und ganz aus den Wirren der Zeit befreiend. So entstanden denn jene an die Natur angeknüpften, praktischen Weisheitslehren, die den Grundton im Laienbrevier bilden, und die so viel Beruhigung und Licht bringen, indem sie das Herz zur Freude an der Welt und zur Resignation befähigen, vor allem aber die Liebe zu dem erhaltenden Weltgesetz der Natur verherrlichen und verklären. So mochte sich denn die zweite Epoche in dem poetischen Lebens- und Bildungsgange des Freundes damit abschließen lassen, ihn für einen Helfer in der Noth, und für einen weisen Lehrer des Lebens anzuerkennen.

Und es fehlte nun nur noch die dritte Entwickelungsstufe, das weitsehende Seherauge, die kosmische Geringschätzung der gemeinen Erdenziele, der feinscherzende, schalkhafte Gesang, der die Schönheit, die Lust und den Genuß feiert, eine neue Entwickelung und eine fast ungeahnete Emanation des poetischen Geistes, welche dem Freunde jedoch erst bei weiterem Ueberblick der Welt, im Vollgenuß der Freiheit und unter der Beseligung einer orientalischen Reise zu Theil werden konnte, und welche sein Dichterglück zum Abschluß bringen sollte.

Doch hier müssen wir zu den Vorbereitungen zurückkehren, welche dieser Epoche vorangehen und sie einleiteten.

Die dunkelsten Jahre Deutschlands seit dem Religionskampfe des siebzehnten Jahrhunderts, die Jahre zwischen dem österreichischen und dem russischen Kriege, waren eingetreten. Aber diese lichtlosen Angstjahre gingen an dem kleinen und glänzenden Hofhalt zu Muskau in verhältnißmäßiger Heiterkeit, ja im Sonnenschein gelegentlicher Festlust, leicht vorüber. Der schnellkräftige Geist der Schloßbewohner hatte sich eben aus dem Elend der Gegenwart voraus in die hellere Zukunft gerettet! Und während, wie der Dichter sagt, große und kleinere Höfe in und außer Deutschland, darüber in Sorgen schwebten, ob sie am nächsten Neujahrstage auch noch im „Almanac de Paris“ gedruckt stehen würden, walteten am Hofe zu Muskau Frohsinn und Freiheit der Rede, wie sie nirgend sonst in Deutschland anzutreffen waren. Jung, voll Weltmuth und aller Vorurtheile und Grillen ledig, versammelte man sich täglich an reicher Tafel; Gäste kamen und gingen, der Marstall stand voll Pferde, welche Tag für Tag müde geritten sein wollten. Oft stand man im Graun des Morgens oder gegen den Sonnenaufgang erst von der Tafel auf, und die schnaubenden Thiere trugen die Gäste tief hinein in die noch dunklen Wälder, deren frischer Duft die Brust erweiterte, oder man versuchte, ob denn auf den spiegelglatt gefrornen Teichen in der That Niemand den Hals oder doch Arm und Bein brechen mochte! Doch auch das nicht; denn das felsenfeste Vertrauen im Busen verscheuchte die Gefahr. Es war eine Zeit, wo eben nichts zu fürchten war, als der Eine auf dem fernen Cäsarenstuhl, und andere Gefahren kamen bei Niemand in Anschlag. Eines seltsamen Vorgangs mag in dieser Richtung hier gedacht werden. Ein verschlimmert vom Tische weggetragenes Wort führte ein Duell zwischen dem Hausherrn und einem Gaste herbei. Die Baumannschen Pistolen wurden aus der Gewehrkammer auserwählt, und der Freund sollte mit dem Schloßherrn die Duellprobe durchmachen. Der Leibjäger, einem frühern Befehle ungehorsam, versicherte, daß die Geschosse nicht geladen seien; man nahm also die Mensur, bestreute die Pfanne und der Secretair commandirte. Da knackt es und die Schüsse krachen und fliegen dahin — glücklicherweise aber lag nur der von homerischen Ohrfeigen getroffene Jäger am Boden. Ein Schuß war in ein Bett gegangen und während Alles hinausstürzte, den Spuk zu verkünden, hatte der Freund das Schloß vor dem Brand zu retten. Der Leibjäger aber rächte sich später dadurch, daß er dem Herrn, der, über eine Anecdote unmäßig lachend, ein Stück Zucker verschluckt hatte und daran ersticken wollte, mit homerischen Faustschlägen in den Rücken das Leben rettete.

Was in dieser etwas maßlosen und aus den Fugen getretenen Zeit an Sorgen abfiel, hatte jedoch der Freund, der an ihren Freuden Theil nahm, allein zu tragen, dergestalt, daß der Hausherr, auf Bürger's wilden Jäger deutend, ihn seinen „Reiter zur Rechten" nennen mochte.

„Ganz Deutschland war aus den Fugen, sagt der Freund treffend und trefflich: es ward äußerlich nur einem fremden Willen gehorcht, innerlich aber schlich, wie der Strom unter der Eisdecke verborgen, das folgerechte Streben nach eigenen Zwecken unbemerkt dahin."

Inzwischen gedieh doch die seinen Händen anvertraute Verwaltung. Es galt zwar mehr, vertröstend abzuschlagen, als zu gewähren, mehr zu belehren und Nachtheiliges abzuwenden, als thatsächlich zu helfen: dennoch besserte sich der Zustand des Besitzes sichtbar und wesentlich. Der Herr war dankbar und bedacht, seinem Bevollmächtigten genugsame Gewalt zu sichern.

Zu dem Ende sollte ihm der alte vergessene Adel aus dem Grabe geweckt oder der Hofrathstitel erkauft werden.

Allein der Freund, der von sich sagt, daß er bloß menschliches Suchen und Weltgewirr nie begriffen habe, lehnte eines wie das andere ab. „Wie danke ich Gott, ruft er aus, meine Seele nur für Ewiges offen zu wissen, und zu sehen, wie Vieles für mich gar nicht existirt! Das ist nun mein Reichthum."

Erkennen wir hierin den Dichter ganz wieder, so schaffte ihm seine Güte und seine Unermüdlichkeit im Rathen und Helfen doch Ansehn genug, und da Vielen diese Hülfe nöthig war, so gewann er auch Zutrauen und Gehorsam, so viel ihm erwünscht war, des Dankes nicht zu gedenken. Dabei blieb für den Verkehr mit seiner Muse Zeit genug übrig und während sich strenge Arbeit und Genuß in diese wunderliche Zeit theilten, erzählte er uns mit Behagen, wie der Ruf dieser Genüsse sich durch die Welt so verbreitete, daß er noch fünf Jahre später in Rom, an der Tafel des „Lepre", wo er unbekannt speiste, wirkliche Wunderthaten von sich erzählen hörte — bis er sich dem edlen Erzähler, zu großem Jubel der Gesellschaft, auf einmal persönlich vorstellen ließ. Da wurde denn ein „Künstlerlied" von ihm gefordert und er schrieb auf einem Fensterbrettchen das allerliebste Tivoli-Trinklied:

Hier lagert Euch im Kreise
Auf allerält'ste Weise,
Hier säuselt es so frisch!
Die Diener sind die Hände,

Die Mauern Blüthenwände,
Die Erde ist der Tisch! u. s. w.

So kam nun das Säcularjahr 1812 heran. Die Erde gebar, so schien es, die alten Heeresmassen der Cäsaren und des Tamerlan wieder und die Welt schwankte unter ihren Tritten. Von den Führern dieser Massen waren nicht wenige und so viele davon es konnten, Gäste im Schlosse zu Muskau. Die Victor, Vandamme, Sebastiani, Alix und Claparede gingen an den Augen des Freundes, der ihr Tafelgenosse war, vorüber und während Vandamme eben dieser Tafel den Vorrang vor der des Königs Jerôme vindicirte, stieß der Schlachtenentscheider Alix ein leises „Sacre" darüber aus, daß man zwei Monate zu spät hier dinire.

Er war ein Wetterprophet, sagt der Freund, und sie alle zogen in ihr Schicksal!

Um diese Zeit entführte ihn eine Geschäftsreise nach Wien und Ober-Ungarn. Diese erste große Ausflucht brachte den Freund mit einem griechischen Mädchen in Berührung. Es erschien ihm wie ein unglaubliches Wunder, daß ein solches Mädchen, eine Griechin, überhaupt existire und er widmete ihr, gleichsam als deutschen Nationaldank für ihre Existenz, ein Bändchen Gedichte, Früchte der letzten Jahre. Dies Bändchen, in Leipzig glänzend gedruckt, zur Zeit der Leipziger Schlacht nach Zittau versprengt, und später in einem Gewölbe wiedergefunden, ist niemals in den Buchhandel gekommen, hat niemals eine öffentliche Besprechung erfahren, soll aber jetzt nicht mehr bekannt werden. Es mag dies uns immerhin als eine Probe des dichterischen Reichthums unsres Freundes gelten, dessen Leben am Ende doch nur wie ein Gedicht verflossen ist.

Das folgende Jahr 1813 brachte denn auch Noth im reichlichsten Maaße. In Abwesenheit des Schloßherrn gab zunächst die Sorge für die typhuskrank sich daher schleppenden Feinde dem Menschenherzen vollauf zu thun. Darauf vermehrten die Maischlachten von Bauzen die Noth um Vieles: ein Kosackenobrist wollte den Freund hängen lassen, weil er vor ihm nicht aufgestanden war und der würdige Barclay de Tolly exponirte ihm declamirend die Kunst und die Absicht seines verstellten Rückzuges. Aber die Wälder waren voll nackter Flüchtlinge, Kranker, Greise, Kinder, welche der Donner der Schlacht aufjagte und für die, so oder so, gesorgt werden mußte, von dem „jungen Vater", wie die Wenden den Freund benannten. Die Scenen des zweiten Theils der Osternacht wurden in diesen Momenten zu Wirklichkeiten und so sollte auch, als er nach den blutigen Tagen das stille, freie und stumme Schlachtfeld beritt, um für die Verwundeten und die Todten zu sorgen, in dieser sanften Seele voll Liebe für alle Menschen, das Bild einer Schlacht lebendig eingerahmt werden!

Die Katzbach- und Dennewitz-Siege erlösten endlich diesen Landstrich von seinen Drängern, die auf Nimmerwiedersehn davon Abschied nahmen. Man athmete auf, wie aus bösem Traume und aufs neue regte sich der rührige Freund zur Abhülfe der zurückgelassenen Noth. Die persönliche Bekanntschaft mit der Schwester des General Diebitsch, Chefs des russischen Hauptquartiers, bot ihm Gelegenheit, seinem gütigen Herrn Dienste aller Art zu leisten, ja selbst seine Anstellung als Obrist im russischen Dienst, zu vermitteln. Nun kamen Gäste andern Stammes und unter ihnen erschien denn auch La Motte Fouqué in Muskau auf längere Zeit, mit einer maßlosen und unmöglichen Requisition, der der Freund zu genügen hatte. Nach einer Vorlesung Schefer'scher Dithyramben bei Tisch endete die Sache damit, daß Fouqué und Schefer in einem großen Glase Rack Freundschaft tranken — — gewiß ein seltsamer Dichterbund zweier sich mehrfach berührender und doch so verschiedener Geister unsers Dichterwaldes! Inzwischen war das Hofgericht am Typhus fast ganz ausgestorben und der Freund fand so Gelegenheit, den Dichter des „Johannistages" und „Emma und Eginhards", Heinrich Seidel, als Secretair des Hofgerichts zu berufen. Das Verhältniß beider Männer wurde denn auch bald ein überaus freundschaftliches. Das Talent Seidel's für geistreiche Unterhaltungen, die er in großen Kreisen oft ganz allein ausfüllend übernahm, und sein Geschick zur Leitung der kleinen Bühne, auf welcher seine leichteren Stücke höchst befriedigend dargestellt wurden, befestigten dies vertrauliche Verhältniß, das bis zu Seidel's Tode ungestört waltete, noch mehr. Als Gerichtshalter und Theilnehmer in diesen Bestrebungen erschien denn auch der satyrische Weisflog häufig, der von dem Freunde vielfach gefördert, mit seinem Talente für das Komische dafür sorgte, daß dies Lebenselement auch in wenig begünstigender Zeit an dieser glücklichen Stelle nicht ausging.

Der Krieg — in einem Jahre dreißigmal schlimmer, als der dreißigjährige Krieg, sagt Schefer — hatte endlich sein letztes Wort geredet. Der Theil der Ober-Lausitz, zu der die Erbstandschaft Muskau gehörte, war von Sachsen an Preußen abgetreten worden und der Freund war nun preußischer Unterthan. Maßregeln, welche mit dieser Veränderung der äußern Verhältnisse in Verbindung standen, machten eine Besprechung mit dem jungen Standesherrn und Fürsten, welcher in England weilte, unerläßlich. Der Freund rüstete sich daher zur Reise und ging, wie er sagt, — auf demselben Wege, den Hengist und Horsa genommen, um die weiße Küste zu erobern, nach England.

Es konnte nicht fehlen, daß diese Reise von dem mannigfachsten Einfluß auf seine Weltbildung begleitet war. Denn, wer kann London sehen, sagt er, ohne daran erinnert zu werden, wie weit es die Menschheit in allen irdischen Strebungen gebracht hat? Oder den Engländer, ohne von seiner Redlichkeit, seiner Treue und Tüchtigkeit ein gutes Vorurtheil mit hinwegzunehmen? Die Schätze der Mitwelt und der Vorwelt aber, die sich in England versammelt dem Auge darbieten, weisen nach allen Theilen der Erde hin und so geschah es, daß auch ihm der Anblick dieser Schätze die Seele mit heißester Sehnsucht nach Italien und Griechenland, nach Aegypten und dem Orient füllen sollten.

Inzwischen wurden auf weiten Reisen zu Pferde nicht weniger als sechsunddreißig berühmte Parks, im Interesse Muskaus besucht und sorgsam gemustert; mit Dr. Hamel, dem russischen Bevollmächtigten aber die Häfen und Arsenale durchforscht, auf schlechten Thieren an den Wettrennen Theil genommen und jeder Jugendlust, jedem Wissenstriebe möglichste Genüge geleistet. Ueberall prägte sich die englische Nationalität als eine hochachtbare aus, von der die Seele des Reisenden die vortheilhaftesten Eindrücke empfing und behielt.

Eine vorzügliche Gesellschaft geistreicher Männer versammelte sich Abends bei dem berühmten Buchhändler Ackermann, einem Sachsen von Geburt. Unter diesen Männern fand der Freund an dem Dr. Mellish einen begeisterten Freund Deutschlands und deutscher Poesie und indem er diesem die Thaten aus der letztvergangenen Zeit zu berichten und bei der Uebersetzung der „Maria Stuart" für deutschlernende Engländer an die Hand zu gehen hatte, bildete sich zwischen beiden Männern das innigste Verhältniß. Hier auch nahm denn das Comité für die im Kriege verunglückten Bewohner Sachsens, als der englischen Urheimath, seinen Ursprung, und indem der Freund von dem Elend des Krieges treulich berichtete, fand er Gelegenheit, seinen Landsleuten so große und umfassende Wohlthaten zuzuwenden, daß die Angehörigen der Standschaft sich wieder mit Pferden versorgen und ihre Wirthschaften auf's neue einrichten konnten. „Das, sagt er, hatte im Grunde Schiller oder die „Poesie" gewirkt."

Und so mochte denn diese Reise an zweifachem Ertrage reich sein. Denn die Kunstsammlungen Englands und die Darstellung Shakespear'scher Dramen, namentlich aber das Spiel der schönen Miß O'Neil als Julia, im Coventgardentheater, wo sie damals neben den Heroen des englischen Schauspiels Kean und Kemble wirkte, konnte nicht verfehlen, begeisternd und bildend auf den Geist Schefer's einzuwirken, dem — merkwürdig genug — bis zum reifen Mannesalter hin, d. h. bis jetzt die Gelegenheit versagt war, die Wirkung der mimischen Kunst überhaupt in sich aufzunehmen. In England, wo gegenwärtig fast alle Dramen Shakespeare's mit wenigen Ausnahmen an der theatralischen Tagesordnung sind, wurden damals nur etwa vier Stücke; Macbeth, Hamlet, Romeo und die beiden Veroneser für darstellbar erachtet. Der Freund sah Miß O'Neil als Julia im „Romeo" und das Entzücken über ihr Spiel, besonders in der Ammenscene, hallte, wie es ihn denn aufs Tiefste ergriff, noch lange in seiner Seele nach, wobei denn zu bemerken ist, daß die englische Schauspielkunst in solchen uns unbedeutend erscheinenden Scenen am größten und ausgebildetsten hervortritt. Das dramatische Element stand so vielleicht im Begriff über das lyrisch=epische in seinem Geiste ein Uebergewicht zu beginnen, denn der Entwurf zu dem Schauspiel „Madonna Laura“ entstand zu dieser Zeit: allein — sollen wir sagen, „glücklicherweise“ währte dieser Rausch denn doch nur kurze Zeit und schon auf dem Meere zur Heimfahrt sehen wir den Freund wieder beschäftigt mit dem Plane zur „Apotheose Homer's“ und zur „Reise in die Welt.“

Es wird hier zu erläutern der Ort sein, warum wir die Flüchtigkeit jener Begeisterung für eine Gunst des Glücks erachten. Seiner vollen Naturanlage nach fehlt Schefer nämlich die Begabung für das Tragische. Ein Gemüth, dem die dämonische Gewalt der Leidenschaft und die Zerrissenheit des Daseins gänzlich fremd ist, das das „Ein in Allem“ in die innere Befragung des Menschengeistes setzt und dem das Einzelschicksal ein Produkt der gesammten Natur ist; ein Gemüth überdies ganz voll Liebe und Demuth, ganz dem Reiz des Lebens und der Schönheit hingegeben und der Kraft des Willens vertrauend für das Glück — ein solcher Geist kann sich an das Tragische überhaupt nicht ergeben. Der Dichter würde daher, hätte er in diesem Elemente der Poesie den Ausdruck seiner Empfindungen gesucht, von sich selbst abgewichen und einem Zwang erlegen sein, der seine lyrische Natur vollkommen erdrückt oder doch verkümmert haben würde, ohne durch anderseitige Befriedidung Erfolge und Ersatz zu gewinnen. Seine uns bekann=

ten dramatischen Entwürfe beweisen die Richtigkeit dieser Annahme, wie wir noch zu zeigen gedenken und sie machen uns unzweifelhaft klar, daß wir den Dichter des „Laienbreviers" und des „Hafiz" unrettbar verloren hätten, wenn der kurze Rausch für das Drama nicht schnell in seiner Seele verflogen wäre, welche durch die Uebung im Unfreien und Conventionell-Gesetzmäßigen nichts gewonnen, desto sicherer aber ihre schöne Ursprünglichkeit eingebüßt haben würde.

Zu gleicher Zeit hatte die Anschauung des in südlicher Gluth ganz aufgehenden Dramas Romeo, die alte Reise- und Weltsehnsucht wieder auf das lebhaftlste entzündet, ja noch die Rückkehr in die Wälder der sonst geliebten Heimath sollte dieselbe rasch bis zum körperlichen Schmerz ansteigern, wenn der Freund etwa den Duft des Rosenöls zufällig einathmete, oder süße Orangen und Korinthen speiste, wiewohl er von diesen Früchten immer in seinen Taschen mit sich führte. Inzwischen mußte dieser Sehnsuchtsschmerz noch längere Zeit getragen werden, bevor der voraus ertheilte Segen der Mutter in seine Rechte trat. Nach und nach aber wuchs er bis zur Melancholie; und da nun die Großmutter gestorben war, und der gütige Fürst, welcher nun selbst zu den besonders begabten Geistern unserer Litteratur gezählt wird, vielleicht in rechter Erkenntniß dessen, was dem verdienten Schützlinge noth that, ihn unerwartet und ungesucht mit einem Dokumente beschenkte, das ihm, für treuen Beistand ohne Entgelt oder Gehalt in äußerst übler Zeit, eine ansehnliche Pension zusicherte; so war die Entscheidung gegeben. Der Freund verkaufte Haus und Hof, Acker und Wiesen, gründete für die neu geregelte Verwaltung der Standesherrschaft eine Beamten-Conferenz, der er seine Vollmacht übergab, und rüstete sich, dem Ziel seiner Sehnsucht entgegen, zur Reise nach Italien und dem Orient. Indem er eine bedeutende und höchst angenehme und reiche Lebensstellung aufgab, die ihn ohne den nagenden Wurm jenes Verlangens beglückt haben würde, glaubte er dies für immer zu thun.

„Das war nun meine Lebensuniversität", sagt der Freund von dieser großen Pilgerfahrt.

Und in der That, sie war die Hochschule seines Lebens und seiner Durchbildung als Dichter, der echte Quell seines Dichterruhmes — denn nun erst sollte er sich zusammenfassen, als der Geist, der er wirklich sein konnte; nun erst sollte ihm aus Vergangenheit und Zukunft der rechte und reiche Sinn für die Gegenwart aufgehen und sein pathetischer Humor zur Genußfreude gedeihen und sein Sammlerglück für positives Menschenthum die rechten Schätze zusammenbringen.

Kein Fachziel legte ihm Fesseln auf oder beirrte den suchenden Geist; die Kunde des Herzens, die Neigungen der der Völker, den Reichthum der Natur zu studiren, war sein Reisezweck, und seine gewinnende Persönlichkeit, seine Wissensschätze, seine mannigfache Sprachgewandtheit öffneten ihm bereitwillig und im Voraus die Pforten zu diesen Studien.

Wir werden sehen, welche vom Gewöhnlichen abweichenden Ansichten, über den Gehalt des orientalischen Lebens er von dieser Reise heimbrachte, und wie, wenn auch Manches in diesen Ansichten mehr als eine feine Satyre gegen die Kümmernisse der nordischen Formen aufzufassen ist, mancher praktisch-ernster Gedanke als ein Scherz hervortritt und manche Nachtseite des orientalischen Lebens eher aufgedeckt, als verheimlicht wird, doch im Ganzen die Vorliebe für den Lebensinhalt des Orients, als den ursprünglichen und natürlicheren, in der Seele des Freundes für immer haften und bestehen blieb.

Ueber den Widerspruch zwischen seinen Ansichten und denen anderer Touristen, in den er sich bald verwickelt sah, erklärt er sich selbst in seiner selbständigen Weise, indem er sagt: „Sie kommen daher, den Kopf voll Schulreminiscenzen, mit einer gefrornen Ansicht vom warmen Osten und benebelt von absurden Vorurtheilen, mit Inquisitorengesichtern, mit Hacke und Spaten als Schatzgräber für den Trödelmarkt der Wissenschaft, studiren Buchstabenverschiebung, katzbalgen mit Suffixen und verlieren sich in die düstersten Conjecturen, wenn sie lustigschwatzende Mädchen an einer Cisterne waschen sehen, deren Balustrade aus Säulenstümpfen besteht. Sie suchen nur Zimmer und finden sie und nehmen als Gastgeschenk der Gegenwart den unergründlichsten Straßenschmutz mit hinweg. Man sieht ihnen an, zu welchen, jenen naiven Menschen ganz unbegreiflichen Zwecken sie kommen und daher wird jeder Austausch unmöglich gemacht. Trümmer, verschlossene Thüren und der berühmte Schmutz bleiben ihre Errungenschaft. Ich für mein Theil habe das Leben gesucht und mußte es, bald erstrebt, bald zufällig, eben so sicher finden, als andre ihre Ruinen: die Menschen wollte ich kennen lernen und bezweifle nicht, daß man mir diese Absicht ebenfalls ansah und mich deshalb auch als Menschen nahm und behandelte."

Doch wir greifen hier abermals vor, denn selbst im Augenblick des Scheidens ward die ganze lange vorbereitete Reise nochmals in Frage gestellt, da alte Freundschaft den Pilger nicht loslassen mochte, bis ein Wort Schinkel's, welches aus Freuden und Wohlsein zum Genuß zweifelhafter Freiheit rief, die Krisis löste.

Ohne diese Reise aber besäßen wir weder „Hafiz" noch den Dichter überhaupt.

Der erste Stationspunkt der Pilgerfahrt war Wien, und seltsamer Weise haben wir uns hier den Dichter des Laienbreviers zunächst als Veranstalter von Wettrennen nach echt englischer Weile zu denken. Zu Simmering im Hause eines Engländers wohnhaft, ward der Artillerieplatz zu einem englischen „Turf" eingerichtet und vor 30,000 Zuschauern mit dem Hengste „Sledmere" ein großer Sieg gewonnen. Der Kaiserliche Oberstallmeister Fürst T. bot eine zweite Wette um jeden Preis, aber sie ward abgelehnt, da der Vollmachtgeber in Berlin tödtlich erkrankt war und nach seiner Rettung durch Rust, gleichsam zum Dank, zuförderst eine kurze Himmelfahrt unternahm.

Darauf wurde ein Gehöft im Prater bezogen, welches Nachts gegen den Zorn eines beleidigten Sohnes, der es in Brand zu stecken drohte, von sechs Grenadieren bewacht werden mußte, während es am Tage lieblich still im Grünen lag und von den Schelmenliedern des reizenden „Fränzchen" erklang, die Ohr und Herz des Pilgers gewann. In welcher Weise dieser das Reisen klüglich begann, ersehen wir daraus, daß er zunächst die Thürme bestieg, sich Morgens an die Thore setzte, um zu lernen, wie der „Tag" beginnt, die Märkte besuchte und möglichst jedem Auflauf nachfolgte oder mit den Todten zu Grabe ging. Aber alles das heilte die mitgebrachte Melancholie nicht; wohl aber that dies das Bassinbad in Baden, welches ihm der berühmte Peter Frank verordnete, der Ungarwein und das schöne Helenenthal, aus dem er denn für alle Zukunft eine unzerstörbare Heiterkeit mit zurückbringen durfte.

In diesem reizvollen Thale entstand denn auch der Text zur Oper „Sakontala", freilich ein für die Bühne völlig unüberwindlicher Stoff: aber die hierzu componirte Ouvertüre, Chöre und Ballets führten doch zu der Verbindung mit Heidenreich und Salieri, in deren Lehrzimmern sie aufgeführt wurden. Mit Meister Salieri, der seine „faible et vieille théorie" zur Verfügung stellte, entstand nun ein engeres Schülerverhältniß, in der Art, daß er des Freundes

Gesänge, die er „gut“ nannte, von diesem als Lernendem seine vornehmen Schülerinnen einlehren ließ, wobei denn der Lehrer nicht wenig zu lernen fand. Da dieser Unterricht indeß nur in ästhetischer Unterweisung bestand, so waren Satz und Composition noch nebenher bei einem alten, unbeugsamen Amtsbruder Haydn's zu studiren, dem ehrwürdigen kaiserlichen Kapellmeister Joseph Heidenreich, wo denn Franz Gläser — jetzt Königlich Dänischer Kapellmeister — des Freundes Mitschüler war.

So ward nun zwischen Dichtung, Composition und medicinischen Studien gleichzeitig zum weiteren Reisezweck Neugriechisch bei dem tüchtigen Zuka gelernt, der mit Frau und Tochter, der lieblichen Zukali, aus Ampelakia in Thessalien nach Wien gekommen war, um gleich dem Freunde Medicin zu studiren. Aus dieser Berührung erwuchs denn auch schnell das Trauerspiel „Euphrosyne“, dessen Stoff griechisches Leben behandelt und das im Inhalt an Müllner, in der Behandlung und im Ausdruck an Hebbel mahnt. Aus einer Anmerkung im Manuscript ersehen wir, daß dies fünfactige, in Trimetern geschriebene Stück binnen der „drei Weihnachtstage“ des Jahres 1816 vollendet wurde, was allerdings von einem Gedankenzufluß ohne Gleichen Zeugniß geben mag.

Dies Stück, trefflich erfunden, empfunden und ausgedrückt, war zur Aufführung von Crüger angenommen, nur sollte die Verwandschaft der Handelnden geändert werden, wozu sich der Verfasser jedoch nicht verstand. Er hoffte auf eine

Aufführung in funfzig Jahren und arbeitete später dies Trauerspiel in die bekannte Novelle: „Das Verbrechen zu irren“ fast wortgetreu um. Hier aber erkennen wir eine äußerst merkwürdige Wirkung der poetischen Formgebung; denn während die getheilte Rede des Dramas Alles scharfbegrenzt und zum Vortheil des dichterischen Gedankens sofort klar, faßlich und damit effectvoll hervortreten läßt, erscheinen dieselben Gedanken und Vorgänge in der Erzählung traumhaft undeutlich, unfaßbar und wie in ihrer Wirkung vernichtet.

Zu allen diesen Studien kam nun auch das des ägyptischen Alterthums in Sprache und Kunst, in den Sammlungen der K. Bibliothek und so gehörte denn der Morgen der Universität und ihren Hörsälen, der Nachmittag der Bibliothek, der Abend der Oper und der Composition und die Nacht, so oft etwas am Himmel zu sehen war, der Sternwarte. Wir erachten leicht, wie schnell, aber auch wie förderndd und den Wissensdurst sättigend, ein Jahr in diesen fast zu mannigfaltigen Beschäftigungen vorüberging: allein jeder junge Geist, der sich je in ähnlicher Lage des Bedürfnisses und seiner Erfüllung befand, wird mit uns das unbeschreibliche Glücksgefühl einer solchen Lage preisen und zu würdigen wissen.

Dabei sorgten immer noch „himmlische Tauben“ für die anderweiten Bedürfnisse des Freundes. Der alte Duc de B..., dessen Gönnerschaft er in Baden erlangt hatte, vertraute dem Freunde ein Finanzgeheimniß. Mittelst dieser Wissenschaft wurden die schnell verkauften Ducaten nach langen Monaten um die Hälfte des Preises wieder gekauft und so konnte man, nach länger als Jahresfrist, mit mehr Ducaten nach Italien abreisen, als man nach Wien mitgebracht hatte.

Auf diese Art bestritt der Staat die Kosten des Wiener Aufenthaltes, der als so reizvoll und bildend im Gedächtniß des Pilgers fortleben, und den „Fränzchens" zärtlicher Abschied vollends unvergeßlich machen sollte. Freilich mochte dies zarte Verhältniß zu „Lauraliedern" eben keine Veranlassung geben: dafür klangen aber ihre „Schelmenlieder" z. B.

Du liebe Zeit!
Die Nacht ist lang,
Das Bett ist breit.

noch lange neckisch genug in dem Ohr des Pilgers nach.

In Triest grüßte ihn nun das Meer; von hieraus sollte er Italien durchziehen, das, sagt er, so viele Völker mit Ruinen ihrer Kunst und ihres Lebens bedeckt haben, daß kein Wanderer es erforschen mag.

Oben in St. Giusto regte er zunächst die Priester zur Aufsuchung der Gebeine Winkelmann's auf und der edle Rosetti, welcher den deutschen Genius für einen Italiener gehalten, gab die Kosten der Aufsuchung in den Steinbrüchen her und bezahlte endlich die Schuld des deutschen Volks.

Hier, an dem Stapelort der Levante und in den Geisterhallen Venedigs ward nun gesammelt, was schließlich zur orientalischen Reise nöthig schien, wobei denn der brave Kretenser Carcioti nicht wenig hülfreich sich erwies. Dann ward vom Hause des Petrarca zu Arqua anfangend, das schöne reiche Ober-Italien zu Fuß durchwandert, mit guter Ausbeute aus dieser echtesten Art zu reisen. Darauf ging es im Spätherbst zur See nach Ancona. Aus Loretto scheuchte der Gedanke hinweg, daß es einer Sünde gleich sei, wissentlich Träume für die Wahrheit des Lebens auszugeben oder mit ihnen beruhigt zu leben. In der Nacht darauf, unter sturmgepeitschtem Himmel beim Uebergang über den Apennin, in Belforte, traten Leiden des Heimwehs und ein wahres Grauen vor dem zwiefach todten Rom den Pilger an. Er war nahe daran, umzukehren: es schien ihm würdiger, im Schatten seiner heimathlichen Eichen zu ruhen und für Deutschland zu denken und zu singen und zu leben, als einen Leichnam zu betasten und zu erforschen.

Seltsam! In dieser Landschaft, in diesen düstern Schluchten des Apennin, muß der finstere Geist Italiens seinen Sitz haben, hier muß in der That ein Hauch des Grausens und der Melancholie wehen — denn auch der Schreiber dieses Lebensabrisses ward grade hier, hier allein bei Col fiorito, von diesem Schmerz um Italien, von diesem unerklärlichen Heimweh nach Licht und Geistesflug, ergriffen, von dem der Geist des Freundes geängstigt ward. — Aber die Hülfe kam.

Wozu wüßten und hegten wir alles im tiefsten Gemüth, wenn nicht für die schwersten entscheidenden Stunden des Lebens! und hier in dem frühen mondgoldenen Morgen fiel über ihn, was Volney in seinen Ruinen niedergelegt, und fiel über ihn, was ihm Fichte, eine Nacht neben ihm in seiner Vaterstadt wohnend, in die Seele gegossen; die eigene Stärke, die unverwüstliche Lebensgewalt brach hervor — und drei Tage später war der Pilger in Rom, dessen Leiche vor Augen ihm aufhörte verhaßt zu sein, und sein „Römischer Kalender" begann auf dem Palatin mit dem ungeheuerlichen Ausrufe:

„Hört! Aphrodite, Du H.r. und Zeus, Du garstiger Geisbock,
„Cäsar, Dieb! August, Feiger! und Nero, Du Hund!
„So ruf ich ungestraft laut vom Palatinischen Hügel!"

Die Stimmung, welche dieser unerhörte Ausruf verkündet, kann als ein gewaltiges Gegenstück zu den „Göttern Griechenlands" nur den überraschen, der dem gangbaren Vorurtheil gemäß, Schefer für einen sentimentalen Geist hält. Wer diese maßvolle und reine Seele in ihrem Grunde kennt, muß jenes Wort natürlich finden: Weh und Aerger über die Gegenwart zerstören die Träume der Vergangenheit in so plötzlicher Wirkung und mit so gewaltiger Wucht, daß es langer Beschwichtigung bedarf, bevor der Geist die Enttäuschung überwindet und vergißt. Wie unähnlich, so fragen wir uns, erscheinen hier zwei sonst von gleich hohen Ideen der Lebensauffassung beherrschte Geister, der Dichter der Götter Griechenlands und der des Laienbreviers! ja, wie verwandelt der Eine sich in den Andern, so konnte man sagen, indem der Letzte als ein Jünger der Sturm- und Drangperiode, der Erste als ein Geist voll Wehmuth und Traumliebe sich darstellt.

Nun wurde schnell der gesundeste Ort in Rom, mit der schönsten Aussicht über Forum, Soracte und Tiber, auf dem Kapitol bezogen, Antiken, die Bibliothek Marescotti, das Gärtchen auf dem Tarpejischen Felsen als sein eignes zur Hand. Gegenüber im Pallast Caffarelli wohnte Bunsen, der die Bekanntschaft mit Cornelius und dem blauäugigen Thorwaldsen bald vermittelte und an dessen Kamin viel über Religion und Kultus mit ihm einsam bis in die Nacht hinein gestritten wurde. Auch Niebuhr wollte dem Dichter wohl und bestand darauf, daß er einige Jahre an der großen Beschreibung Roms mitarbeite; allein hiezu war dem Freunde, wie er sagt, sein einziges Leben doch zu kostbar, und er zog es vor, statt dessen alles Schöne in Ton und Bild, das Rom darbot, tief in der Seele aufzunehmen.

Im folgenden Jahre verlebte er einige Monate in dem Golf von Neapel, wohnte in Sorrent und machte in Pompeji unter anderen den Versuch mit den Traumtropfen, die man im Tempel der Pasiphae den Gläubigen darzureichen pflegte; ein Versuch, der später in Eleusis und in einer

Windmühle der Troas, immer mit gleich günstigem Erfolg, wiederholt wurde. Hierauf wurde fast ein Jahr lang bei dem Scriptor der Vaticana, dem ein langer rother Bart ein seltsames Ansehen gab, Arabisch gelernt und ein Paar Monate im Lorenzo-Kloster zu Velletri gaben von dem Wesen der „Retiro's" gründliche Kunde, während Sprache und Geschichte Aegyptens, ohne welche seine Kunst nicht begriffen wird, eifrigst studirt wurden. Endlich schiffte der wohlvorbereitete Freund von Ripa grande nach Sicilien über, indem er die lange Seefahrt zu Uebungen der Phantasie benutzte, von denen er gern seltsame Resultate erzählt, und mittelst welcher er es dahin brachte, mit geschlossenen Augen jede Landschaft in beliebiger Farbe zu sehen und Töne jedes Instruments zu hören. Durch diese Uebung, glaubte er, werde der Mensch erst völlig „Herr seiner Sinne."

Von Messina aus wurde sodann die ganze Insel umschifft, Syracus, Agrigent und auf dem Aetna der Schatten des Riesen auf dem funkelnden Lande bestaunt und besungen (s. Gedichte), dann aber mit Miaulis, dem späteren Seehelden im Freiheitskampfe, und auf seinem Schiffe die Reise nach Hydra angetreten. Der kleine, verwegene, untersetzte Held leitete sein Schiff wagehalsig im Sturme so rasch und gut, daß zu einem Ausflug in die Morea und nach Delphi Zeit gewonnen, und in Athen mit den vier angezeichneten Architecten Hübsch, Heger, Koch und Thürmer, welche die vier Elemente des feinsten Kunstgefühls, des Ehrenhaften, des Naiv-treuherzigen und des unermüdlichen Fleißes repräsentirten und versinnlichten, schöne Tage verlebt werden mochten. Mit diesen vorzüglichen Reisegenossen würden Eleusis, Aegina, das Panhellenion besucht, Tino durchforscht und in Chios den Wundern weiblicher Schönheit gehuldigt. Hier trennte man sich, und indem der Pilger von hier eine südliche Richtung einschlug, immer auf kleinen griechischen Handelsbarken allen Fährlichkeiten preisgegeben, ward sein Schiff, Sunion gegenüber, bei Hagios Arzytis von Seeräubern überfallen und acht Tage lang festgehalten. Er aber sang sein „Vacuus viator" und nachdem er aus diesen Banden, wie aus denen einer schönen Jungfrau von Tino freigegeben war, setzte er einsam seine südliche Umfahrt fort, überall meilenweit in die Küstenlande fortschweifend, bis er nach vielen Monden in Chios abermals Anker warf. Welch süße Erinnerungen der neue Aufenthalt auf dieser Insel hinterließ, zeigen uns zahlreiche Ergüsse des „Hafiz" und des „Koran der Liebe", es war eben für den Freund die Zeit der höchsten und reinsten Harmonie zwischen den äußeren und den inneren Lebensfpotenzen seiner Natur. Als er schmerzerfüllt endlich von hier schied, las er noch im Schiff aus Betrübniß das Neue Testament ganz durch und bog — nicht unbemerkt — die Stelle von den zehn Brüdern ein. Hierüber Aufregung unter den Griechen im Schiffe wegen ihrer verlorenen Panagia! doch da sie nicht weichen wollte, fügte sich's, daß eine Einladung des Erzbischofs von Metellino zu seinen Platanen am Ufer auf längere Zeit angenommen und heilkräftig befunden wurde. Der würdige alte Mann, brav und einfach, rühmte sich, die Zweifel seiner Heerde über Joseph's erste Frau damit gelöst zu haben, daß sie Dardane heiße, was diese denn über ihre „Panagia" völlig beruhigte. — Von Tenedos aus verweilte unser Pilger drei und zwanzig Tage in der Troas, und bedauerte innig, daß er manche verträumte Stunde, manchen göttlichen Morgen nicht einem Freunde, ja Schiller'n und Goethe'n zu ihrer gewiß unermeßlichen Freude abtreten konnte, und das Leben an den Leib und an die Stunde gefesselt sei.

Nach dieser Reiseerholung wurde Stambul besucht und namentlich die Stadtmauern zu historischen Grundstudien für die „Eroberung Konstantinopels" genau durchforscht. Bei diesem Anlaß gerieth der Pilger, einer Einladung junger Griechen folgend, in die wunderbarste Lage. Unter den Griechen sann damals jeder auf Meuterei und Empörung gegen den Halbmond; der Aufstand war im Stadium des Ausbruchs. Der Sultan sollte auf seinem Purpurschiffe zur Stadt kommen, und der Freund war eingeladen, auf einer großen griechischen schwarzen leeren Brigg diesem Einzuge zuzusehen. Ahnungslos lag er mit seinem Fernrohre an einem Kanonenloch, als ein furchtbares Getümmel im Schiff ihn aus seinen Träumen weckte. Er horcht und hört nun, daß man sich streitet, was nach der That geschehen solle. Diese That aber war der Mord des Sultans, der eben in Schußweite vorüberfahren sollte. Zum Glück drehte ein Gegner während des heftigsten Streitens das Steuerrad, das Schiff wandte sich, und während der Sultan vorüberfuhr — blickte die Mannschaft der Brigg nach dem Serail der alten Weiber! —

Diese Wendung, die wohl sein Leben rettete, gab zu bedenken, ob es nicht Zeit sei, den vulkanischen Orient zu verlassen, und sich eines, seines lieben Vaterlandes zu erinnern. Auf dem Heimwege erneuerte sich aber noch zweimal die Lebensgefahr: zuerst als es zum Pistolenkampfe mit einem spanischen Kornschiffe kam, das während der Siesta im Begriff war, das eigne in Grund und Boden zu segeln; und als bei Negropont sieben kleine Räuberbarken das Schiff der Reisenden überfielen und nach furchtbarem Getümmel erst durch einen glücklichen Kanonenschuß sich zerstreuen ließen. Dann hatte man die Pest im Schiffe und eine zweimonatliche Pest-Quarantaine zu Triest zu bestehen, eine Zeit der Prüfung und des Entsetzens, in der denn der Dichter, wie leicht zu erachten, dem Tode nahe genug in das Auge sah.

In langer Zeit hatte er sonst kein bekanntes Antlitz gesehen und keinen vaterländischen Laut gehört. Von Drovetti war ihm der Auftrag zugekommen, dessen Sammlung gegen eine Domaine zum Kauf anzubieten; leider erreichte der Brief weder den Kanzler, noch den Fürsten P. und so ist diese Sammlung jetzt in Turin. Nur in Smyrna, wo der Pilger den Berg Stilarios seines „Gekreuzigten" wegen, bestieg, ward ein deutscher Hutmacher angetroffen, der um die Reisekosten nach Jerusalem fragte, und fünf Colonnaten vorwies, von denen er noch zehn zurückbringen wollte!

So war denn diese ernste Lebensschule nach fast fünfjähriger Pilgerschaft, freudevoll und mühevoll zu Ende geführt und es war das geistige Material gewonnen, das die Seele des Dichters in einer langen Reihe begeisterter Werke verarbeiten sollte.

Er hatte, wie er zu sagen liebt, von dieser wundervollen Pilgerschaft nichts zurückgebracht — als sich selbst, aber characterfest, furchtlos und frei, das Herz voll Gefühle und Anschauungen von dem Leben der Menschen und der Natur. Eine Erinnerung an Chios, das Bild der wunderbar schönen Basiliki, welche zur Nacht mit ihrem Knaben vor der „Panagia" kniete und ihn die Hände falten und beten lehrte, hatte einen unverlöschlichen Eindruck auf diese Seele zurückgelassen, und das Gedicht: „der Derwisch" im Herzen und im Sinne, hatte er sich gelobt, ein Weib zu nehmen! Er kehrte zurück und fand das frühere Kind, jetzt zur Jungfrau erwachsen, schön und einfach und sanft. Sein Gelübde wurde zur That.

## IV.
## Die Jahre der Reife. — Ehe und Hausstand. — Chronologie seiner Werke. — Freunde und Briefwechsel.

Es war im Jahre 1820, als der Freund von seiner Weltfahrt in die Vaterstadt und zu den alten Verbindungen zurückkehrte.

Bald auch sollte nun jener einzig schöne Ehebund geschlossen werden, der seiner Dichternatur innerstes Leben wurde und der ihn zur Einheit des Wollens, Denkens und Fühlens als Dichter abschloß. Die nächste Wirkung dieses seltensten Ehebundes, der am Todestage seiner Mutter, den 7. November 1821 geschlossen wurde, war ein vollständiges Genügen der mit so mächtigen Eindrücken angefüllten Seele in der glücklichsten Häuslichkeit, welche als die Verwirklichung eines Traumideals erschien. Dies Genügen, jene Fülle fremdartiger Anschauungen und der mächtige Drang, seinem innern Glück Ausdruck zu verleihen, trieben nun zu einer Reihe von dichterischen Productionen, die, wie sie auf epischem oder lyrischen Grunde erwuchsen, theils als Novellen, theils in dem trefflichen „Laienbrevier“ zu Tage kamen.

Den fehlenden äußern Anstoß gab Professor Amadeus Wendt mit der Bitte, ihm eine in Griechenland spielende Novelle zu dichten; im Fluge ward Palmerio geschrieben und abgesandt (1822), und in den nächsten Jahren folgten ihm

Leonore di S. Sepolcro (1824), die Deportirten, der Bauchredner, frisch aus der Seele geschriebene Erzählungen; die lebendige Madonna, die Erbsünde, die Perserin (1825), die Osternacht in zwei Theilen, der Kuß des Engels (1826), Violante Beccaria, der Waldbrand (1827), Künstlerehe, Galate, der Unsterblichkeitstrank, die weiße Henne (1828), der Nabob, die Lebensversicherung, der heimliche König der Armenier (1829). Dazwischen quollen aus dem Glück des Hauses und aus den Freuden des Herzens die Mehrzahl jener lyrisch-didaktischen Ergüsse hervor, die im Jahre 1834 unter dem glücklichen Gesammttitel: „Laienbrevier" erschienen.

Neben dieser Thätigkeit gewährte die Gunst des Glücks, daß der Freund nach eignem Plane eine kleine Villa, dem Eingang zu dem Parke von Muskau gegenüber, bauen und wohnlich einrichten konnte. Eignen Styls, halb italienisch, halb byzantinisch, bot hier das obere Stockwerk den Wohnraum für die Familie und jenes kleine, aber mit einem großen Giebelfenster weithin erhellte Zimmer dar, in dem die Freude so Vieler, Schefer's Dichtungen, fast ohne alle Ausnahme geboren werden sollten.

Dem glücklichsten Ehebund entsprossen nach und nach fünf Kinder, ein Sohn, Alexander, der später unter Kaulbach's Direction in München die Baukunst studirte, eine Tochter, Salianne, wohl verheirathet und beglückt darin, daß sie dem Vater drei Enkel schenken konnte, und Marie, Hilda und Thecla, die Pflegerinnen des verehrten Vaters.

Von den dreiundsiebzig Novellen des Dichters waren die nächsten der Sclavenhändler, der Seelenmarkt, Leiden einer Königin, Virginia Accoramboni, welche 1830 und 1831 entstanden. Die letzte, stoffverwandt mit einer bekannten Erzählung Ludwig Tieck's, zeigt beide Dichtergeister wie im polarischen Gegensatz und giebt von der Freiheit der poetischen Schöpfung in der That die allerweiteste Vorstellung. Die Gräfin Ulfeld, die vorzüglichste der historischen Erzählungen Schefer's, Unglückliche Liebe, das deutsche Musikfest, die Grotte von Corneal, Dia, das vergiftete Testament, der Vaterschuß, das Weihnachtsfest in Rom, erschienen 1832 bis 1834, dem Jahre der Herausgabe des „Laienbreviers." Diesen folgten, immer in demselben Geiste innerster Versinnbildlichung der Natur, die Geschiedenen, die Probefahrt nach Amerika, das Verbrechen zu irren, Umdichtung der zwanzig Jahr früher entworfenen Tragödie Euphrosyne, die Vigilien, die Prinzeninseln (1836), Winkelmann, die Blumenkönigin, die Pflegetochter, das Volk ohne Magen (1837), Künstlerneid, Torregiano, Meister und Schüler, der Sohn des Ritter Gluck (1838), Martabau, der arme Dschem, der Gekreuzigte, die Eroberung Konstantinopels, Viel Sinne viel Köpfe (1839), Giordano Bruno, Mozart und seine Freundin, Händel's Zorn und Flucht, der Einspruch, Wallfahrt nach Petrarka's Grab, Galanterie, Sultan Tuman, theils in diesem, theils im Jahre 1840. Darauf: Graf Promnitz (1841), Achtzehn Töchter (1842), Chinas Erretter

(1844), Génevion von Toulouse (1845) und der Weltpriester (1846). Auf dies Jahr der Schmerzen folgten (1847): die Paramythien, Klage und Trost für Beraubte ihrer Lieben.

Hier nun glaubte die reiche Dichterseele ruhen zu können, als ein geringer Anlaß eine neue Entfaltung des unerschöpftichen Geistes herbeizuführen, ja, mit dieser neuen Begeistigung uns erst die ganze Größe, die volle Peripherie dieses Geistes eröffnen sollte. Indem der Freund nämlich ziemlich lässig an einer Tragödie: „Sophokles" dichtete, zeigte sich das Bedürfniß, für das Gelag der jungen Athener eine gute und passende Skolie zu finden. Er zerrte, sagt er uns, daher an seiner Phantasie und da diese nichts Passendes ausgab, an seiner Erinnerung, als diese sich plötzlich gleich einem gesprengten Schatzgewölbe aufthat. Strom auf Strom sprang nun daraus hervor und war nicht mehr zu bewältigen oder zu mäßigen.

So lag denn binnen wenigen Monaten aus Altem und Neuem zusammenfließend, der Koran der Liebe und Hafiz in Hellas zugleich unter seiner Hand fertig vor.

An diesem Schatze war es dem eifrigen George von Hauenschildt (Max Waldau) gegeben, eine sichtende Hand zu üben, er theilte den Reichthum in zwei Bücher, gab ihnen ihre Namen und besorgte die Herausgabe, zur Freude Vieler, zu seinem eignen unvergeßlichen Verdienst.

„Die Gunst des Volks hat mich ernährt, sagt Schefer, und ich bleibe bis zum letzten Hauche treu in seinem Dienst."

Und so quollen denn in erstaunender Fülle immer neue Blüthen aus dem unerschöpften Stamm seiner geistigen Kraft hervor. „Die Hausreden“ entstanden schon 1852, in dem Jahre der Herausgabe des „Hafiz“; zugleich erschien die „Sibylle von Mantua“ und der „Sophokles“ wurde beendet. Im folgenden Jahre erschien der Koran der Liebe nebst kleiner Sunna, — dann 1855 die Versammlung der Jugendfreunde, das Gedicht: der Wahltag, und Schneekönigs Kinder in 12 Gesängen, — so voll jugendlichen Humors, wie die Arbeiten des Jünglings Goethe. Peter in der Falle, die große Novelle: der Kinderkreuzzug, die getreue Tochter folgten 1856; der Arbeiten unter der Hand, nicht weiter zu gedenken.

Das Jahr 1845 sollte dem Freunde den einzigen, aber auch den tiefsten Schmerz seines Lebens bringen. Der Tod trennte an einem herrlichen Frühlingstage, dem 3. Mai, still und leise, den glücklichsten Ehebund, den wir je gekannt haben. Sie wußte nicht, daß sie gestorben war, sagte der Freund von diesem Tode, und kaum wußte er selbst es. Von seinem Schmerze sagt M. Waldau: „Wer je an der Spitze seiner gesammelten Werke den ergreifenden Nachruf auf die eben verlorene Gattin gelesen — wer im Hafiz und im Koran das Ziel einzelner Aufschreie und die rührenden Anklänge an eine schöne, verronnene Zeit vollendeten Menschseins herausfindet; dem müssen wenigstens die Umrisse eines ganz unvergleichlichen häuslichen Verhältnisses aufgehen.“ Schefer selbst schrieb darüber: „Nur ein einziger unverwindbarer Schmerz hat mich im Leben getroffen, der Tod der stillen Seele, mit der mir das Leben erst ein Leben war. Auch habe ich keine anderen Sorgen gehabt ... Die Leute, die sich alle Tage Sorgen machen und in nicht befriedigter Eitelkeit ein immerwährendes Unglück finden, könnten mich eigentlich auch jetzt noch einen Glücklichen nennen. Aber, draußen mag soviel Gras darüber wachsen, als in langen, verödeten Tagen und Nächten nur wachsen kann — innen wächst kein Gras über ein lebenvernichtendes, wahres Unglück. Man findet sich mit der Welt zurecht, aber man geht schließlich doch mit einer offenen Wunde ins Grab. Glauben Sie mir das!"

Und doch erfüllte auch dieser Tod einen Wunsch seines Lebens, sein Gebet, daß sein theures Weib nicht um ihn — um seinen Tod zu leiden habe. Und so sehen wir denn den Dichter in vier kostbaren Gedichten des „Hafiz" Nr. 60 bis 64 — eben diesen Schmerz durch seine Hauptstadien vom grellsten, zornigsten Nothschrei bis zu blühender, sanfter Verklärung wunderherrlich uns ausdeuten und darlegen und somit seinem eignen Ausdrucke nach: „menschlich bewalten! in seinem liebsten Buche „dem Weltpriester" aber, die letzten Mondscheingespräche mit der Abgeschiedenen über das Geheimniß der Zukunft, über Liebe und Welt dichterisch verklären.

Und hier hätten wir denn einer möglichen Einrede noch

zu begegnen. Man könnte die Frage stellen, ob Schefer auch dann, wenn er nicht, wie er selbst gesteht, auf „wellenreichen Tagen" durch das Leben geschifft, wenn Noth, Verfolgung, Kränkung und Verkennung sein Loos gewesen wäre, dem Kultus der Schönheit treu geblieben sein würde, von dem Schiller sagt, daß er nur für ein „glückliches Geschlecht" bestehe; ob er die Klarheit seines Geistes sich stets erhalten, oder etwa auch jenem finstern Geiste erlegen sein würde, der, wie wir oben sehen, so viele begabte Seelen zeitweise sich unterwerfen konnte? —

Wir stehen nicht an, auf diese Frage aus vollster Ueberzeugung mit einem entschiedenen „Nein" zu antworten, gewiß, daß die männliche Kraft seines Geistes und das ihm inwohnende unbesiegliche, ja, zum Wissen gewordene Gefühl der höchsten Weltharmonie ihn vor jeder Niederlage geschützt haben würde. Bedürfte es hierüber noch eines thatsächlichen Beweises für uns, so finden wir ihn in der Art und Weise, wie sein Geist den tiefsten Schmerz seines Lebens bezwang. Von jenen köstlichen Strömen abgesehen, die er der abgeschiedenen Gattin im Hafiz widmete, weisen wir hier vollberechtigt auf jene Verse in den Hausreden hin, mit welchen der Dichter die fliehenden Tage verabschiedet;

„Denn nicht ein Lüftchen fehlte, mich zu kühlen.
Am rechten Abend stand die Jungfrau mir
Zum Weibe da. — Am rechten Morgen richtig

Lag ihr ein Kind im Schooß; zu rechter Zeit
Ward ihm die Erdbeer', wie die Kirsche reif. —
Zu rechter Stunde ward das erste Haar
Mir reif. Zum rechten Augenblicke starb —
Nach Euer himmlisch-treu gewissenhaften
Und wundervollen Kunst — mein Weib. —

Wer so dichtet, kämpft denn wohl „siegesgemäß" gegen die düstre Macht des Lebens in jeglicher Gestalt.

Die Jahre der vollen Reife flossen dem Freunde in dem Genügen an der stillsten und einfachsten Lebensweise dahin. Er selbst hegt die Ueberzeugung, daß auf die Dauer nichts über Welt und Menschen besser belehre, als der Aufenthalt in einer kleinen Stadt, wo man die Kinder noch als Greise kenne, und die Männer als Kinder gekannt habe. Auch hierin Schiller unähnlich, der stets darüber klagte, daß er ohne den anregenden Umgang mit Freunden nichts hervorbringe, bedurfte Schefer's poetischer Geist keiner äußern Begegnung, um immer frisch und voll dahin zu strömen. Er verließ daher kaum je seine stille Heimath, und zwei Rund-Reisen mit Sohn und Tochter durch Deutschland, und einige kurze Aufenthalte in Berlin und Dresden abgerechnet, unterbrach nichts den dreißigjährigen Wohnsitz in dem lieblichen Muskau.

Zu den alten Verbindungen, die wieder in ihre Rechte traten, kamen allerdings auch neue hinzu. Vor allen hatte der Fürst in der Tochter des Staatskanzlers Hardenberg eine edle, jeder höhern Regung offene, vorzügliche Gattin nach Muskau geführt, die bei längerer Abwesenheit des Fürsten seine Schöpfungen förderte und der der Freund ein treuer Helfer war. Das Herrmannsbad war ihre begünstigte Schöpfung und hier versammelte jeder Sommer einen reichen Kranz geistvoller Gäste um den freigebigsten Heerd. Die reichste Gunst blieb dem Freunde vorbehalten, während Besucher, wie Varnhagen mit Rahel, Grävell, Henriette Herz, vieler Andern gar nicht zu gedenken, Anregung genug in diesen Kreis brachten. Eingreifender aber war es, daß Heinrich Laube eine mehrjährige Haft in der angenehmsten Lage auf dem Amtshause zu Muskau verbüßen durfte, eine Buße, wie sie sich in dieser Umgebung Jeder wünschen mochte, und der wir denn auch dessen Geschichte der Litteratur zu verdanken haben. Gleich großsinnig hatte auf Schefer's Antrag die Fürstin dem Verfasser des Leben Jesu, David Strauß, als ihn die Schweiz austrieb, den Aufenthalt in einem eignen, bereits aufs annehmlichste eingerichteten Hause angeboten. Die Umstände schlugen zwar in der Heimath zu seinen Gunsten ein, er durfte im Vaterlande bleiben, — doch war das Anerbieten noch die letzte Freude seiner kranken Mutter gewesen.

Mit dem pilgernden Erbherrn ging ein regster Briefwechsel inzwischen fort und da dem Freunde vorbehalten war, die „Briefe eines Verstorbenen" in Goethe's Hände zu bringen, dessen Kritik entscheiden sollte, so fiel ihm nachher auch die Sorge für die Herausgabe dieser trefflichen Schrift zu.

Das colorirte Gartenwerk machte Muskau nur um so verkäuflicher und die sechsjährige Reise Semilassos, deren geistiger Urheber der Freund war, stand mit dem Entschlusse zum Verkauf in naher Verbindung. Die innigen Berührungen einer lebenslangen Befreundung aber dauerten auch zwischen Muskau und Branitz fort. Später noch traten die innigsten Beziehungen zu dem trefflichen Max Waldau hinzu, von dem zu sagen ist, daß er den Geist des Freundes mit demselben Auge erkannte, wie der Verfasser dieses Lebensabrisses, nur leicht umflort von den Schleiern conventioneller Kritik.

Schefer's brieflicher Verkehr war niemals sehr umfassend: er gehörte keiner Schule und keiner Clique an, obwohl er die Strebungen Aller kennt und verfolgt. Seine hohe Selbständigkeit und Originalität erstreckt sich auch auf seinen Briefwechsel.

Die seltsame Pietät, welche bei uns von den Heroen unsrer Litteratur fort und fort auch das Unbedeutendste und Trivialste zusammen zu tragen bemüht ist, erregt, wir gestehen es, nicht selten unsre Verwunderung. Wie beschämt und beschämend müßten diese Sammlungen des Gewöhnlichsten und Alltäglichsten neben einer Sammlung Schefer'scher Briefe dastehen, von dem kein Blatt oder Blättchen vorhanden ist, das nicht von der Fülle seines Geistes Zeugniß giebt und jener Nichtigkeit gegenüber, helle Gedankenkrystalle, wahre Edelsteine poetischer Lebensauffassung darbietet! — Denn auch hier waltet ja dieselbe concentrirte Innigkeit des Gefühls, dieselbe unbeherrschbare Fülle der Ideen, dieselbe naive Unordnung in der Gestaltung und Unterordnung des Stoffes, die den Charakter aller seiner Arbeiten bildet! — Und wie wenn seine Handschrift selbst nur seine eigne Schöpfung sein sollte, hat er sich endlich aus lateinischen und deutschen Schriftzügen eine neue Schrift gebildet, die denn zwischen beiden schwankend, den modern-antiken Geist seiner Poesie treu widerspiegeln mag!"

So steht nun Schefer über einer Welt von Schöpfungen jeder Gattung und mannigfachsten Inhalts, unvergleichlich und ungebrochen da! Die Jahre haben über ihn nichts vermocht; sie haben kaum die Spannkraft seines durch Maaß und Nüchternheit gepflegten Körpers berührt, denn er selbst sagt von sich, „daß ihm sei, als habe er „sechs" Sinne zu seinem Dienst"; sie haben kaum sein Haupt leicht geneigt, seines Schmuckes beraubt und die große Schädelnarbe bloß gelegt, die einen Schüler Gall's veranlaßte, ihm das Organ der Ehrfurcht abzusprechen und dafür einen Ueberfluß an Phantasie zu setzen. Ueber die Urfrische und die Schöpfermacht seines Geistes haben diese Jahre nichts — garnichts vermocht. Denn — alle Kritik ist darüber einig „daß der zweiundsiebzigjährige Hafiz, der Letzte einer prometheischen Zeit, ein Phänomen, daß er der glühendste, jetzt lebende deutsche Dichterjüngling sei."

## V.
## Schefer's Werke und Geist derselben.

Wie man die Poesie auch auffassen möge, als schöne Empfindung, die einen verwandten Gedanken sucht, oder als Gedanke, der nach schönem Ausdruck ringt, in beiden Auffassungen gehört Schefer unstreitig zu unsern erhabensten dichterischen Geistern. Schefer's Poesie entsteht und wird nicht. Sie ist immer da und fertig. Der Gedanke erzeugt nicht bei ihm das Bild, das Bild nicht den Gedanken; nein, beide sind durchaus gleichzeitig und eins: es ist ein glühender Erguß, Gedanke, Empfindung und Ausdruck.

Man hat ihm schrankenlosen Optimismus vorgeworfen und behauptet, daß ihm die „Negative" fehle. Es ist wahr. Aber, sagt Gottschall, dies zugestanden, fühlt man sich wieder von diesem wunderbarem Dichtergemüth, von der Fülle der originellsten Gedanken-Combination, von dem Schwunge und dem Zauber einer eigensten, einheitsvollsten Weltanschauung so mächtig ergriffen, daß man in diesem uferlosen Strom prächtigster Erd- und Himmelsbilder, erquickt von diesem frischesten Naturbade, gern untertaucht.

So ist Schefer — ein ganz und völlig unvergleichbares Dichtergemüth.

Schefer ist aber zugleich ein durchaus deutscher Dichter, ja vielleicht der deutscheste aller unsrer Dichter in dem Sinne, wie Perikles der griechischste unter den Griechen war. Es wäre undenkbar, unter den romanischen Völkern nach einem Geiste Seinesgleichen zu suchen oder unter den Orientalen, trotz seines Hafiz: ja unter uns selbst hat er nur mit Jean Paul und Rückert eine gleichwohl entfernte Geistesverwandtschaft, wie wir weiterhin zu zeigen gedenken.

Schefer ist ferner sein eigner Lehrer und Meister, er ist Autodidakt in allen wesentlichen Theilen des Wissens; ja, man kann sagen, er sei ein Schüler der Natur, den die Kunst und die Wissenschaft frei, unvermittelt durch irgend wen, als eine Gottesgabe anflog, durch kein Medium gebrochen. Auf sich selbst beruhend, in keiner Beziehung zu dem Kämpfenden und Widerstreitenden in der Welt, kein Mann des lauten Marktes, kein Mann der Gesellschaft, aber ein stiller Denker und Dichter, lebt er als ein Stück Natur in der Natur, das Treiben der menschlichen Eitelkeit ignorirend, den Einflüssen der Zeit entrückt, von der Ursprünglichkeit seines Eigenrechts als Dichter und Mensch innigst durchdrungen. So hat ihn keine Schule jemals von seinen eigenen Zielen auch nur um eines Haares Breite abgelenkt, keine Gunst oder Ungunst der Menschen ihn je vermocht, auch nur eine Zeile zu schreiben, die nicht aus seiner innersten Natur kam, selbst in Briefen nicht und die ganze bewegte Welt hat keine Schattirung in seine Seele geworfen oder gezeichnet, die nicht ihr eigner Reflex war.

Alle Autodidakten haben die Eigenthümlichkeit, wie ein Kritiker sagt, daß ein gewisser ernster, lehrhafter, lebenspraktischer Ton, das inbrünstige, fast eigensinnige Erfassen gewisser Lebensanschauungen in ihren Dichtungen oft bis zum Grillenhaften ansteigend hervortritt. Auf einem andern Gebiete, in der Musik, treffen wir in Beethoven auf eine ähnliche Erscheinung. Dagegen hat sich bei uns für diejenige Kritik, welche Schefer, jedoch nur nach ältern Gedichten, für eine wesentlich sentimentale, weich verschwommene, nur für Liebe und Schönheit empfängliche Dichternatur erklären durfte, nie ein rechter Anhalt gefunden und seine jüngern Dichtergaben, sein Hafiz und sein Koran, haben dieser irre gegangenen Kritik vollends jede Berechtigung, jeden Boden hinwegnehmen müssen.

Schefer ist wesentlich lehrhaft, weil die Weisheit in ihm mit dem poetischen Schöpfertriebe um den Vorrang ringt; seine Fahneninschriften und Kernworte sind: daß der Mensch, was er auch erlange, Ruhm, Geld, Macht und wie die Erdenschätze sonst heißen, doch nur als Mensch glücklich sein könne, daß dies Glück sich ihm nur als Liebendem, Gatten und Vater biete, daß der Leib ein Tempel Gottes sei und die Schönheit, welche die Sinne mit Jubel schauen, ein Auge Gottes; daß Glück und Weltgenuß Aufgabe des Daseins, und Schönheit, Leben und Liebe die Zauberpforten seien, die zu diesem Genusse führen. Allein diese Worte, die in ihrer banalen Bedeutung ihn bloß zu einem poetischen

Epikur und seine Gedichte zu einer versificirten Glückseligkeitslehre stempeln würden, haben bei dem Freunde eine eigene, unendlich erhabenere und eine anders potenzirte Bedeutung, als bei den Dichtern der Schule. Sie sind ihm Ausdrücke, ja schwache Bezeichnungen für die unendliche Schönheit, Güte und Erhabenheit der Gottesidee, als welche ihm Erde und Welt erscheinen. In der Welt, als Theil dieser Gottesidee mitzuleben, an ihr mit fortzubauen, den höchsten Gedanken mitzufördern und zum endlichen Ziele zu führen — das ist das erste Glück. In dieser Beziehung ist ihm das Leben selbst der Güter Höchstes und ein zweites Leben, um selig zu werden, nicht erst nöthig, ein Dogma kein Erforderniß.

Die Schönheit rein schauen und erkennend lieben, als eine Ausstrahlung der urschönen Idee Gottes, ist ihm genußvoller Gottesdienst und zugleich Lebenspreis und Inhalt. Von der Schönheit geliebt zu werden ist endlich die höchste der Beglückungen, weil sie nur möglich ist, wenn wir selbst der Gottesidee gemäß und ihr verwandt und gleichartig sind.

Und so ist Schefer's Cultus des Lebens, der Schönheit und der Liebe zugleich ein Cultus der Gottesidee, ein wahrer Gottesdienst.

Wie armselig und mißverständig erscheint uns hiergegen die Kritik, welche Schefer als einen „erotischen Dichter“ ohne Weiteres vor ihr Forum gezogen und eine Art Properz, Anakreon und Theokrit aus ihm zu machen gesucht hat, allerdings fast immer mit wohlverdientem Lob, aber doch ohne eine Ahnung von dem wahren Inhalt jener schalkhaften Poesien, die so weit gehen, die Welt selbst als einen Scherz des Höchsten und als ein Märchen unsrer Sinne anzusprechen. Nun freilich — in diesem Kleide der heitersten Unbefangenheit und des freisten Spieles der Gedanken glüht die Muse des Freundes am hellsten und häufigsten; ja, wir können und sollen uns an dem Kleide erfreuen, aber auch des tiefen Ernstes, der hohen Weisheit, der feierlichen Stimmung nie vergessen und der Andacht und Gottesverherrlichung nicht, die sich in diesem Kleide verbirgt, die der scheue Poet verkleidet, weil er noch immer jene Schaam des Knaben empfindet, der sich nicht entschließen konnte, sein heiligstes Gefühl grade heraus zu sagen.

Wir kommen, durch den letzten Gedanken geleitet, auf einen zweiten Grundzug des poetischen Geistes unsres Freundes. Es ist dies seine plastische, seine schonungslose, seine urkräftige, wahrhaft gigantische Kühnheit. Dieselbe gigantische Urkraft, welche es ihm möglich macht, Unglücklichsein nicht etwa ein Schicksal, sondern eine „Schande" zu nennen, dieselbe Urkraft jubelt durch seine ganze Poesie. — Welcher Dichter alter und neuer Zeit hätte sich je erkühnt, die Welt ein Märchen — einen Scherz Gottes zu nennen? Fürwahr, selbst den überkühnen Mystiker Angelus Silesius würde ein solcher Gedanke einen Moment staunen machen und erschüttern können! Und hier treffen wir denn in der That unerwartet auf einen Geistesverwandten Schefer's. Wenn Angelus Silesius singen kann:

„Mir ist soviel an Gott, wie Gott an mir gelegen."

so finden wir hier das ganze Substrat der Gedankenreihe wieder, die man den Scheferschen Pantheismus genannt hat, und von welchem heraus die Beschuldigung und der Vorwurf mangelnden Christenthums gegen ihn gerichtet worden ist.

Wider diesen Angriff aber, obwohl er streng genommen, den Dichter des „Laienbreviers" gar nicht berührt, haben wir um der Kleingläubigen willen doch mit dem Schilde einiger Worte zwischen die Beschuldiger und den Freund einzutreten.

Es ist zuvörderst falsch und irrig, wenn man gemeint hat, die Welt und das All seien bei Schefer identische Begriffe. Dies ist keinesweges der Fall. Zwar ist die Natur ihm die zeugende Mutter alles Lebenden, wie sie seine Zerstörerin ist; zwar empfängt der Mensch Leben und Dasein, Tod und Verwandelung von ihr: aber die Natur oder die Welt ist doch nichts andres, als die verkörperte Gottesidee und also nicht gleichzeitig der Erzeuger und Träger dieser Idee selbst. Im Gegentheil grade: Der, welcher die Idee erzeugte und sie trägt, steht nothwendig außerhalb der Welt und der Natur, die aus ihm geboren ist.

Und so sehen wir, daß der sogenannte Scefersche

Pantheismus nichts andres ist, als ein geklärter Theismus, bei welchem der Nachdruck auf dem ἓν, die Kraft, im Πᾶν ruht, als ein verdichtetes Spinozathum, von dem nackten Pantheismus, dem Gott und Welt identisch sind, begrifflich höchst verschieden.

Ohne in dieser Auseinandersetzung weiter gehen zu wollen, können wir zugeben, daß Schefer gegen das specielle Kirchenthum und das Dogma im Allgemeinen sich indifferent verhält, obgleich im Fremdenbuch des Klosters zum heiligen Grabe eine lateinische Urkunde verbürgt, daß er zum Katholizismus zurückgekehrt sei. Seine Bildung hat allzusehr den Charakter einer cultur- und welthistorischen angenommen, als daß er nicht in den verschiedenen kirchlichen Systemen blos eine verschiedene Form des Vorstellens und des Reflectirens über denselben Grundgedanken anerkennen sollte.

Wir stehen hier mit ihm nicht auf demselben Standpunkte, aber wir vermögen es erklärlich zu finden, daß für einen Geist, wie Schefer's, der im Cultus der allumfassenden Liebe und der höchsten sittlichen Reinheit völlig aufgeht, der Indus und der Euphrat, Zion, Mecca und Jerusalem, Rom und Wittenberg, als bloße Durchgangsstufen der Cultur, ja, der Hellene, der Buddhapriester und der Türke ungefähr gleiches Recht haben, sich im Besitz der wahren Vorstellung von dem Verhältniß der Menschen zur Gottheit zu glauben. Hierzu kommt noch, daß seine genaue Bekanntschaft mit den trüben Verirrungen der Kirchenlehrer und der Concilien und ihrer Scheiterhaufen, sein von „Allliebe für Alle" tief gesättigtes Herz zum Widerspruch gegen eben diese Lehren der Gewalt und der Eigenmacht reizten. Mit einem Wort, es ist uns, so schließend, erklärlich geworden, daß die gegen keinen Irrthum bittere Seele Schefer's, und grade am meisten in ihren letzten Ergüssen, gegen Priester und Kirchenthum die herbsten Gedankenpfeile richten und einer ihm fremden Oppositionslust den Zügel schießen lassen konnte.

Will man hier noch hinzunehmen, daß neben Angelus Silesius auch Jacob Böhme ein Geistesverwandter Schefer's ist, er, dem er in einem seiner schönsten Gedichte, in der „Verklärung", ein leuchtendes Denkmal gesetzt hat, und den Angelus Silesius ein Herz Gottes nennt, so wird man wohl den Vorwurf des nackten Pantheismus, als ein offenes Mißverständniß fallen lassen müssen, auch abgesehen davon, daß er selbst dagegen mit den Worten des Giordan Bruno feierlich protestirt:

„Ich bin kein gleichgültiger Pantheist, ohne Liebe zu Allem und Jeden, was da ist — im Gegentheil gewähre ich immer die ganze Liebe meines Herzens eben Jedem, der da ist, auch dem Veilchen, dem ich nahe komme."

Wir gelangen nun zu einem dritten hervorragendem Zuge in den Werken des Freundes, ihrem Humor. Die Zahl der namhaften Humoristen in unsrer Litteratur ist nicht groß. Unter allen hat man Schefer zumeist mit Jean Paul zusammengestellt und verglichen, denn Hamann und Lichtenberg stehen ihm entschieden fern. Wir glauben uns jedoch nicht zu irren, wenn wir zwischen dem Humor Jean Paul's und dem des Freundes einen sehr wesentlichen Unterschied wahrzunehmen meinen. Denn abgesehen davon, daß die thränenvolle Gefühlsweiche Jean Paul's ganz und gar nicht Schefer's Sache ist, daß Schefer in Erfindung eben so zart und reich, als Jean Paul darin herb und arm ist, tritt der Humor selbst, als scherzende Rührung, bei Schefer ganz anders hervor, als bei dem trefflichen Jean Paul.

Der Verfasser des Siebenkäs und des Titan stellt nämlich, so scheint uns, das humoristische Element, als ein doppeltes, hart nebeneinander, unverbunden, ein jedes für sich; die schmelzende Gefühlsinnigkeit hier, den lachenden Scherz dort, ohne beide Elemente zur Einheit eines Bildes zu verarbeiten; er ist jetzt witzig, jetzt weich, jetzt lachend, jetzt thränenreich und gerührt, jetzt Swift und jetzt Sterne. Der Humor Schefer's ist ein anderer. Er verarbeitet so zu sagen, beide Grundstoffe des Humors zu einem neuen: er lacht wirklich unter Thränen, er macht den Schmerz wirklich heiter, die Lust, den Jubel schmerzlich: er entrückt die Seele des Lesers in die Kindheit der Gefühle, wo der Mund und das Auge zugleich lachen und weinen können.

Wir könnten, von einigen siebzig Novellen abgesehen, hundert kleine poetische Bilder aus Hafiz und dem Laienbrevier vorführen, um unsern Satz zu belegen: eines mag für Alle genügen: wir meinen den „Brief."

„Das Leben ist ein Brief.
Von wem? An wen? — Woher?
Das Leben ist ein Brief.
Die meisten Briefe können
Ganz ohne Antwort bleiben,
Und bleiben ohne Antwort.
So sage nur dem Boten:
Ich würde selber kommen." —

Dieser keckste Scherz mit dem höchsten der Erdengüter scheint uns eine Spitze des echtesten Humors zu bieten.

Nichts desto weniger soll eine gewisse seelische und feinere Verwandtschaft beider Geister gar nicht geleugnet werden und zum Beweise dafür führen wir eine Stelle aus der Bildungsgeschichte Jean Paul's von Laube an, die ebensowohl auf diesen, wie auf Schefer paßt: „Er ist der aufrichtigste Mensch, sagt Laube, er will alle seine Gedanken der Welt gegeben wissen. Dieser für den Biographen treffliche Gedanke ist ein Mangel bei dem Schriftsteller, ein Mangel, weil er das Ueberflüssige des Reichthums nicht erkennt. Der Schriftsteller hat das Beste in bester Auswahl zu geben und das ist nicht mehr, als Alles."

In der Pracht und Fülle der Diction kommen beide Humoristen sich gleich. Bei beiden entspringt aus demselben Quell dieselbe oft gerügte Untugend der Schwerverständlichkeit, nämlich aus ihrer Ueberfülle des Wissens und des Gedankenzuflusses. Der Unterschied ist nur, daß man Jean Paul diese mangelnde Selbstbeherrschung, diesen Kunstfehler unrichtiger Proportion verziehen hat, dem Freunde dagegen fortwährend noch einen Vorwurf daraus macht, der sich zu dem Grade steigerte, daß man seinen Novellen bis zu dem Erscheinen des „Hafiz" hin, den Undank des Ignorirens entgegentrug, der freilich nach dieser Musengabe sofort in staunende Bewunderung überschlagen sollte.

Hier nun bei dem Kapitel der Vorwürfe angelangt, können wir auch jenen Mangel an specifischen Patriotismus nicht unerwähnt lassen, den man gegen den Freund, so gut wie gegen die Heroen unsrer Dichtkunst und Wissenschaft, gegen Goethe und Winckelmann, erhoben hat. Zunächst ist hierbei abermals jener welthistorischen Bildung zu gedenken, welche zur zeugenden Sonne der Schefer'schen Poesie wurde und die dem Haften an Specialitäten entgegengesetzt war; sodann seiner Herkunft und seines langen Aufenthalts unter fremden Stammesgenossen; endlich aber wollen wir doch auch hören, was dieser „Mann der Welt" im besten Sinne des Wortes, selbst hierüber sagt:

„Aus dieser meiner ehrfurchtsvollen Ueberzeugung, schreibt er einem Frennde, jedes Volk, jeden Menschen, jedes Schicksal für einzig und für Jeden einzig wichtig zu halten, stammt meine glühende Liebe zu unserm einzigen deutschen Volke, der tiefe Kummer um seine kleinste Noth, der brennende

Wunsch für sein möglichstes Glück. Das Wenige, was ich nun gegeben, ist alles daher mit meinem Herzblut geschrieben, um irgend einen Irrthum zu lösen, eine Wahrheit klarer zu machen, ein Leiden zu lindern, ein Glück zu verklären, Jedem seinen Werth für sich und die Seinen, als einen Schatz in sein Herz zu legen, die Gleichgültigkeit auszurotten und die einzig mögliche und wahre Liebe, die zu den unmittelbaren Erscheinungen des Göttlichen im Leben, — statt der begeisterungslosen Agape — zur Aufgabe des Lebens zu machen." — Und so betrachtet er seine Gedichte, anspruchslose Sachen, aber eignen Inhalts, wie er sagt, als Samenkörner, die in das Volk gestreut, mit ruhiger Kraft wirken, seine Weltanschauung feststellen, aus dem Volksverstande und Herzen aufgefaßt, wieder in Verstand und Herzen des Volks Wurzel schlagen sollen. Das ist die Vaterlandsliebe Schefer's und bei einem so unabhängigen und wahrheitsgetreuen Geiste, wie der des Freundes ist, können wir einen wärmeren Ausdruck derselben kaum fordern, als er hier gegeben ist.

Zugleich erkennen wir aus den angeführten Worten den eigenthümlichen lebenswarmen und praktischen Standpunkt, welchen der Freund gegen seine poetischen Leistungen einnimmt, ein Standpunkt, den unsres Wissens Niemand aus unsrer zahlreichen lyrischen Genossenschaft mit ihm theilt. Schefer hält seine Dichtungen mehr als irgend Jemand für Thaten, die zum Besten des Volks geschehen und wie immer, so glaubt er noch heute, an die praktische Wirksamkeit der Wahrheiten, Lehren, Trostgründe und heitren Scherze, die er singend austheilt; ja, er hat der allergrößten Bescheidenheit ungeachtet, das lebendige Bewußtsein, damit mehr Segen verbreitet zu haben, als der Soldat, der Advocat, der Arzt, jeder in seinem Beruf, zu verbreiten im Stande waren. Schöner Wahn, dessen nur eine so durchaus edle Natur, wie die des Freundes, fähig ist, und am Ende und Alles zu Allem genommen, doch kein Wahn! Denn, wo ein geistiger Funke einschlägt, entzieht die Wirkung, die in den Linien der Welle sich verbreiten muß, sich jeder Berechnung und das Wort eines Dichters kann eine weltgestaltende Begebenheit sein, für tausende von Menschenschicksalen!

Nur an das Loos des Stesichorus soll der bescheidene Dichter dabei denken, den die Alten an Geist und Kunst über Homer stellten, und von dem uns die Zeit doch nur zwei Worte erhalten hat. —

Welche wunderbar hohe Vorstellung der Freund aber andrerseits von der Machtstellung des wahren Dichters hegt, beweist uns nichts mehr, als das wunderbare „Göttermahl“ im Hafiz, das den Gedanken versinnlicht, der Dichter sei der wahre Herr der Welt, der Zauberer, der alles, was er will und was er bei Namen ruft, Berge und Thäler, gestorbene Menschen und selbst die ewigen Götter, durch sein Wort schafft, hervorzaubert und besitzt. In Wahrheit, eine Verherrlichung der Macht der Dichtung, wie wir keine zweite kennen!

Selbst das Unmögliche, sagt er anderwärts, ist dem Menschen nicht versagt: es ist das Gedicht! Und so sucht er, wie Goethe, in Poesie und Philosophie überall nach einem Cultus, der das Leben hebt und nicht blos mit dem Tode zu thun hat. Die Abschaffung der Lieblosigkeit, nennt er einmal das Ziel seiner Poesie.

Zwischen dieser Auffassung von der Erhabenheit des poetischen Berufs und der praktischen Wirksamkeit seiner Gesänge und Lieder, liegt der Boden, auf dem die Lebensphilosophie Schefer's und jene Weisheit erwächst, die es ihm möglich gemacht hat, der Glücklichsten Einer zu sein, die ihn glauben läßt, daß Jeder, der es wolle, schon hier selig werden könne und die sich in den Satz zusammenfassen läßt: Alles, was Menschliches uns begegnen kann, menschlich und aus gemeiner Ansicht, d. h. aus der Auffassung des ganzen Alls, zu bewalten und zu beherrschen! Ein Satz, der mannichfaltig modulirt, doch als Grundton und Contrapunkt durch das ganze Laienbrevier hindurchklingt. „Schefer ist, sagt ein Kritiker, dem Gedanken nach, so praktisch und klar, und er drängt so sehr danach, ihn nur angewendet oder doch mindestens gelehrt und vorgetragen zu wissen, daß er auf's Unbefangenste sogar den Dichter bei Seite setzt und den Gedanken ganz nüchtern und nackt, ohne alle Einkleidung hinzusetzen vermag, weil denn doch die Gedanken und nicht die Verse die Hauptsache sind. Und doch verhüllt er zu andern Zeiten wieder den tiefsten Ernst hinter leichtem Scherz und

Spiel und schmilzt bis zum Selbstgenügen des Glücklichen — aber man sehe wohl zu; denn es donnert hinter dem Flötengesäusel; Himmel und Erde sind in Bewegung und alle Naturkräfte wirken zu dem geheimnißvollen Feste des Glücks der Sterblichen mit. —

Und so ersetzen das Laienbrevier, Hafiz und der Koran der Liebe" eine ganze Bibliothek von Gedichten, durch ihre erheiternde, ermuthigende, kräftige und anregende Wirkung."

Wir haben diesen Grundzügen poetischer Charakteristik Schefer's nichts hinzuzufügen; wohl aber haben wir über die verschiedenen Gattungen seiner Poesie dem Leser noch unsre Gedanken mitzutheilen.

Daß der Dichter die eigentliche Kunstform nur gering anschlägt, ja, daß ihm streng genommen der rechte Sinn dafür fehlt, oder daß er sie gegenüber der Urfrische und Unmittelbarkeit des Gedankens — absichtlich aus den Augen verliert, das zeigen zunächst seine zahlreichen Novellen und Erzählungen. Keine derselben begnügt sich damit, ein bloßes Lebensgemälde zu sein. Als solchen fehlt ihnen vielmehr Localfarbe, Wahrscheinlichkeit, Begebenheit, oft selbst die äußere Wahrheit und Formfestigkeit. Die handelnden Personen sind bei Schefer nicht Menschen, wie wir sie stündlich um uns sehen, die Dinge der Erde geschehen nicht auf die herkömmliche und bekannte Art, die Handlung spielt in keiner gegebenen Zeit. Von allen diesen äußerlichen Erfordernissen der Wahrheit ist nichts gesucht und erstrebt, und wo es sich findet, tritt es nur wie zufällig und absichtslos ein.

Dagegen ist die zarteste Innerlichkeit und in dieser Wahrheit bildende, belehrende Kraft sein wahres unverrücktes Ziel. Die psychologische Wahrheit im höheren Sinne, der ideale Mensch, je nach seiner Naturanlage, die Geschichte des Herzens, die praktische Weisheit der als Parabel gefaßten Begebenheit, das sind seine Zielpunkte.

Daher fallen denn Schefer's Erzählungen auch mehr unter den kritischen Gesichtspunkt der poetischen Fabel, der lehrreichen Parabel, als der gewöhnlichen Novelle, und gehören nicht der Unterhaltungslectüre, sondern als episch-lyrische Ergüsse in Prosa, jener poetischen Kunstgattung des Epos an, in welcher das praktische und didaktische Element hervortritt, die mehr auf Entdeckung, als auf Erfindung bedacht ist und die Gedachtes poetisch reflectirt.

Mit diesen Gebilden, voll innerer Wahrheit und äußerer Unwahrscheinlichkeit, welche Menschen, nach des Dichters Schöpfungsplan, nicht wie sie auf Erden sich drängen und bewegen, schildert, mit diesen durch und durch poetischen Gebilden flüchtet er besonders gern in den fernen Orient, oder doch in das Dunkel entfernter Zeiten und entrückt sich so dem gemeinen Maßstabe. Natürlich, denn nur ein dichterischer Maßstab sagt ihnen zu.

Im Orient ist Pracht, Fülle, Lebensgenuß; hier ist Alles wie von schonungsloser Plastik, die keine Urkraft verkümmern lassen will, gemeißelt. Wo er aber unter uns bleibt, in Deutschland, da ist meist Beschränkung, Armuth, Entsagung, die Last des Daseins, die zum Gefühlvollen hindrängt und die ihn dem Style Jean Paul's näher bringt. So ist die „Osternacht" dem „Armenadvocaten" sehr ähnlich, nur daß sie die Wunderlichkeiten in der Erfindung des Letzteren, den Namenstausch und den Scheintod z. B. vermeidet und durch Zartheit der Situation und weltmännische Bildung die Rauheiten Jean Paul's vergütet. Ein anderer Kritiker, Laube, sagt von Schefer's Novellen, daß sie in der Form zerflossen und zerpflückt, die sanfte Ausdauer eines liebevollen Herzens für Alles, kurz, etwas Engelhaftes in sich trügen, das mit gutem Rechte eine Verehrung erzeuge, die über das Verhältniß zwischen Leser und Autor weit hinausreiche.

Das ist es! und wer kann sich, fragen wir, genialerer Entdeckungen in der Menschenseele rühmen, als Palmerio, die Düveke, „die Osternacht", Künstlerehe und die göttliche Komödie in Rom, sie darbieten! Oder größerer Naturbilder, als der „Waldbrand" und der „Zwerg", eine edlere Harmonie, als der „Unsterblichkeitstrank" oder die „Perserin", mehr Farbenpracht als sie der „Sclavenhändler", mehr Humor als sie die „Lebensversicherung" und der „Bauchredner", mehr Geist und glänzende Polemik, als sie die „Sibylle von Mantua" zur Schau stellen!

Vor allem aber ist Schefer jedoch lyrischer Dichter und seine Lyrik ist die Frucht der seltensten Ehe, die Kopf und Herz jemals geschlossen haben. Sein Geist ist urgesund, sein Herz voll Freude an der Schönheit der Welt; der Geist reflectirt über Ursprung und Inhalt dieser Schönheit — was Wunder, daß der Jubel über Schöpfer und Geschöpfe hymnusartig bei ihm hervorbricht? So ist denn seine Lyrik zumeist ein Freudengesang auf das Geschenk des Daseins, ein Hymnus zu seinem Preise, und selten nur findet das elegische Element Raum darin; denn auch die „Vergänglichkeit“ ist ein Segen und die Wehmnth ein Geschenk des Himmels. Diese Grundgedanken sind bei Schefer durch seine ganze Dichterlaufbahn unwandelbar und dieselben geblieben: aber eine unerreichbare Mannigfaltigkeit in Fassung und Einkleidung, in Gestaltungs- und Formenreichthum, gleich dem Goethe's, stellt ihn weit über fast alle Lyriker der Schule. Vom glühendsten Odenflug durch alle Stadien menschlicher Stimmung, bis herab zum schalkhaften Scherz, immer aber auf den Grundton Tugend, Leben und Schönheit gestimmt, besingt er bald machtvoll und kräftig, bald zart und anmuthig, stets ursprünglich, frisch und selbstständig, schwung- und phantasiereich, Gott und Natur, Leben und Tod und alle Erscheinungen des Daseins.

So ist die Lyrik Schefer's ein ungesuchter, ein ungewollter, ein ursprünglicher und unvermittelter Erguß der dichtenden Seele.

Dieser Erguß nimmt nicht immer eine vollendete, formschöne Gestalt an. In dieser Beziehung steht Schefer dem geistverwandten Rückert nach, denn die reine Form gilt ihm weniger, als die seelische Empfindung; aber an innerer Lebenswärme, welche Gedanken und Empfindung in einen heißen Guß verschmilzt, an Fülle und Reichthum überragt er Rückert bei weitem.

Man hat oft gesagt, daß Schefer rhythmisch die Form vernachlässige und es ist hier der Ort, einiges über die Entstehungsweise seiner Gedichte zu sagen. Als eine unmittelbare Eingebung und Nöthigung tritt zunächst stets der Gedanke hervor, der im reichsten Strom der Vorstellung (Phantasie) sofort eine poetische Gestalt annimmt, Form und Kleid gewinnt. Weiter geht der Freund in der Vorbereitung zur poetischen Arbeit nicht. Er schreibt — und wartet, so scheint es, im Schreiben selbst auf die aus dem Innern des Gedankens sich selbst erzeugende und äußerlich anschließende Form. Kömmt ihm diese in bestimmter Gestalt, so hält er sie fest; kommt der Reim, so wird er treu und sorgsam bewahrt; geschieht dies nicht, so vollendet sich die Arbeit ohne künstliche Versgestalt, ja, der Warnung Rückert's entgegen, ohne Reim im Tacte des Hendekasyllabus — Denn der „Gedanke“ ist ja immer die Hauptsache! Aber dem gegenüber — wie mächtig und gewaltig schreiten Rhythmus und Reim, wo sie als innere Nöthigung aus dem Gedanken hervorbrechen, einher, wie klangvoll und treu sind sie festgehalten!

Es giebt, wir wagen zu behaupten, keine Stimmung der Seele, die nicht in einem Schefer'schen Gedichte ihren Wiederhall fände — vom höchsten Jubel über das Leben bis zum Neide gegen den Tod.

Aber das Leben ist das erste und unentbehrlichste der Güter, die Urbedingung des Genusses, für den wir das Dasein empfingen. Das „Carpe diem" ist daher bei Schefer ein Gottesgebot, das „Glücklichsein" eine Pflicht, sein Gegentheil sündvoll und eine Schande: seine Poesie ein wahrer Cultus.

Es giebt ferner keine Einkleidung des lyrischen Ergusses, in welcher Schefer nicht Meisterstücke gegeben hätte. Im Liebesgedicht hat er an Gluth, Natürlichkeit und Zartsinn nicht seines Gleichen. Legende, Ballade, Fabel, Dithyrambe und Hymnus, Gnome und Epigramm, Ode und die lehrhafte Parabel, überall bietet seine Meisterschaft unsrer Freude und unsrer Bewunderung reichen Stoff dar.

Im Neckenden und scherzhaft Spielenden ist er wiederum ohne einen andern Rival, als den einzigen Goethe. Hier besonders hätten wir Dichtungen anzuführen, welche in unserm deutschen Dichterwalde unvergleichbar dastehen.

Ein geliebter Freund, früh verblichener Vertrauter und begeisterter Kritiker Schefer's, Max Waldau — hat an den mannigfachen Unebenheiten im Ausdruck und den Unverständlichkeiten desselben Anstoß genommen und sich von dem Freunde das mißliche Geschäft übertragen lassen, ihn zu berichtigen. Ein jäher Tod hat diesem Unternehmen ein Ziel gesetzt. Sollen wir die Nichtausführung dieses seltsamen Gedankens beklagen, wie den Tod des auch uns befreundeten Mannes? Wir vermögen es nicht. Ein so überreicher und so verständlicher Dichter, wie Schefer ist, kann an einer und der andern Stelle schwer verständlich sein — was schadet das? Eine Unternehmung aber, die uns im besten Fall eben so viel zu nehmen, als zu geben versprach, konnte uns nicht gleichgültig und ohne Besorgniß lassen.

In dieser Richtung vermissen wir nichts an dem Freunde. Dagegen mangelt ihm offenkundig ein Andres. Sollen wir dies „Etwas" mit einem Worte bezeichnen, so können wir nur sagen: der Freund sei so völlig Dichter, daß ihm der kritisch-objective Standpunkt gänzlich fehle. Schon die Auffassung seiner Dichtungen als Thatsachen — Realitäten — spricht diesen Mangel eines kunstkritischen Standpunktes aus. Schefer achtet aber auch die schulgerechte Form gering; oder besser, bei der Unmittelbarkeit und Ueberfülle seines Gedankenstromes kömmt er gar nicht dahin, sich ihren Bedingungen mit Bewußtsein hinzugeben und so ist es wahr, daß grade die Ueberfülle poetischer Gedanken seiner Durchbildung in formeller Hinsicht stets widerstrebt hat. Ein völlig schulgerechtes, gesetzmäßig eingeleitetes, durchgeführtes und in Abrundnng vollendetes Gedicht ist verhältnißmäßig selten bei ihm anzutreffen; er hat deren in alter und neuer Zeit geschrieben; aber sie bilden eine Minorität in allen seinen Sammlungen. Wie der Dichter immer er selbst ist, so hat auch jedes seiner Gedichte sein eignes Gesetz in sich; denn das Ursprüngliche gilt ihm unendlich mehr, als das Schulgerechte, und er kann aber er will nicht, was die Schule fordert.

Schefer ist ein Dichter auf eigne Hand, — in Form und Ausdruck sein eigner Gesetzgeber, aber ein solcher, dem die mannigfaltigste Bildung durch Geist und Herz gezogen ist, wie Laube sagt, und der es weiß, daß er für sein Eigengesetz verantwortlich bleibt.

Von dem Laienbrevier ist in dem Vorangehenden fast genug gesagt. Von weiten Reisen heimgekehrt, voll des poetischen Bilderreichthums aus dem Orient, in die deutsche Beschränkung zurückversenkt, fand Schefer in der Ehe und der Familie den Kern, Halt- und Schwerpunkt seiner Poesie. Das Weib, die Mutter, das Kind — die menschliche Empfindung diesem Dreiklang gegenüber, bildete den Ein- und Ausgangspunkt seines poetischen Gedankens. Der Titel dieser Sammlung von Poesien — in unsrer Litteratur alleinstehend — war ungemein glücklich gewählt. Diese blühenden Naturbilder, welche die Liebe, die Güte, die Weisheit des Schöpfers und seines Werkes preisen, bilden in Wahrheit ein poetisches Andachtbuch für den „Laien", dem das Dogma nicht genügt; ein Brevier für den Menschen.

Die Begränzung des Inhalts je für den Tag, war der Concentration des Gedankens günstig. Der Ausdruck ist naiv und flüssig; die poetische Zartheit, die Ursprünglichkeit und Innigkeit der Bilder aber ist unübertroffen, ihre sittenreinigende Kraft zauberhaft und ihre Wahrheit hinreißend.

Es ist das verbreitetste unter den Werken Schefer's, weil es sich an alle Menschen wendet, allen Verhältnissen Rechnung trägt und für alle Zeiten Geltung anspricht.

Nach den Gedichten und dem „Laienbrevier" (1834) legte der Freund seiner lyrischen Muse ein langes Stillschweigen auf. Man glaubte er ruhte, abgeschlossen in sich, auf seinen Dichter-Lorbeeren! Nur seine vertrautesten Freunde kannten seine Rastlosigkeit und die Schätze, welche er stets vermehrend und stets silo-artig ansammelte und vergrub. Da plötzlich und wie ein Meteor, erschien sein „Hafiz in Hellas" ohne Zweifel die poesiereichste seiner Sammlungen. Und hier war denn abermals Altes und Neues, die heiterste und die gedankenvollste Poesie, unter einem gemeinsamen, glücklichen Schilde versammelt. Der lebensfrohe Hafiz, der Dichter selbst auf klassischem Boden, dem jahrelang ersehnten, der romantische, der liebende Dichter, der Sänger des Lebens und der Schönheit ist's, in seiner klassischen Weltanschauung.

Dies poetische Bankett, das Jung und Alt, von dem fast siebzigjährigen Dichter dargeboten, mit Recht in Erstaunen setzte, nur seine wissenden Freunde nicht — ist an Gluth, Reichthum und Farbenfülle in unsrer Litteratur unerreicht, in seiner Urfrische und Eigenartigkeit einzig.

Der Dichter giebt sich hier, als der von allem Conventionellen schlechthin befreite Mensch, dessen Aufgabe darin beschlossen ist, im Genuß der Schönheit, an der Welt fortzubauen. Die Sinne, meint er, machen uns erst zum Menschen, die Welt zur Welt und ihre Verleugnung ist daher Verleugnung des Menschenthums überhaupt. Die Leuchte der Sinne aber ist die Schönheit; was wir außer ihr gewinnen können, ist keine Wahrheit. Freiheit besteht nur in der Absage des Weltirrthums: die Eigenthümlichkeit des Menschen ist das „Gutsein"; ohne die thätige Liebe, die sich in der Ehe und in der Familie concentrirt, sind wir schlechter, als der Stein am Wege.

Sind dies abermals die Grundideen der Scheferschen Poesie, so ist er in ihrem glühenden, hinreißenden und plastischen Ausdruck hier wieder in das Stadium der Jugendgluth getreten, aber mit der vollendeten Bildung des Mannes.

Das ist es, sagt ein Kritiker, was diese Poesien so zauberhaft und mächtig macht, daß sie uns adeln, indem sie uns verjüngen.

Mit kecktem Muth fordert Hafiz die Götter heraus, er stellt sich über sie, weil er menschlich lieben und dichten kann, was sie nicht vermögen. Er jubelt, weil er sich und sie vergessen kann, an der Tafel der Schönheit, an der Brust der Geliebten; ja, er höhnt sie, weil sie nichts vermögen, wider sein Glück. So hat Niemand zu ihnen gesprochen, so allmächtig hat kein Poet sich je gefühlt!

Wir sehen, in diesen Poesien ist Mannesgeist: es ist der

Geist hellenischer Schönheit, der Geist des deutschen Gedankens, der sein Urrecht geltend macht, sich so zu zeigen, wie er ist, und allen Göttern zum Trotz ein rechter menschlicher Gedanke zu sein. Meint man, er sei darum weniger keusch und fromm? Man würde irren. Das Gesetz des ewig waltenden Naturgeistes ist ihm nicht minder das Höchste und Heiligste: aber dieser Geist verließ sich zur Erreichung seiner Zwecke — auf das in das Herz der Natur gepflanzte Gesetz der Liebe.

Die gesammte Kritik hat, wie mit einer Stimme, die großartige Genialität dieser Sammlung von Poesien, welche, indem sie mit unverwüstlicher Geistesfrische, Selbsterlebtes, Selbstgeschautes und Selbstgefühltes besingen, ein wahres Erbauungs- und Erquickungsbuch für das deutsche Gemüth bilden, anerkannt.

Und dennoch vermögen wir zu begreifen, wie der Dichter des „Laienbreviers" ernste und lange Bedenken tragen mochte, mit dieser kühnsten seiner Gaben, an das Licht der Oeffentlichkeit zu treten. Vor dem Erscheinen des Hafiz galt Schefer, wenn auch nicht für einen gläubigen, doch für einen sentimentalen und frommen Poeten: jetzt sollte er in allem Glanze eines heitren und freien Geistes sich darstellen und dem Mißverstand, der so nahe lag — trotzen. Es bedurfte eines äußern Antriebes, des Drängens seiner Freunde.

So erschien der Hafiz im Jahre 1846.

Nun war das Siegel gebrochen; ein reicher, ja ein in seiner Ueberfülle fast bewältigender Strom verwandter Poesie drang aus dem geöffneten Schatzgewölbe hervor, fast überfluthend, fast verwirrend, fast ohne Maaß. Es war als müsse der Dichter vom Schönen zu immer noch Schönerm, sich der Welt ganz zu offenbaren, eilen, dämonisch und gewaltsam fortgetrieben, fast bis zur Einbuße alles Maaßstabes.

Zunächst erschien der „Koran der Liebe nebst kleiner Sunna.“ Auch hier rauschen bald die Adlerschwingen Pindarischen Fluges, wie ein Kritiker sagt, bald tönt uns Anacreontische Heiterkeit entgegen, oder der eigenthümliche kecke Scherz Goethe's und die dreiste Schalkhaftigkeit, die dem Freunde allein eigen ist, macht sich poetisch geltend.

War das Laienbrevier für Frauen, der Hafiz für Männer geschrieben, so wendete sich der Koran der Liebe besonders an Jünglinge, bestimmter und prachtvoller als je zuvor das Evangelium der Freiheit des Geistes, der Liebe, der Schönheit und des Scherzes predigend, wie Max Waldau sagt.

Die Kritik ist über den Koran minder in Uebereinstimmung als über den Hafiz. Markgraff bezeichnet ihn, als einen Nachläufer des Hafiz, diesem ohne Zweifel an Werth und Bedeutung nachstehend. Wir möchten ihn aufs Neue als ein hohes Lied auf die Natur bezeichnen, in welchem die Empfindung und die Anschauung synthetisch und völlig gleichzeitig hervortritt.

„Wer nicht die Freude für das Leben hält,
Der schifft auf leeren Wolken aus der Welt."
Und: „Ich nehme nicht die Welt für mich selbst. —"
sind auch hier die dichterischen Grundgedanken. —

Auch diese

„Abgefallne Blüthenblätter,
Die der Baum nicht all' ertrug,
Die ein prachtvoll Donnerwetter,
Rein und dicht zur Erde schlug."

geben in spruchartigen Sätzen die Lebens- und Liebesmoral Schäfers wieder, die Würde der Schönheit, die Selbstpriesterschaft des Menschen, seine Freiheit und ihre Heiligkeit der Freude an sich selbst, wie ein Kritiker sagt, singend und verherrlichend.

In dem naturfrommen Sinne des Dichters tritt auch hier alles keusch und völlig rein hervor, was von dem Rechte der Sinne geltend gemacht wird; denn selig und unsterblich zu sein, ist uns schon hier gegeben. Alle diese Gedichte sind Impromptus tiefsten, unmittelbarsten Dichtergefühls und reifster Weisheit. Man könnte sie stoisch oder optimistisch nennen, wenn das Freudenbewußtsein des Dichters dies nicht verhinderte; denn ihr Kern ist Wahrheit in Allem, Reflexionslosigkeit, Unmittelbarkeit, eine wie in Erz gegossene Philosophie. In dieser Hinsicht ist das Gedicht: Allah's Gebet, in dem der Mono-Pantheismus Schefer's am entschiedensten hervortritt, merkwürdig. Die Welt, als Gedanken=Object Gottes, aufgefaßt, — des Allseienden und doch so persönlichen Gottes, daß er beten kann. —

Dazu nun ein Humor, schalkhaft, formenreich, weltmännisch, wie ihn kein aendrer deutscher Dichter, den einzigen Goethe ausgenommen, beherrscht, und eine Pracht der Bilder, die an Laune, wie an Innigkeit unvergleichlich dastehen — das ist der „Koran der Liebe", ein Labetrunk der nach Poesie dürstenden Seelen.

Kaum zwei Jahre nach dem Koran erschien unter dem Titel „Hausreden" abermals ein starker Band lyrischer Gedichte. Eine so beispiellose, ja fast erschreckende Productivität mußte die Kritik in Erstaunen, in Verwirrung setzen. Sie hat die „Hausreden" daher theilweise auch mißliebig aufgenommen und sie kurzweg als einen paraphrasirenden Nachhall zu dem „Laienbrevier" abgefertigt, wogegen uns die völlig rücksichtslose Treue und die volle Offenheit der Ueberzeugungen neu erscheinen, welche so scharf und heiß hervortreten, daß eben dies wohl zu ihrer früheren Unterdrückung Anlaß gegeben haben mag. Ein Kritiker hat diese allerdings zuweilen über die Grenzen des schönen Maaßes hinausgreifenden Poesien als fremdartig, spielend und gesucht bezeichnet; es begegnet ihm aber hierbei der seltsame Irrthum, daß er die lehrhaften Bestandtheile dieser Blüthen der Poesie, wie Recepte gegen die Armuth und das Proletariat behandelt und gänzlich vergißt, daß sie sich nicht an denjenigen wendet, der keine Hütte und kein Brod besitzt, sondern an die Vielen, welche im Besitz irdischen Bedürfnisses, dennoch den Weg zum Glücksgefühl nicht zu finden im Stande sind. So bald wir es aber absichtlich übersehen wollen, daß in der Poesie überhaupt nur ihr befreiendes Element und die Idealität, die uns über uns selbst erhebt, das eigentlich Heilsame und Wirkende ist, wird die Dichtung immer als resultatlos und als ein bloßes Spielwerk des Geistes erscheinen. In ähnlicher Weise verhielt es sich mit einem zweiten Vorwurf desselben Kritikers gegen die Hausreden, mit der Rüge nämlich, daß auch hier der Gottesbegriff Schefers wiederum eng und widersprechend erscheine'; denn auch in diesem Tadel wird übersehen, daß der Dichter vorzugsweise bald als Poet, bald als Weisheitslehrer spricht, und je nach dem Vorwiegen des einen oder des anderen Gesichtspunktes, die am Bilde sich freuende Phantasie, oder die ernste Ueberzeugungstreue das Wort nehmen läßt.

Nach unserer Auffassung gehören auch die „Hausreden" in die ganze Einheit des weltbetrachtenden Dichters. Es ist darin Manches wortreicher als nöthig ausgedrückt, Anderes ist concentrirter und darum dichterischer schon früher von ihm ausgesprochen worden — noch Anderes streift nahe an das Prosaische und fehlt auch wohl gegen den guten Geschmack; allein der Kern dieser Poesie bei welchen vorzugsweise die Ueberzeugung des Dichters von der praktischen Wirkung des Gedichts zur Geltung kommt; Poesien, in welchen solche Perlen glänzen, wie beispielsweise das unvergleichliche Mysterium" ist abermals der wunderbar reiche, zartsinnige und doch kühne, kurz, der in Allem, selbst in dem Mangelhaften gewaltige und edle Geist Schefers.

Wir schließen hiermit, was über die lyrische Poesie des Freundes von uns zu sagen ist, nachdem wir noch der 1840 erschienenen Himmelsbriefe Mahomeds gedacht haben; der einzigen poetischen, aber kaum noch als lyrisch anzusprechenden Gabe Schefers, in welcher uns eine Tendenz — und obenein eine politische Tendenz — erkennbar entgegentritt. Diese „Himmelsbriefe" wurden zur Wahrung der Türkischen Nationalehre gegen die Anfechtungen der falschen Civilisation und für die Volksideen eines Stammes geschrieben, der, wie Schefer sagt, niemals sein Wort gebrochen hat. Wir folgen dem Freunde in dieser originellen Gegnerschaft nicht weiter, wenn uns die „Himmelsbriefe" auch vieles, das wie Adel und Würde erscheinen muß, in dem von ihm bevorzugten Volksstamme poetisch erklären mögen.

Unser Dichter kennt seiner ganzen Naturanlage nach die Dämonen des Lebens nicht, die Zerrissenheit ist ein Seelenzustand, der ihm gänzlich fremd ist und daraus folgt, daß ihm das „Tragische" ein unbekanntes Gebiet der Kunst bleiben mußte. Dennoch hat er zahlreiche Tragödien geschrieben, wie behauptet wird; wir kennen von diesen allen nur eine, und wissen auch nicht, ob auch diese eine illegitime Frucht seines Geistes, von ihm öffentlich anerkannt wird oder nicht. Sein Schicksal ist in dieser Beziehung ein besonderes.

Jedes heftigen Widerstreits der Empfindungen im Leben ledig, lange Jahre auf sanftester Woge des Daseins gewiegt, dabei allen seinen Anlagen nach ein Gegner der Unfreiheit der Form und des gesetzmäßigen Schrittes dramatischer Gestaltung, · endlich aber fast niemals in seinem langen Leben ein Augenzeuge der tragischen Wirkungen, wie sie die Bühne zü üben vermag — schien er wie durch unübersteigliche äußere und innere Schranken von der tragischen, ja von der dramatischen Muse überhaupt gesondert. Selbst seine Novellen sind weit eher Epik und Lyrik in Prosa, als daß sie das dramatische Element zur Erscheinung zu bringen vermöchten. Und mit dieser Betrachtung gehen wir denn auch über die einzige uns bekannte Tragödie des Freundes: „Euphrosyne“ welche einen neugriechischen Stoff wirkungsvoll, aber regellos behandelt, hinweg.

Mehr als das Tragische sagt diesem seltenen Geist das Epische zu. Wir haben hiervon schon bei den Novellen gesprochen; eine so eben unter dem Druck befindliche Erscheinung aber bringt uns darauf zurück. Es ist dies ein komisches Epos in zwölf Gesängen: Schneekönigs Kinder, nach einem deutschen Mährchen, eine Gabe, die an Freiheit, schalkhaftem Reiz, weltmännischer Satyre und weisem Ernst dem „Reineke Fuchs“ in jeder Hinsicht nahesteht, in vieler Beziehung aber über die Anziehungskraft des Letztern weit hinausragt.

Und wie, als wenn diese dichterische Productionskraft in Wahrheit eine unerschöpfliche wäre, erscheint gleichzeitig die große historische Novelle: der „Kinderkreuzzug“ des Jahres 1212, eine der farbenreichsten, und wirkungsvollsten unter den unübersehbaren Erzählungen des Dichters, voll geschichtlicher Studien und erhabener Weltbetrachtung in phantasievoller Darstellung.

Eine so ungewöhnliche und ausgiebige Thätigkeit in immer neuen Schöpfungen setzt uns mit Recht in Erstaunen. Und doch mochte dieselbe dem Geiste Schefers, der dem Genius des Schönen noch in einer anderen Richtung zu folgen berufen war, noch nicht genügen. Es ist hier der Ort unter seinen Werken auch noch der zahlreichen Compositionen zu gedenken, in welche seine musikalischen Studien gipfelten und auf welche der Freund nicht selten geneigt ist, ein zum mindesten eben so hohes Gewicht zu legen, als auf seine dichterischen Arbeiten. Fragmenterisch und mit wenigen Pinselstrichen haben wir daher, selbst wenn jene Annahme sich als ein Irrthum seines Kunsturtheils erweisen sollte, an diesem Orte doch von seinen Leistungen als Musikers und Componisten, eine kurze Rechenschaft zu geben.

Max Waldau hat die Ansicht ausgesprochen, daß die gleichzeitige Entwickelung der musikalischen Anlagen, der poetischen Begabung Schefers nachtheilig geworden und diese beschädigt habe, indem Manches, was bei ihm seiner Natur nach Wort werden sollte, Klang geworden und Andres, was als Musik hervortreten sollte, zu Worten erstarrt sei. Diesen Einwurf, so fein gedacht er auch erscheint, vermögen wir nicht, wenigstens in seiner ganzen Bedeutung nicht zu theilen, denn die schöne, regelnde und maaßhaltende Wirkung der Composition scheint uns an vielen seiner Dichtungen grade unverkennbar und vom reinsten Erfolge begleitet, hervorzutreten und den rhythmischen, wie den harmonischen Reiz der Letztern wesentlich mit zu bedingen.

Wie dem nun auch sei, Schefer nennt sich selbst als Componist, einen Schüler Glucks und Salieris und gewiß ist, daß er an Tiefsinn und Macht der Composition als ein Geistesverwandter Beethovens hervortritt. Schon in seinen Compositionen selbstgedichteter Lieder, welche im Jahre 1811 erschienen, erhebt sich das rhythmische und declamatorische Element vor dem melodiösen unverkennbar zu eigner und selbstständiger Bedeutung und während die Sangbarkeit minder beachtet und Figurenreichthum wenig berücksichtigt scheint, sind einzelne Stücke von tief ergreifender Wirkung und mächtigem harmonischen Satz. Nach Beendigung der Wiener Studien macht sich dieser Charakter der Compositionen Schefers nur noch entschiedener geltend. Gesunde Harmonik, Männlichkeit und Züchtigkeit im Ausdruck, ja selbst eine eigenthümliche, dem Humor verwandte Laune herrschen vor, alles Verschwommene, und bloß dem Ohr Schmeichelnde ist wie mit Absicht vermieden — zum abermaligen Beweise, daß Schefer kein sentimentaler Geist sei. Seine neuesten musikalischen Schöpfungen zeigen ihn, bewährtem Urtheile nach, als einen tiefen Kenner der Harmonie und mit Ausschließung alles Dilettantischen, als einen der tüchtigsten Componisten im strengen Styl. Es sind dies ein Vater unser als Doppelcanon für zwei Chöre und eine große Sonate für vier Hände im Geiste Beethovens; Arbeiten, an welchen die Kritik eine Zucht und Ehrbarkeit rühmt, wie sie so charaktervoll nur von den Meistern des vorigen Jahrhunderts zur Darstellung gebracht zu werden pflegten. „Ein Kern der Harmonie, sagt ein Kritiker, der an Beethoven mahnt, im Adagio ein Geist, so zart wie der Mozarts, im Vater unser ein Anschluß an die Kirchenstücke der Italiener aus der Blüthenzeit, in den Ideen, wie in der Kunstform voll Anmuth und Wohllaut; in der ganzen Auffassung — wie sich die Massen dem Höchsten zuwenden — ungewöhnlich und originell, kennzeichnen diese Arbeiten, und machen sie durch Sangbarkeit und Faßlichkeit zu einer größern Musikaufführung vorzüglich geeignet."

Außer diesen Leistungen hält der Freund zur Veröffentlichung nicht weniger als zwölf große Symphonien für Orchester, achtzig auserwählte Lieder und Römische Quartette bereit — wie wir hinzusetzen, seine Freude und sein Stolz.

Und so zeigt sich Schefer auch auf diesem Gebiete von demselben tiefen und ernstheitren Geiste beseelt, der seine Poesien so mächtig und wirkungsvoll macht und mit ebenso formenreicher und unerschöpflicher Schöpferkraft begabt, als sie die Fülle seiner Dichtungen bewährten.

Eine so staunenswerthe Fruchtbarkeit auf dem Gebiete

des Schönen, müßte fast die Grenzen der menschlichen Thätigkeit zu übersteigen scheinen, hätte uns nicht Lope de Vega, der täglich hundert Verse schrieb, und vor Allen jener olympische Geist in Weimar, der unvergleichliche Heros unsrer Poesie, dem zu dichten eine „Nothwendigkeit" war, daran gewöhnt, an das Vermögen des Menschengeistes einen riesigen Maaßstab anzulegen; jener Geist, der bei einer ähnlichen Unerschöpflichkeit der künstlerischen Production, zugleich Hofmann und Staatsmann, Gelehrter, Naturforscher — ein eifrigster Correspondent und noch vieles Andere zu sein vermochte!

Und diesem Geiste ist der unsres Schefer denn allerdings auch — wir sagen nicht ebenbürtig, aber doch nahezu verwandt. Ohne Frage steht er ihm an festem Gestaltungsvermögen, an Einsicht in die Form und die Gesetze der Kunst, an Reife des Urtheils über die Dinge der Welt nach; allein an Erfindung, Naturgefühl, Gedankenreichthum und Weisheit ist Schefer ein echter Geistesverwandter Goethe's, in der Fülle, im plastischen Ausdruck des Gedankens und im Humor ihm ebenbürtig! — Mag er nun den Dualismus des Lebens richtig erkannt haben, oder nicht, wie behauptet wird, wir wollen darüber nicht entscheiden; auch die Größe und den Adel der Seele nicht abwägen. Allein fassen wir die Resultate dieser Betrachtung schließend zusammen; so müssen wir bekennen, daß die hochstimmende, die adelnde, die befreiende Wirkung der Poesie Schefer's ihm für immer einen Platz neben den

Heroen unsrer Dichtung, neben Goethe und Schiller, anweisen wird.

Und wie er denn der letzten Einer ist, aus dem Kreise, der die glanzvollste Epoche unsrer Literatur umschreibt; so wird er auch nach Vollendung seines Tagewerks noch lange unter den Deutschen fortleben — denn immer erscheint er im Vollbesitz seiner erhabenen Natur, immer weilt er im Reich der Idealität, immer stimmt er das Lied der innern „Befreiung" des Menschen treu und furchtlos an und — wie Goethe von Schiller singt:

„Weit hinter ihm im wesenlosen Scheine
„Liegt, was uns Alle bändigt — das Gemeine!" —

W. v. Lüdemann.

Verehrter Freund!

Im Garten von Petrarcha's Hause zu Arquà in den Euganeischen Bergen stehen viel Granaten, wie als ich eintrat, bezeugten sie nahe eine himmlische Lust, die Blüthen nickten und schwebten als begrüßten sie mich — als einen quasi Vetter von Petrarca. Die Büsche hatten auch schon Granatäpfel; ich brach einem die Krone ab, schälte ihn und kostete die wie krystallenen Körner — die aber noch grün und sauer waren. Mein theurer Herr Biograph, so hat man mich zu zeitig aufgebrochen, gekostet, kritisirt, und es bedarf eines Mannes wie Sie, der mich später mich wie einen Granatapfel in die Hand nimmt, und sagt wie er den still aufseren Kern nun findet. — — — — — — —

Mit Freuden Ihr Freund und Diener

Leopold Schefer.

Muskau 31.12.56.

FSC
www.fsc.org
MIX
Papier | Fördert gute Waldnutzung
FSC® C083411

Kolibri 360 GmbH
Ferdinand-Jühlke-Straße 7
99095 Erfurt, Deutschland
produktsicherheit@kolibri360.de